本书系福建省自然科学基金项目"服务性教育实习干预促进贫困留守儿童学业社会阶层流动的混合队列研究"（项目编号：2018J01582）的阶段性成果，同时得到福建省区域农村教师发展协同创新中心项目（闽教高科〔2015〕75号）资助

农村留守儿童
# 积极心理研究

A Study on Positive Psychology
of Left-Behind Children in China

余益兵◎著

社会科学文献出版社
SOCIAL SCIENCES ACADEMIC PRESS (CHINA)

# 自　序

　　农村留守儿童是经济社会发展到特定阶段的产物，指的是由于城乡一体化而促发的农村富余劳动力转移到城市寻求更高的收入和更好的发展前景，但未成年子女无法随迁进城，导致部分未成年子女脱离父母直接照料和有效监管的一种现象。农村留守儿童现象，从一个侧面反映了我国城乡发展不均衡、公共服务不均等、社会保障不完善等社会问题。留守儿童问题与一系列可预见或不可预见的社会问题密切相关；反过来，留守儿童问题唯有靠城乡社会综合治理和乡村社会振兴才能得到根本解决。

　　社会问题的解决需要时间，但留守儿童的发展与教育不能等。近30年来，人口学、社会学、教育学、心理学等不同学科的研究者对农村留守儿童问题开展了大量调查研究，提出了大量政策建议，最终促成《国务院关于加强农村留守儿童关爱保护工作的意见》（国发〔2016〕13号）出台，标志着农村留守儿童问题上升到国家战略层面。该文件指出："农村劳动力外出务工……导致部分儿童与父母长期分离，缺乏亲情关爱和有效监护，出现心理健康问题甚至极端行为，遭受意外伤害甚至不法侵害。"这是国家文件第一次采用心理学专业规范术语揭示农村留守儿童心理发展存在的风险及其产生的心理与教育机制。

　　然而，这只是我们认识留守儿童的一个方面。留守儿童作为积极能动的主体，其内在的力量和优势并没有被充分认识，这将不利于留守儿童群体的健康发展。一方面，过分凸显留守儿童群体生存过程中的"缺失"或"剥夺"，客观上可能加剧群体外成员对于留守儿童的群体偏见和消极刻板印象，引发留守儿童群体内的人格认同和行为固化，这将成为他们学校投入和社会融合进程中新的社会心理阻力。另一方面，过分强调留守儿童的心理脆弱性，容易因湮没在社会同情氛围中而忽视了留守儿童自身发展的积极动力。

《农村留守儿童积极心理研究》就是为此做出的初步努力。作为福建省"2011 协同创新中心"区域农村教师发展协同创新中心资助出版项目"童享阳光"书系的第一本，本书在前期田野调查和深度访谈的基础上，选取若干种相对重要的积极心理品质，展开系统的理论和实证研究，涉及留守儿童积极心理品质的测量方法、发展现状、影响因素及心理功能等方面，希望提供一种认识和洞察留守儿童群体心理特点的新视角。全书共分为五章。

第一章是总论，侧重从积极心理取向出发，特别是从自我、人际和文化三个向度对可能发挥保护性作用的若干种积极心理品质进行文献梳理。其中，对于留守儿童心理发展比较重要但后续章节不再涉及的部分，则尽量结合国内外最新研究进展进行梳理并提出未来研究的方向，为下一步深入研究做好铺垫。

第二章到第五章，分别对"坚毅""勤奋""共情""生命意义"四种积极心理品质进行系统研究。在整体研究设计思路上，我们试图从以下方面着手。

一是加强中英文语境下的词汇学分析和最新文献梳理，增强我们的研究成果与国内外同行对话交流的能力。

二是注重研究工具的原创性开发及其心理测量学检验，试图编制反映农村学生教育生态背景、具有良好信效度的测量工具。

三是充分运用实证调查数据揭示留守儿童积极心理品质的发展水平及其个体差异。为了保证数据分析结果的完整性，本书保留了看似简单甚至略显累赘的人口统计学变量的描述性分析。整体而言，与非留守儿童相比，农村留守儿童的积极心理品质并没有表现出严重损伤，这坚定了我们对于促进留守儿童积极发展可能性的信念。

四是采用模型建构方法考察积极心理品质的功能，特别是对于提升学业成就的作用。以学业成就为结果变量，并不意味着积极心理品质最重要的功能在于学业成就方面，而是希望本研究结果能够为将来开展留守儿童代际传递的教育阻断机制研究提供实证依据，即留守儿童积极心理品质培养是否以及在何种条件下可以促进留守儿童学业进步和社会阶层向上流动。

心理干预和促进是心理学研究继描述、预测、解释之后的第四项目标。因此，即使没有开展探索性的教育培养与干预研究，本书也呈现可能的教育培养方案或给出宏观上的教育建议。可见，这本著作是一个开放的体系，它以自身的缺陷和不足预示着我们的研究团队或研究同行未来可能努力的方向，这也算是开展留守儿童积极心理研究应该有的学术心态。例如，书中提到的"自我控制""真实自我/虚假自我""感恩""宽容""爱的能力""希望""勇敢""逆境信念"等，都是具有深厚传统文化底蕴且内涵丰富的积极心理品质，它们对于社会处境不利儿童人格发展的作用还有待揭示；本书已经开展的"坚毅""勤奋""共情""生命意义"四种积极品质的研究也仅仅开了个头便告停止，无论是大样本的跟踪研究、教育促进模式还是脑与神经机制等都值得继续深化研究。

在本书写作过程中，曾引用或参阅了国内外大量文献资料，拜读原作的过程中曾不止一次感受到沉浸其中的美好体验。我的研究团队为书稿的完成付出了大量的努力。社会科学文献出版社刘荣副编审、刘翠编辑为本书高质量出版付出了专业、细致而富有耐心的努力，使本书减少了疏漏并臻于完善。闽南师范大学福建省区域农村教师发展协同创新中心为本书提供了出版资助。在此，一并致以最诚挚的感恩和谢意。

因本人学术能力和水平有限，本书还存在诸多瑕疵甚至错误之处，请各位专家和读者批评指正。我也真诚地期望能收到关于本书在研究方面存在的瑕疵、疏漏和错误信息的反馈，以期"童享阳光"书系后续研究日臻规范和科学。

是为序。

余益兵

2018 年 8 月 18 日

# 目录
## contents

# 第一章
# 积极心理：幸福和力量的源泉

真正的幸福来源于你对自身所拥有的优势的辨别和运用，来源于你对生活意义的理解和追求，它是可控的。

——马丁·塞利格曼

## ∽ 本章导读 ∾

积极心理品质培养是中小学心理健康教育的重要目标。早在 2002 年，教育部在《中小学心理健康教育指导纲要》中就将心理健康教育的总目标界定为"提高全体学生的心理素质，充分开发他们的潜能，培养学生乐观、向上的心理品质，促进学生人格的健全发展"。2012 年，教育部颁布的修订版《中小学心理健康教育指导纲要》明确将"促进学生身心和谐可持续发展，为他们健康成长和幸福生活奠定基础"写进总目标，强调要"培养学生积极心理品质，挖掘他们的心理潜能"，科学界定了中小学生身心和谐发展的基本内容就是培养积极心理品质，强调了心理健康教育的预防性与发展性相结合的原则，为我国现阶段中小学心理健康教育指明了方向。

农村留守儿童是我国城镇化进程中出现的特殊儿童群体。部分儿童由于父母长期外出，缺乏有效监管和亲情呵护，出现了不同程度的心理和行为问题，甚至遭遇意外伤害，引起了全社会的高度重视。与此同时，在相当长的一段时间内，农村留守儿童被贴上了"问题儿童""高危儿童"等负面标签，形成了新的歧视和偏见，成为新时期留守儿童关爱教育工作中新的社会阻力。正如马斯洛（A. H. Maslow, 1908~1970）曾说过的，"心理科学在表现人类消极方面获取的成功一直比它在表现人类积极方面大得多。它向我们展示了人类的缺点、疾病、罪恶，但很少揭示人类的潜力、美德、可能的抱负、可能达到的心理高度"（马斯洛，1987：34）。对于过去30年农村留守儿童问题的心理学研究，这一论断依然是适用的。当然，这一趋势正在逐渐改变，农村留守儿童个体内部的力量、优势和逆境中的复原力问题开始得到关注。

作为本书的第一章，本章从积极心理取向出发，对什么是积极心理、积极心理的基本成分、心理结构、测量工具以及心理功能等问题进行简要介绍，为后续章节开展积极取向的农村留守儿童心理学相关研究奠定理论和方法学基础。

## 第一节　积极心理的内涵

积极心理的内涵与积极心理学思潮密不可分。"积极心理学"（Positive Psychology）这个概念公认最早出现于马斯洛1954年出版的经典之作《动机与人格》一书中。在该书最后一章（第17章），作者以"走向积极的心理学"为题，对心理学的消极方面及其改进进行阐述，并在该书"附录甲　积极的心理学所要研究的问题"部分进行简要论述。积极心理学正式受到世人关注，则始见于1998年宾夕法尼亚大学心理学教授马丁·塞利格曼（Martin E. P. Seligman）在就任美国心理学会主席的大会报告中。他明确提出，要把建设积极心理学当成一个心理学科学研究领域，作为自己任职内的重要使命。随后，塞利格曼（Seligman, 2000: 5–14）在美国心理学学会会刊《美国心理学家》（*American Psychologist*）杂志上发表《积极心理学导论》一文，标志着积极心理学作为一种新的理论观点正式形成。与传统病理心理学取向不同，积极心理学强调心理学不仅要研究人或社会存在的各种问题，同时还要研究人的各种积极力量和品质，探索人类健康发展的途径，进而提高人们的生活幸福感。在 2016 年 7 月 19 日召开的首届世界积极教育联盟成立大会上，清华大学彭凯平教授介绍了积极教育理念在中国的推广和实践，提出中国积极心理学的 "351 计划"，即到 2051 年，中国幸福指数升至世界第 51 位，同时中国有 51% 的人感觉幸福。

积极心理品质是积极心理研究的层面之一。塞利格曼认为，积极心理学重点关注个体水平上的积极人格特质、主观水平上的积极情绪体验和积极的社会组织系统三个方面，利用积极力量和品质来帮助个体最大限度地发掘自身潜力，使个体达到更高水平的适应，获得幸福快乐的生活。积极心理品质正是使人适应环境的最佳力量。并且，积极人格特质把人类的各种优秀品质整合到同一体系中，使得积极心理品质的研究更加系统化，逐渐成为积极心理学领域的研究重点。

据《现代汉语词典》（第五版）解释，"品质"可定义为：行为、作风上所表现的思想、认识、品性等的本质。个体的心理品质有两个方面的含义：一是强调个别差异，即人与人之间存在心理品质水平上的量的差异；二是期望标准，即一定文化下对公民良好适应社会所提出的发展标准，也从而成为特定时期儿童教育所要遵循的基本规格和质量底线。因此，心理品质是个体化和社会化的结晶，它反映的是在某一时期、某一场合表现出来的一贯的、稳定的又富有个性特色的心理特征，它是多种心理素质的高度凝结，如记忆品质、思维品质、注意品质、意志品质等。

皮特森（Peterson）和塞利格曼认为，个人品质是一种优秀的个性特质，它与具体的美德相结合，同时也体现在价值 - 行为分类体系中（Alan Carr，2008：48）。比如，伦理学家所提倡的勇气、智慧、仁慈、节制、正义和卓越等核心价值，因其具有积极力量的良好品德，也被积极心理学家作为积极人格特征进行研究，另外还包括好奇心、感激、正义、公平、平等和正直等。任俊、叶浩生（2005：120～126）认为，从积极心理学视角出发，人格心理学应提倡积极人格特质的研究；强调人格形成过程中各因素的交互作用；重视人的能力及潜力在人格形成过程中的作用。我们认为，积极心理品质是一个多面向的概念，既主要体现在个体层面上，也可体现为人与人之间的关系层面（积极关系）以及群体组织层面（积极组织），最高层面是文化层面。

## 第二节 积极心理的成分

人类积极心理品质与美德是密切相关的，同样具有稳定性、建设性和潜在性三大特征。

（1）稳定性。人的积极情绪具有短暂的愉快感和持续的满足感两种不同的状态。愉快感来自感官的愉悦体验，满足感使人能进入卷入状态或沉浸体验。个体积极心理品质一旦形成，便具有相对稳定性，需要较长时间才能改变。

（2）建设性。积极心理品质使人具有向上的动力、自我改变与自我完善的能力，促使个体积极成长。

（3）潜在性。积极心理品质属于个体内部稳定的心理特征，在一定外部环境激发下才能完全展示出来。

人类积极心理的构成是多样化的，很难精确统计积极心理究竟由哪些部分构成。到目前为止，一般认可人类拥有的6类美德及相应的24种积极心理品质的分类框架（Park & Peterson，2006）。下面对6类美德进行简单介绍（见表1-1）。

### 一 智慧

属于个体认知的力量，包含对知识的习得和使用，主要包括以下几个方面。

表 1 - 1  美德与性格品质

| 美德 | 界定特征 | 性格品质 |
|------|----------|----------|
| 1. 智慧 | 知识获得和运用 | （1）对世界的好奇和兴趣<br>（2）好学<br>（3）创造性、独立性和完整性<br>（4）判断力、批判性思维、开放性的观念<br>（5）个人、社会和情商<br>（6）独特视角、统揽全局、智慧 |
| 2. 勇气 | 面对内部、外部两种不同立场誓达目标的意志 | （7）英勇、勇敢、勇气<br>（8）坚持、努力、勤奋<br>（9）正直、诚实、真实 |
| 3. 爱心 | 人际交往的品质 | （10）善良、慷慨<br>（11）爱与被爱的能力 |
| 4. 正义 | 文明的品质 | （12）公民之间的关系、公民的权利和义务、团队精神、忠诚<br>（13）公平、平等、正义<br>（14）领导关系 |
| 5. 自制 | 谨慎处世的品质 | （15）自我控制、自我管理<br>（16）谨慎小心<br>（17）适度、谦逊 |
| 6. 卓越 | 个体与整个人类相联系的品质 | （18）对美、卓越的敬畏、欣赏及领会<br>（19）感激<br>（20）希望、乐观、信念和信仰<br>（21）精神追求、信仰、信念<br>（22）宽恕<br>（23）风趣、幽默<br>（24）热心、激情、热情、精力充沛 |

资料来源：Alan Carr（2008）。

创造力（创意、独特性）：考虑用新颖且多样的方法概括事物、做事情，取得艺术及其他成就。

好奇心（求新、热心于体验）：对正在进行的事情本身感兴趣，发现迷人的学科和话题，勇于探索和发现。

热爱学习：主动或正式地掌握新技能、新话题以及各种知识；这些新技能、新话题以及各种知识明显与好奇心有关但是又超出好奇心，标志着对已有知识系统性增加的趋势。

开放思维：对事情的所有方面从头到尾地进行考虑和审查，不急于得出结论，能够依据证据改变人的想法；公平权衡所有的证据。

洞察力：能够为别人提供明智的咨询；具有有助于自身和他人有效看待世界的具体方法。

## 二 勇气

属于人类情感的力量，包括面对来自内外阻碍目标实现等逆境的意志锻炼，主要体现在以下几个方面。

勇敢（英勇、勇猛）：面对威胁、挑战、困难或痛苦不退缩；即便有反对也要坚持正确的事情；依据信念行事，即便该信念还不流行；包括身体上的勇敢和精神上的勇敢。

坚持（坚定不移、勤勉刻苦）：善始善终；在行动过程中即便遇到障碍也坚持到底；将所做的事情纳入成功轨道，乐于完成任务。

真实：说实话，态度诚恳，行动真诚；不找借口，为感情和行动负责。

热情：兴奋和精力充沛地生活；做事不半途而废或缺乏兴趣；生活富有冒险精神；感到有活力和积极主动。

## 三 爱心

属于人际的力量，包括对别人呵护和友好，主要体现在以下几个方面。

爱：重视与别人的关系，尤其是那些相互之间的分享与照顾；平易近人。

善良：关心照顾别人；与人方便，助人为乐。

社会智慧：懂得别人和自身的动机和情绪，知道如何适应不同的社会情景，懂得如何不干扰别人，使人正常工作。

## 四　正义

属于社会公正的力量，是健康社会生活的基础，具体包括以下几个方面。

正直：根据公正、公平的原则对所有人一视同仁；不让个人情绪形成对别人的偏见；为所有人提供公平机会。

领导力：鼓励所在群体或团队做好事情，并且维持群体内部良好关系；组织群体活动，并且保证活动顺利进行。

团队精神：作为群体或团队的一员，工作表现好，忠于群体；尽职尽责。

## 五　自制

属于人类组织节制或无过分的力量，主要体现在以下几个方面。

宽容：宽恕那些有错的人；容忍别人的不足；给人提供第二次机会；没有报复心理。

谦卑：让成绩和事实说话，不自以为是或特殊化。

审慎：仔细决策，不做不适当的冒险，不说将来可能后悔的话，不做将来可能后悔的事。

自我调节：调节个人感受和行为；遵守纪律；控制个人的欲望和情绪。

## 六　卓越

属于一种与更广泛的外界建立联结和提供生命意义的力量，包括以下几个方面。

审美：关注和欣赏来自生活各方面的美好与卓越，以及熟练的行为，从自然、艺术、数学、科学到日常经验。

感恩：意识到并感激所发生的一切美好事情；从容地表达感谢。

希望（乐观、关注未来、有远见）：拥有关于未来的目标，并且努力去实现它；相信未来一切都会好起来。

幽默：喜欢笑和逗笑；给别人带来欢乐，看到光明的一面；喜欢开玩笑。

信仰：对宇宙的更高目标和意义具有一致的信念；知道在更大的时空内拥有自己合适的位置；相信生命的意义在于塑造行为和提供快乐。

## 第三节　积极心理的测量

积极心理品质是一个内涵丰富、结构复杂的概念。依据积极心理品质的理论模型编制的测量工具并不是很多，多数研究工具仅对若干单一品质进行测量，或根据研究需要进行问卷组合。这里，主要介绍具有代表性的两类测量工具。

### 一　优势行动价值问卷

优势行动价值问卷（The Values in Action Inventory of Strengths，VIA – IS）由皮特森等人（Peterson et al.，2005）在价值 – 实践分类体系基础上于2005 年编制而成。VIA – IS 是一份适用于成年人群的自陈式问卷，含 24 个分量表，测量相应的 24 种性格优势，每个分量表 10 题，共 240 个题目。采用李克特五级计分方法，某项性格优势分量表得分越高，说明该被试所具有的此项优势就越突出。后来，Park 等人修订了适用于10 ~ 17 岁青少年的 VIA – Youth，分为 24 个分量表，共 198 题，有若干反向计分项。该量表目前已有英语、法语、德语、西班牙语、希伯来语、日语等多个语言的版本。由于原版问卷的基本结构存在跨文化不稳定性等问题，成人版和青少年版问卷的探索性因素分析均难以获得理论预期的六类美德。

段文杰等人（2011：473 ~ 475；Duan et al.，2013：336 – 345）采用兼顾文化共通性与特殊性的方法，对 240 个题目进行了逐一筛选，综合考虑定性与定量研究结果，最终保留了 96 个题目，形成测量 24 个性格优点和 3 项长处的中文美德问卷（Chinese Virtues Questionnaire, CVQ‑96）。该问卷由 96 个题目组成，包括 3 个二阶因子（长处层面）和 24 个一阶因子（性格优点层面）。具体内容为：①亲和力层面，包括仁慈、团队精神、公平正义、爱与被爱、真诚、领导力、宽恕、感恩等；②生命力层面，包括幽默、好奇、激情、创造力、洞察力、希望、社交智力、发现美的能力、勇敢、信念等；③意志力层面，包括判断力、审慎、自我调节、坚持不懈、学习、谦虚。要求作答者根据自身的实际情况，对每个题目按照 1 = "非常不像我"，5 = "非常像我"进行评分。对应性格优点或长处题目得分相加后的项目均分，即为该项性格优点或长处的得分。得分越高，说明作答者具有的某项性格优点或长处越突出。该量表在中国大陆的大中小学生群体，以及香港大学生群体和社区居民中均具有较好的信效度。

## 二　中小学生积极心理品质量表

官群等人（2009：70～76）在 VIA 理论架构和测量工具基础上，结合中国传统文化和当前国情，研制了中国中小学生积极心理品质量表。该量表共包括 6 个分量表（智慧和知识、勇气、人性、公正、节制、超越），含 15 项积极心理品质，共 61 个题目。验证性因子分析 TLI 和 CFI 等项拟合指标均在 0.95 以上，6 个分量表和总量表的克朗巴赫 α 信度系数均在 0.70 以上。该量表的编制和应用为了解我国中小学生积极心理品质的发展起到了基础性作用，但也存在一些不足。①该量表适用学段跨度大，涵盖小学到高中十二年学段。考虑到小学生、初中生和高中生的社会认知和道德发展水平不尽相同，同一份量表能否真实测量出该学段学生相对重要的积极心理品质发展水平，有待探讨。②在编制过程中，考虑到毕业班升学、学生自我报告能力等实际情况，并没有涉及高三年级、初三年级和小学低年段的学生被试，这是取样方面的一个缺憾。③该问卷仅包括 6 类 15 项积极心理品质，是否有遗漏青少年发展相对重要的其他品质，有待探讨，特别是题项难以反映中华文化中的一些积极心理品质的行为指标，该量表还需要更多的后续研究以趋于完善。

另外,《积极心理测量:方法和模型手册》中收录了当前常用的积极心理品质测量工具,包括乐观、希望、自我效能、问题解决、控制点、创造性、实践智慧、勇气、积极情绪、自尊、情绪智力、共情、成人依恋、宽恕、幽默感、感恩、信仰、道德成熟度、积极应对、主观幸福感以及环境测量等(Lopez & Snyder, 2003)。大部分测量工具已有中文版本,应用于相关实证研究并有研究成果发表。

# 第四节　积极心理的功能

积极心理对人类个体发展的影响,主要是通过自我、人际和文化三种力量实现的。笔者通过对社会处境不利群体积极发展及其保护性因素的文献梳理发现,以下三类积极心理品质对于农村留守儿童可能具有潜在的保护性作用。

## 一　自我的力量

### (一)自我价值感

自我价值感(self-efficacy)是自我意识中具有认知评价意义的成分,主要是指个人在社会生活中,认知和评价作为客体的自我(me)对社会主体(包括群体和他人)以及对作为主体的自我(I)的正向的情感体验(黄希庭、杨雄,1998:289~292;黄希庭、余华,2002:511~516)。然而,在自我价值感的具体对象方面,还存在不同的观点。比如,詹姆斯将自我价值感视为个人对自己抱负的实现程度的感受,即自我价值的成功抱负。库珀斯密斯认为,自我价值感是个体对自己整体的自我评价。罗森伯格则认为,自我价值感是一种长期稳定的个人特质。库利则把自我价值感的重心放在他人对自己的评价上,他认为,一个人的自我是在其人际关系交往中产生的,即其他人对自己看法的反映,他人的看法就像一面镜子,个体从中认识自己、评价自己，因而个体的自我价值感来源于他人对自己的态度与评价，即"镜像自我"。

Weaver 和 Matthews（1993）对自我知识和自我评价的两种区分对于理解自我价值感具有重要启发。自我的知识部分是个体内在与自我相关的信息，包括个人认为自己所具有的各种特质，是个体对自己各部分知觉的综合，即为特质本身，一般称之为自我概念。自我的评估部分指当个体视自我为一个客体时，对自我概念的价值评价，即个体主观上对自己所具有的特质的评价、感受及态度，称之为自我价值感。因此，自我概念可解释成"我怎样看待自己"（How I see myself），而自我价值感则是"我对于自己这样看待自己的感受"（How I feel about how I see myself）。可见，自我价值感是个体主观作用于客观自我的产物，它表明个体在多大程度上相信自己被认为是有能力的、重要的、成功的和有价值的。

在测量工具方面，国内目前比较常用的是黄希庭、杨雄编制的《青少年学生自我价值感量表》。该问卷包括总体自我价值感、一般自我价值感和特殊自我价值感 3 个分量表，共 56 个条目。其中，一般和特殊自我价值感量表分别包含社会取向和个人取向两种类型；而社会取向和个人取向自我价值感又分别包含了人际、心理、道德、生理和家庭自我价值感五个具体方面。尽管该量表报告了良好的信效度指标，但由于最初样本取自大城市青少年学生，在农村留守儿童样本中的信效度指标还需要进一步检验。

自我价值感是个体在社会化的过程中通过认识自身和环境而逐步形成和发展起来的。青少年期是自我发展的关键时期，一方面，自我价值感的发展广泛影响着青少年的心理健康及人格发展；另一方面，它又作为一个起中介作用的人格变量，对青少年的认知、动机、情感和社会行为具有重要而广泛的影响。研究发现，农村留守初中生在个人取向的自我价值感上得分显著低于非留守初中生，社会取向的自我价值感则无显著差异（罗杰等，2012：96～98）。另一项关于有留守经历的高职生的研究也发现，有留守经历的高职生自我价值感处于中等偏上水平，有留守经历和无留守经历的高职生在自我价值感方面无显著差异（杨小青、许燕，2011：13～

17）。据此原作者推论，有留守经历的高职生虽然早期处境不利，但他们自身具有发展与成长的心理资源，正因为父母不在身边，他们学会了自理、独立处理和应对问题，独立性远比没有留守经历的学生强。在积极心理体系中，自我效能感属于认知取向（cognitive-based approach）的积极品质，一种相信自己能行的内在力量（Maddux，2002：277 - 287）。高水平自我效能感，不仅对留守儿童社会适应具有直接促进作用，还可以通过提升留守儿童心理弹性的个人力和支持力，从而间接促进留守儿童的社会适应性（谢玲平等，2014：54 ~ 58）。上述研究表明，尽管早期亲子分离经历并未对留守儿童自我价值感造成严重损伤，但这非父母外出的必然结果，反而提示我们，培育父母外出以后儿童对于亲子分离状况的独立应对能力及其行动信念更加重要。

### （二）逆境信念

逆境信念（beliefs about adversity）作为重要的个体心理资源引起了研究者的关注。所谓逆境信念，是指个体对逆境本质的认识，包括逆境的起因、结果和适当的应对行为等。中国传统文化中的逆境信念可以分为两类：一是关于逆境的积极信念，强调逆境的积极价值以及人类战胜逆境的潜力，例如"有志者事竟成""吃得苦中苦，方为人上人"等；二是关于逆境的消极信念，强调人类在逆境面前的渺小以及逆境带来的消极影响等，例如"人穷志短""好丑命生成"等。对于逆境信念的测量，一般采用 Shek（2005）编制的华人逆境信念量表。该量表关注中国文化背景下个体对于逆境所持有的信念，由 9 个项目组成，例如，"吃得苦中苦，方为人上人"（积极信念），"人穷志短"（消极信念），等等。采用六点等级记分，从 1（"非常不同意"）到 6（"非常同意"）。反向计分后，项目均分作为个体逆境信念的指标，分数越高，代表被试越认同中国文化背景下积极向上的逆境信念。该量表已经在香港、大陆地区青少年群体中多次使用，被证明具有良好的信度和效度。为了便于低龄被试理解，Shek 建议在较为难懂的句子后面附加意义相同的通俗性解释。

一般而言，逆境信念对个体的积极适应具有促进作用。Shek（2005）研究发现，积极的逆境信念能够促进贫困儿童的学校适应、降低其问题行为（包括反社会行为和药物滥用），而且这种保护作用具有长期效应。对于留守儿童而言，无论是单亲外出还是双亲外出，其逆境信念与孤独感之间均呈显著负相关（张莉等，2014：350～353）。由此可见，积极的逆境信念可能是促进弱势儿童群体积极适应的重要保护因素。究其原因，文化中的逆境信念不仅能够影响个体对不利情境的界定和认知，而且影响个体的应对资源和应对行为。

赵景欣等人（2013：797～810）揭示了逆境信念对于留守儿童的特殊价值。该研究表明，对于导致个体孤独感的情境或事件（例如：一个人在家），持有积极逆境信念的个体更可能把不利处境视为个人发展的机会，发展出有效的应对模式（例如：利用一个人在家的机会把家务等做好），从而使个体长期受益。

逆境信念的作用还受群体信念背景的影响。赵景欣等人的研究还表明，尽管逆境信念能够调节同伴拒绝与儿童学业违纪的关系，但是在积极逆境信念条件下，同伴拒绝对学业违纪的预测力更高。也就是说，在同伴拒绝的背景下，积极的逆境信念反而成为儿童学业违纪增加的危险因素。一种可能的解释就是，个体积极的逆境信念可能被同伴讽刺、嘲笑或挖苦，从而导致个体所持信念与同伴所持信念之间的冲突。正如 Shek 所指出的，当两种群体信念相冲突时，个体所持有的积极信念可能不再具有保护性。这预示着，关于逆境信念与危险因素的交互作用模式还值得进一步验证。

## （三）希望

在西方用语中，希望（hope）指的是对可获得的或相信可以获得的事物的渴望，以及由此带来的积极情绪和行动。Miller 和 Power 从本质和辞源学的角度认为，"希望"是人们基于对美好状态或美好事物的预期和描绘，从而产生的一种自我提升或者一种从困境中自我释放的感觉，是一种个人感觉自己可胜任、可应对的能力感和心理上的满意度，一种人们对生活的目标感、意义感的体验以及对生活中充满无限的可能性的感觉。尽管人们对于希望的理解还存在分歧，但普遍认同由施耐德（Snyder）和他的同事提出的希望的认知情感整合理论模型。

该理论认为，希望是经由后天学习而形成的一种个人思维和行为倾向。Snyder 等人认为儿童或成人的生活是以目标为基础的。这种目标思维可以理解为动力（agency）和路径（pathway）两个部分。动力部分（the agency component）是指启动个体行动，支持个体朝向目标持续迈进的动机和信念系统；路径部分（the pathway component）是一系列有效地达到个人所渴望的目标的方法、策略和计划、组织的认知操作。因此，Snyder 把希望界定为：一种基于内在成功感的积极的动机状态，为了达到所欲目标所建立的一套内在认知评估机制，在追求目标的同时，它会评估内外在条件，寻找各种可行的方法，以及追求目标时所必须具备的动力思维。

在希望测量方面，最早的测量工具是 Gottschalk 于 1974 年编制的"希望量表"（Hope Scale），包括"富于希望"和"缺乏希望"两个维度。该量表采用内容分析方法，要求被试尽可能详尽地写出过去到现在的 4 年里发生的重要生活事件。4 个评估者分别阅读每个故事，并用 7 个等级为故事评分。该测验的整体评分者信度为 0.61，各维度评分一致性达到 0.88。另外，常用的测量工具还有以下几种。

（1）儿童希望量表。该量表适用于测评 7~16 岁的儿童和青少年的希望感，共 6 个项目，奇数题测量动力思维，偶数题测量路径思维。采用李克特六级评分，内部一致性信度 α 系数在 0.72~0.86，3 个月和 1 周后的重测信度分别为 0.71 和 0.73。目前，该量表已在不同语言背景儿童群体中进行测试。中文版由赵必华等人（2011：454~459）进行了修订，具有良好的信效度。

（2）无望量表。由 Beck、Weissman、Lester 和 Trexler 于 1974 年发展而成，主要以住院病人为样本，考查他们的无望态度，包括他们现有的忧虑情绪、做决定时的放弃倾向，以及对未来的黑暗消极预期。另外，Kazdin 等人（1983）也发展了"儿童无望量表"（Hopeless Scale for Children)，主要用来测量儿童指向自我和将来的消极预期。

（3）希望量表。由美国学者 Herth 编制，赵海平等人（2000）翻译引入。该量表采用四级计分，共 12 个项目，分为对现实和未来的积极态度、采取积极的行动、与他人保持亲密的关系三个维度。量表总分为 12～48 分，其中 12～23 分者定义为低水平；24～35 分者定义为中等水平；36～48 分者定义为高水平。该量表具有较好的信度和效度。

另外，较有影响的希望量表还有"米勒希望量表"（Miller Hope Scale）。该量表基于"希望"的词源学、宗教学、哲学、人类学、社会学、心理学、生理学等学科综合考察，包含积极的和消极的两方面，共 40 个题目，采用六级量表评分，分数范围在 40～240 分。代表性题目如"我感觉被困住动弹不得""我没有什么内在的力量"等。量表的内部一致性系数为 0.93，两周后的再测信度为 0.82。

目前，国内关于留守儿童希望问题的研究还不多，主要围绕以下主题展开。

（1）希望感的现状与特点。杨新华等人（2013）采用儿童希望量表中文版，对湖南省 10 个贫困县的农村中小学生进行大样本调查，包括留守儿童 2110 人，非留守儿童 2026 人。结果发现，非留守儿童希望感得分显著高于父亲外出、母亲外出或双亲外出留守儿童。控制留守年龄和父母打工时间进行协方差分析发现，母亲外出儿童的希望感显著低于父亲外出打工的留守儿童。因此，母亲对留守儿童希望感的影响较大。这与中国传统文化中母亲在抚养照料儿童中的角色定位有关。作为儿童重要的依恋对象和最经常的支持源，母亲与儿童的关系较父子关系密切，更多参与儿童的日常生活中。凌宇等人（2015：43～46）进一步进行潜在类别模型分析发现，农村留守儿童明显存在"高希望组""高希望－畏难组""中等希望组""低希望组"四个层级。其中，"高希望－畏难组"占比最高，带有畏难情绪的高希望品质是留守儿童希望感的一个比较普遍的特征。

（2）希望对心理健康的影响。希望是调节情绪和心理适应的重要心理机制。Snyder 等人认为，不同希望水平的个体会以不同的方式来应对压力源，高希望水平者倾向把压力源看成具有挑战性的，在高价值目标的吸引下，更会采取积极的行动。国外大量研究表明，希望能淡化疾病造成的痛苦和身体功能障碍，使人相信目前的处境能够改变，给人以面对困境的勇气，还有助于使患者保持生活信心，增强社会功能的适应性，获得较多的社会支持。国内实证研究发现，希望水平与留守儿童积极应对呈显著正相关，与消极应对呈显著负相关（魏军锋，2015：361～365）。高希望水平留守儿童在面临不利情景时，更可能采用积极的应对策略，将压力、挫折视为挑战，努力解决问题。相反，低希望水平留守儿童往往会采用消极应对策略，如使用否认、放弃或逃避的应对策略，伴随着较多的消极情绪体验，生活满意度较低。另外，研究还发现，希望感对留守儿童焦虑抑郁（陆娟芝等，2017：294～297；赵文力、谭新春，2016：104～108）、孤独感（范兴华等，2016：702～705、643）、问题行为（赵娜等，2017：1227～1231）、生活满意度（魏军锋，2015a：361～365）以及学业成绩（魏军锋，2015b：959～961）等具有正面的积极作用。

提升留守儿童的希望感，可以从三个方面入手。一是帮助儿童确立合适的愿望目标。由于父母外出，农村留守儿童可能会存在一些未能满足的愿望，通过引导儿童表达并确立必要的愿望且为之努力。二是有意识锻炼儿童克服困难的意志力。建议父母离开家庭之前，与留守儿童一起讨论生活中可能存在的困难，从而形成合理的应对方法。三是发展儿童的各种应对策略，主要是帮助儿童寻求达到目标的途径和策略、应对生活障碍的策略等。比如，指导儿童阅读励志故事、组织案例讨论，帮助儿童掌握各种必要的应对技巧。

## 二 人际的力量

### （一）宽容

宽容是社会学、政治社会学、多元文化主义和自由主义等领域共同的研究主题。自从美国作家房龙（Hendrik Willemvan Loon）轰动世界的《宽容》一书出版以来，"宽容"更成为一个国际流行语。在英文中，"宽容"（tolerance）的概念是从宗教宽容（toleration）发展起来的，由拉丁文单词拉丁字 Tolerare 借用而来。在英文词典中，宽容有五种基本意思：机体忍受不适环境的能力和力量；允许自由选择或行动的倾向；忍受某种事物的行为；愿意承认并尊重别人的行为或观念；允许差异性，允许在限制范围享有一定的自由。在其他工具书中，也有类似的表述。

《大不列颠百科全书》对"宽容"词条的解释是：宽容是允许别人自由行动或判断，耐心而毫无偏见地允许与自己或公认的观点不一致。

《布莱克维尔政治学百科全书》对"宽容"做出如下界定：宽容是指一个人虽然具有必要的权利和知识，但是对自己不赞成的行为也不进行阻止、妨碍或干涉的审慎选择。宽容是个人、机构和社会的共同属性。所谓不赞同既可以是道义上的，也可以是与道义无关的（即不喜欢）。当某一行为或习惯在道义上不被赞成时，对它的宽容则常常被认为是特别成问题的或自相矛盾的，宽容似乎要求承认错误的东西是对的……宽容常常是一个事关程度的问题，它要求做出正确的、给不同意见留有余地的判断。

当代法国哲学家保罗·科利（2006：275）将宽容理解为："宽容是行使权利时的一种禁欲主义的结果。这是一种美德，一种个人的美德和集体的美德……它实际上是一种放弃，代表可能有权利的人放弃他的信仰和行动方式，总之是他认为合适的生活方式强加给他的人。"

在西方文献中，与"宽容"相关的还有"宽恕"（forgiveness）一词，二者往往相互取代，但并不完全相同。在汉语中，"宽容"通常与肚量、容忍、不计较有关，指的是一种态度或气度，尤其是对卑微者、犯错者的包容。比如，《辞海》将之界定为"宽恕，能容人"。《现代汉语词典》将"宽容"解释为"宽大有气量，不计较不追究"。

心理学领域对宽容的研究，最早可追溯到 20 世纪 50 年代。奥尔波特（Allport）（1954）在《偏见的性质》一书中，将宽容理解为一种人格品格，即宽容性人格。在该书中，奥尔波特（Allport，1954）指出："非常遗憾，在英语中找不到一个术语可以用来表达一个人对另外一个人的友好、信任的态度，而不论双方各自属于哪一个群体。对于宽容性的人而言，种族态度并不是特别重要的。他们对群体差异并不感兴趣。"然而，随后极少有心理学研究对此观点进行深入探讨（Thomae et al. , 2016）。

2017 年，马来西亚理科大学（Universiti Sains Malaysia）的 Mitshel Linoa（2016）从积极心理学视野建构了文化宽容的界定和操作化，认为目前有关宽容的研究还存在以下不足：①已有文献并非从个体角度阐述宽容；②宽容并非成为积极心理的一部分；③对于宽容并没有一个清晰、可操作化的界定；④从积极心理学的角度，特别是跨文化背景下开展的宽容研究非常有限；⑤对构成宽容这一复杂结构的各个组成部分缺乏精细阐述。他认为，文化宽容指的是个体或社会接纳不同文化背景的人，以及为实现有效互动、建立积极关系而采取的行动努力。

在国内，相对于宽恕心理的相关研究，宽容的心理学研究成果并不多见。事实上，中国传统文化，尤其是影响深远的先秦文化中有一系列关于宽容心理的论述。钱锦昕、余嘉元（2014）在《中国传统文化视角下的宽容心理》一文中，从中国传统文化出发，对宽容、宽恕、恕道三个概念进行辨析，重点从儒家、墨家、道家思想出发对宽容心理进行全面解读，对于建构中国文化背景下的宽容心理研究具有重要指导价值。

宽容是人类的基本美德。宽容有助于避免和减少冲突、缓解矛盾，给人类提供一个"文明""智慧""充满生机"的世界，为社会新思想的发展提供保障。真正的宽容承认差异，鼓励个性发展，允许不同的观念，允许人性的丰富与复杂。在此意义上，宽容构成了整个社会思想文化保持活力和生机的基本条件。对于处在成长阶段的青少年学生而言，培养宽容品质具有重要的现实意义。

首先，宽容有利于促进个体心理健康。中小学生的日常生活大部分时间都在学校中度过，由于成长环境不同，每个人在价值观念、生活习惯和思维方式等方面均存在很大差异。实证研究表明，人际宽容能显著正向预测学生的心理健康和主观幸福感（王巍、石国兴，2005：57~61）。该研究采用 Fey 等人编制的接纳他人量表测量高中生宽容他人以及被他人宽容两个方面，共 20 个题项，从 1（"几乎总是"）到 5（"几乎没有"）进行评分，得分越高，表明越宽容别人或得到别人的容纳。结果发现：宽容他人与被他人宽容存在极其显著的正相关，宽容他人或获得宽容均与主观幸福感、积极情感、家庭和学业满意度显著正相关，与心理症状显著负相关。其中，被他人宽容显著正向影响主观幸福感。

其次，宽容有助于促进群际和谐。宽容精神可以促使彼此之间相互合作又相互竞争，在竞争中求合作，实现人际和谐。人际宽容与良好的人际能力密切相关。Wittemann（2016）从人际角度出发，将人际宽容区分为暖宽容（Warm Tolerance）、冷宽容（Cold Tolerance）和低宽容（Limits of Tolerance）三种类型，编制了德文版人际宽容问卷（Interpersonal Tolerance Scale，IPTS）。Thomae 等人基于 Wittemann 的理论模型编制了英文版人际宽容问卷，从暖宽容（13 题）、冷宽容（12 题）和低宽容（9 题）三个维度考察个体对于社交多样化的宽容度。结果发现，IPTS 与共情、人际信任、控制偏见反应呈显著正相关，与右翼集权主义和群族优势倾向显著负相关。

最后，宽容有助于激活创造性。现代教育的重要目标是培养学生的个性与创造力，任何一项科学进步和技术革新都源于新异思想和独特的思维方式。教育过程中的宽容要求接纳那些与众不同的想法甚至模糊的空间，允许个体创造性的发挥。宽容作为一种美德，它要求教育过程中尊重不同个体的价值观念、个性和自主权，让个体的自主性得到充分的发挥，允许个体独立思考、自由选择。Witenberg（2013：290－298）采用两难故事考察个人对于偏见情境所表现出来的信念、言语和行动方面的宽容程度。结果发现，同理心显著预测个人的道德宽容水平，宜人性人格和开放性显著预测信念宽容，而同理心显著预测言语或行为宽容性。宽容与个体创造性密切相关。在一项研究中，研究者要求家长和青少年子女分别完成分散思维任务、写故事任务和自我评价的创造态度和行为三项创造性测试，以及自我报告的两项模糊容忍度测量，结果发现：宽容度与创造性显著正相关，但父母的模糊容忍度与子女的创造性或容忍度相关性并不显著（Zenasni & Lubart, 2008: 61 - 73）。这说明，培养青少年学生对于模糊状态的容忍非常重要。

随着人口流动和社会多元化发展，不同文化背景、价值观、思维方式、生活习惯的个体将长期并存。"没有宽容就没有和平，没有和平就没有幸福和繁荣"已经逐渐成为共识。宽容不是与生俱来的，而是后天逐渐养成的，已成为学校德育的一个重要内容。

### （二）爱与被爱的能力

爱是人类最伟大的情感之一。爱有多种类型，比如浪漫之爱、亲子之爱、社会之爱等。耶鲁大学著名心理学家罗伯特·J. 斯滕伯格（R. J. Sternberg, 1986: 119 - 135）提出了著名的浪漫之爱的三角理论（A Triangular Theory of Love），阐述了爱的本质及不同关系情境中爱的类型。斯滕伯格认为，爱由亲密（intimacy）、激情（passion）和承诺（commitment）三个要素构成。亲密指的是一个人在爱的关系中体验到的彼此亲近（closeness）、联结（connectedness）和一体感（bondedness），给人以温暖和愉悦，大部分来自双方的情感投入；激情指的是驱动人们获得浪漫、身体吸引和通过性活动达到关系的圆满，是奔放而热烈的体验，大部分来自双方的动机性投入；承诺指的是亲密关系双方彼此相爱并维持长期亲密关系的决定，属于爱的冷静而理性部分，可以视为一种忠诚和坚守。一个人体验到的爱有多少，取决于三个要素的绝对强度；而体验到哪种类型的爱，则取决于相对于彼此的强度大小。这三种要素及由此产生的行为和结果之间的相互作用，最终导致了不同类型的爱情体验。比如，喜欢之爱（Liking Love）、迷恋之爱（Infatuated Love）、空洞之爱（Empty Love）、浪漫之爱（Romantic Love）、伴侣之爱（Companionate Love）、愚蠢之爱（Fatuous Love）、完美之爱（Consummate Love）。完美之爱是爱情的最高境界，但并非具备了三个要素就可以成就完美之爱，它需要双方用心培育、呵护和维护，需要付出更多的努力来调节三者之间的关系。或许，我们与真正完美的爱情终究还有一段永远无法弥补的距离，对我们来说，爱情就是一个不断逼近的目标和不断变化的体验。这听起来虽然可能有点残酷和悲观，但并不意味着我们有理由放弃付出爱和接受爱。相反，对于我们大多数人而言，培育爱的能力和被爱的能力，显得尤为重要。

从人类进化角度看，母爱与浪漫之爱都具有维持和促进物种传递的进化功能，二者具有相同的进化起源和相似的生物基础，有可能具有共同的神经机制。母爱是母亲给予子女的一种亲密而无私的情感，在人类社会生活中具有独特而崇高的地位。母爱悠远绵长，陪伴我们的成长，即使一朝离去或丧失，母爱这份深沉、温暖和安全的体验也会永驻心中。如同浪漫之爱，母爱也是一种高奖赏的情感体验，二者都与维持人类延续的生物进化功能密切相关。母爱是人类行为最强有力的驱动力，也是人类行为最美妙和最鼓舞人心的表现形式。在人类发展的历史长河中，母爱被诗歌、艺术、文学等多种形式予以赞美和歌颂，也成为心理学领域长盛不衰的研究课题。1958 年 8 月 31 日，哈罗（Harlow，1958：673 - 685）在华盛顿举行的美国心理学会第 66 届年会的主席演讲中发表关于恒河猴实验后，众多学者开始深入探讨母爱对儿童发展和未来心理建构的长远而广泛影响。

父爱是亲子之爱中最容易被忽视的一个部分。"父爱如山"是中国文化对父爱性质的最好概括。著名心理学家格尔迪曾说过："父亲是一种独特的存在，对培养孩子有一种特别的力量。"然而，父爱在子女成长中的作用，长期以来并没有得到学术研究界应有的重视。早在 20 世纪 70 年代，美国社会便出现了"父道"（fatherhood）的概念，认为父亲养育是无效的、不称职或至少对孩子的影响是间接的。在这种背景下，父道几乎不被主流行为科学所重视，直至 20 世纪初期掀起的一股对于"父亲"认知上的革命，人们才开始认识到父爱是子女发展中的一个不可或缺的心理社会存在。对父爱的文献梳理发现，父爱与儿童发展的关联性主要集中在"性别角色发展"和"父亲参与"两个主题上。研究发现，相对于父亲的男子汉气概，父子之间建立温暖和有爱的关系，更有利于孩子遵循社会性别角色所设定的标准，发展出相应的性别角色特征。另外，父亲参与子女养育会提高孩子的认知与社交能力，使孩子具有更多的同理心和心理调节能力。值得注意的是，父亲照顾孩子和父子关系并不是一回事，父亲养育孩子的有效性和责任心与孩子良好的发展结果显著关联。归纳起来，已有文献揭示父爱与子女在以下四个方面具有显著的关联性：①人格与心理适应方面，包括自我概念、自尊、情绪稳定性和攻击行为；②行为适应问题，尤其是学校适应问题；③认知和学业表现问题；④精神病理学问题（Rohner，2010：157 - 161）。这至少说明，父爱与母爱一样也是至关重要的。在子女发展的某些方面，父爱甚至是母爱所无法相比的，而父爱缺乏在儿童精神病理学方面的消极影响可能更加突出，比如在药物滥用、抑郁和情绪低落、问题行为等方面，父爱缺乏也是边缘型人格障碍的重要病因之一。

父爱或母爱缺失是农村留守儿童面临的最大客观现实。罗伯特·霍尔登（Robert Holden）在《爱的能力：懂爱的人最幸福》一书中提出"爱的能力"（Love Ability）这一概念，指出"爱是内心的归途，它始于此时此刻。旅途的目的不是找到爱，而是了解爱。这知识已经存在于你心。我把这种知识叫作爱的能力"。无论对于留守儿童还是对于父母来说，培育爱的能力都尤为重要。培养爱的能力的过程，也是一个发现爱—感知爱—付出爱—收获爱的过程。

### （三）感恩

感恩是中华民族的传统美德，"滴水之恩，当涌泉相报""饮水思源""知恩图报""投我以桃、报之以李""知恩不报非君子"等古训广泛流传，"谁言寸草心，报得三春晖"等充满情怀的佳话历经千年，深刻影响着一代又一代的中国人，成为做人的基本准则。古罗马哲学家西塞罗也曾说过，感恩不仅是最大的美德，而且是其他美德之源。英文"感恩"（gratitude）一词最早源于基督教教义，由拉丁字根"gratia"衍生而来，可译作慈悲、好心和感激等。《牛津英语大辞典》将"感恩"解释为"感谢的特性或情愫；对回报仁慈这一倾向的欣赏"。在中文中，"感恩"一词最早出现于晋朝陈寿的《三国志·吴书·骆统传》，书中提到"令其感恩戴义，怀欲报之心"。《词源》将"感恩"解释为"感怀恩惠"。《现代汉语词典》将"感恩"定义为"对别人所给的帮助表示感激"。

在心理学中，"感恩"几乎是一个被遗忘的角落。可查资料显示，感恩的科学研究始于 20 世纪 30 年代 Baumgarten-Tramer 对儿童青少年感恩发展的研究（1938：53 - 66）。由于积极心理学的兴起和推动，作为积极人格或积极情绪的感恩才开始引起心理学界的关注和重视（Emmons，2005：459 - 471）。在心理学上，感恩是指个体用感激认知、情感和行为了解或回应因他人或物的恩惠或帮助而使自己获得积极经验或结果的心理倾向。具体包括两个层面的内涵。

首先，感恩是一种个体内在的情感体验。彼得森和塞里格曼认为，感恩是一种积极的体验，无论是他人的实在性礼物还是由自然美景所引起的内心宁静都是感恩的来源。哈恩德（Harned，1997）认为，感恩是一种对待给予者和给予物的态度，包括怎样合理而有效地使用礼物，以便与给予者的初衷取得一致。亚当·斯密把"感恩"理解为推动人们去报答的最迅捷和最直接的情感。McCullough、Emmons 和 Tsang（2002：112）认为，感恩是指个体用感激认知、情感和行为了解或回应因他人或物的恩惠或帮助而使自己获得积极经验或结果的心理倾向。

其次，感恩是一种美德。周元明（2007）认为，感恩是行为主体在生存和发展的过程中对自身产生过积极作用的人或事物的一种感激与回报。Seneca 提出，理解感恩的前提条件，是必须搞清恩惠提供者和恩惠接受者之间的双边关系：第一，使人产生感恩之心的前提是具有良好意图的好结果；第二，如果恩惠的接受者仅仅是出于义务感才对恩惠提供者做出某种反应，这种感恩就是不完全感恩，算不上纯粹意义上的感恩。

何安明、刘华山（2012：92 ~ 95）总结了国内外关于感恩的不同定义，认为它们都存在三个共同之处。一是感恩对个体和社会都很重要，是一种高赞许的人格特质或个人品质。二是感恩最常发生于人与人之间，主要根源于他人给予的恩惠，也产生于环境的馈赠。三是多数学者将感恩视为一种情感特质，是伴随感恩情感来认知和回应恩惠的概括化倾向。

在实证研究方面，目前关于感恩品质的研究对象涉及大学生、高中生、初中生、小学生、低龄儿童等，且大多仍属于感恩缺失的原因及感恩教育的思辨研究。近年来，也开始有一些零星的针对留守儿童感恩的实证研究，尽管数量有限，但依然可以为理解留守儿童群体的感恩现状及其感恩教育提供启发。

在感恩父母方面，表现为上"慈"下不"孝"。一些留守儿童看不到父母的辛苦付出，部分留守儿童对父母不能给他们提供优越的生活条件心存抱怨。田野调查发现，一些留守儿童不顾家庭经济状况，盲目攀比和超前消费，整天沉迷网络，不求上进。一项对安顺地区200位农村留守儿童的调查分析发现，近80%的留守儿童不知道主动关心父母，偶尔主动与父母联系也主要是为了"要生活费"，超过70%的留守儿童明确表示"没想过"或"没必要想"怎样感谢、报答父母这一问题。

在感恩老师方面，"职"与"情"难以转化。长期以来，学校教育存在的重理论轻实践、重灌输轻引导，重"知"轻"行"，只"教"不"育"的现象比较严重。调查显示，关于老师对他们的管理和服务，有超过50%的留守儿童认为是"应尽之责，无须感谢"；30%的留守儿童认为是"应尽之责，不必多想"；仅有20%的留守儿童表示自己的成长离不开老师的教诲和帮助，认为应该对老师表示感谢。

在感恩社会方面，"知"易"行"难。留守儿童对社会各界给予的帮助缺乏应有的感恩意识甚至存在认知偏差。比如：有些留守儿童认为，在接受捐助之后心存感激就行，无须表达；有些留守儿童甚至认为感恩是将来的事情，现在无须考虑；还有的留守儿童虽也想表达感激之情，但他们不知道如何感谢，并没有实际行动上的付出，最终也不能落实感恩。

此外，部分留守儿童出现了不同程度的心理失衡现象。他们一味埋怨社会没有给他们提供优越的生存条件，甚至对社会的关怀表现冷漠，既不会对给予帮助的他人表达基本的感谢，也缺乏最起码的礼貌和尊重，对于如何承担社会责任、回报社会更少考虑。在他人有困难的时候，有些留守儿童更是表现出了惊人的冷漠，一副事不关己、高高挂起的样子。在被问及回报社会的方式时，只有25%的留守儿童选择了"做一名志愿者"，而超过75%的留守儿童则明确表示没想过参加或不愿意参加学校组织的公益活动或志愿者服务活动。由此可见，除了继续呼吁全社会加大力度关爱支持留守儿童以外，针对留守儿童现象开展感恩教育显得尤其重要和迫切。

感恩教育和干预是积极心理运动所取得的关键性成就之一。在当前中国文化背景下，儿童青少年的感恩行为往往表现为努力学习取得好成绩，回报父母的养育之恩。大量研究表明，感恩与学业成绩具有关联性。首先，感恩不仅直接影响学业成就，也通过提高学业投入（文超等，2010：598～605）和时间效能感（张陆、游志麟，2014：62～67）等变量间接影响学生成绩。其次，感恩与社会行为有关。学会感恩的个体，不仅具有较少的内化和外化问题行为（李贞珍，2013），还会增加亲社会行为（喻承甫，2011：425～433）。再次，感恩还是促进个体社会适应的最大的人格特质之一，与个体的抑郁、生活满意度显著相关（魏昶等，2015：290～292）。临床干预研究指出，增加感恩水平，可以有效减少个体适应不良，同时促进个体认知、积极关系、身心健康、幸福感等的发展（Wood et al.，2010：890－905）。另外，还有学者以学业成就为例，提出了有调节的中介模型，揭示了感恩"怎样"发挥作用以及这种影响"何时"更强或更弱（叶宝娟等，2013：192～199）。研究发现，感恩通过提升个体学业复原力而间接作用于学业成就，但学业复原力对学业成就的影响因压力性生活事件的增加而减弱。

感恩的心理机制，可能与图式假设、应对假设、积极情绪和拓展建构假设有关。由感恩触发的拓展效应使个体可以构建自身的身体、心理和人际资源，更容易获得或领悟外界的社会支持，采取更具适应性的认知和行为模式。反过来，心理机制也会因反复的感恩体验得到进一步强化，从而增强挫折应对能力，在面临风险情境时倾向于采用积极的应对策略，提高个体复原力。

目前，研究者不断尝试各种方法，试图提升个体的感恩水平，其中至少半数以上的实验表明感恩干预对个体心理健康是有效的。主要方法有：感恩列表法（gratitude lists）、冥思法（gratitude contemplation）、行为表达法（behavioral expression of gratitude）等。

感恩列表法是感恩干预中最典型的方法，就是让干预对象写下某个时间内自己认为值得感恩的人和事。比如，让被试在每天晚上睡觉前写下自己应该感激的三件事，一般持续两周时间。这种方法是最常用的干预方法，用时短，操作简单，适合临床干预使用。参与干预的被试也认为，该方法令人愉快，能起到自我强化的作用，甚至在实验结束还会主动继续做。该方法最早由 Emmons 和 McCullough（2003：377 - 389）推荐用于临床干预。

感恩冥想法比感恩列表法略显宽泛，要求被试列出在某个时间段内发生的令人感恩的事情，一般用时五分钟。相对于那些要求写下想做而不能做的控制组被试，接受这种聚焦于积极体验的简短干预组的被试的报告更少有消极情绪（Watkins et al.，2003：814 - 827）。这种方法适用于需要积极情绪的临床活动。

第三种干预方法是写感谢信。要求被试给那些曾给予恩惠的人写感谢信，并当面读给对方听。在一项研究中，要求被试从周一到周五连续写五封信给要感谢的那个人，并在一周后当面读给对方听。结果表明，这种方法有助于提高被试的感恩水平和积极情绪，尤其是当被试的积极情绪处于低水平时效果更好，干预效果甚至可以保持 2 个月（Froh，Yurkewicz & Kash dan，2009：633 - 650）。

鉴于感恩教育和干预实验还存在诸多问题（Carr，Morgan & Gulliford，2015：766 - 781）和悖论（Carr，2015：429 - 446），一些研究试图考察干预有效性的调节变量。一项研究发现，相对回忆重大生活事件组，参加为期四周的感恩冥想干预实验的被试报告了更高的生活满意度和自尊，而特质感恩对干预效果起调节作用（Rash，Matsuba & Prkachin，2011：350 - 369）。另一项研究则发现了积极情感与实验条件之间的交互作用对干预效果的影响（Froh et al.，2009：408 - 422）。2018 年，有学者发表了一项通过感恩技能训练课程降低大学生孤独感的实验报告（Sakai & Aikawa，2018：1375），指出将感恩教育作为社会技能训练课程，有可能成为孤独症状干预的有效方法。另外，感恩干预还有利于提高自闭症儿童母亲的生活质量（Timmons & Ekas，2018：13 - 24）。

目前，还没有感恩干预应用于留守儿童群体的实证研究报告。未来可以将感恩教育纳入留守儿童心理健康教育范畴，构建感恩教育的生态系统模型，制定本土化的感恩教育和校本课程干预方案，改善留守儿童生存环境，营造良好的家庭、社区和学校关爱保护氛围，适当给留守儿童"减压"，减少压力性生活事件，提高留守儿童心理社会资本，从而全面提升留守儿童学业成就和社会适应水平。

## 三 文化的力量

### （一）坚毅

坚毅（Grit）是一项重要的积极心理品质，属于意志力范畴，体现为对某件事情的执着和坚持不懈，对学习和工作成功具有重要意义。在古英语中，"Grit"原意是沙砾，即沙堆中坚硬耐磨的颗粒。Duckworth 等人（2011：174 - 181）编制了坚毅量表，采用 5 点计分，1 表示"不像我"，5表示"非常像我"，内部一致性系数为 0.85。该量表中文版在成人年（谢娜、王臻、赵金龙，2017：893 ~ 896）、军校大学生（张琰等，2017：1532 ~ 1536）、普通院校大学生（官群、薛琳、吕婷婷，2015：78 ~ 82）中进行验证，基本符合原作者的二维结构。12 个项目如下。

（1）我曾克服过重大挑战性的困难。

（2）新观点和新任务干扰我原本要做的事情。

（3）我做事的兴趣每年都在变化。

（4）困难不能令我泄气。

（5）我对一个观点或事情会着迷一小段时间，然后失去兴趣。

（6）我是一个努力工作学习的人。

（7）我经常设定目标，但后来会改变主意完成不同的目标去了。

（8）对于一项耗时几个月的任务我的注意力很难集中。

（9）只要我开始做的事情我就一定能够完成它。

（10）我曾经花费多年时间来实现一个目标。

（11）每隔几个月我会对新的事物感兴趣。

（12）我是个勤奋的人。

最近一项关于坚毅与个体发展的元分析认为，坚毅品质干预与成就表现可能只存在微弱的关系，表明"坚毅"这一概念可能是有问题的，在日常口语中"坚毅"一词可能更侧重于表示坚持性（Credé，Tynan & Harms，2017：492－511）。本书第二章将对此进行深入探讨。

### （二）勇敢

勇敢作为具有文化力量的人类积极心理品质，不仅是日常生活的基本美德，也是衡量合格公民的重要标准。"勇"在中西方文化价值体系中均具有举足轻重的地位。早在古希腊时期，柏拉图就在《理想国》中将勇敢与智慧、节制、正义并列为"四主德"，甚至有人认为它是实现其他美德的条件。

在古汉语中，"勇敢"由"勇"和"敢"两个字构成，据《说文解字》："敢，进取也；冒而前进"。《广雅》则曰："敢，勇也"。"勇敢"又往往与"勇气"关联。《说文解字》再释："气，云气也，引申为人充体之气之称；力者，筋也；勇者，气也；气之所至，力亦至焉；心之所至，气乃至焉。故古文勇从心"（段玉裁，1988）。可见，"勇"与"敢"二者是平行关系，与个体发自内心的精神力量有关。

"勇敢"也是中华美德的核心范畴之一，是健全人格的重要组成部分，中华民族尤其重视"勇"之品格的培养。"勇"作为一种为善的道德力量，与"仁""义""礼""智""信"一样受到孔孟的尊崇。据不完全统计，仅在《论语》中"勇"字就出现了15次之多。《论语·宪问》将"勇"

与"仁""智"并提为"三达德"，认为"知、仁、勇三者天下之达德也。所以行之者大"。孟子则进一步探讨了"吾善养吾浩然之气"的"勇"之品格培养方法。

究竟何为"勇敢"，目前还没有完全一致的观点。据考证，目前关于勇气的定义有 30 多种，大多数是比较宽泛的论述。

第一种观点将勇敢视为一种美德、品格或能力。亚里士多德（2003）认为，勇敢是一种在恐惧情景中行为得体的品质，柏拉图（1986）则提出忍受恐惧的能力是检测勇气的内部标准。《伦理学大辞典》将勇敢定义为实现一定道德目的而不怕困难、危险和牺牲的精神和行为，是对人的行为和品质的一种肯定性评价的道德范畴（朱贻庭，2011：47）。《心理学大辞典》将勇敢定义为一种意志品质，表现为危急时刻不顾自身利益甚至牺牲生命、挺身而出、战胜困难、排除障碍，实现既定目标。从生活伦理的角度看，勇敢是以善的目的为前提的。正如乔治·凯特布（Geoge Kateb，2004：39 - 72）指出的，只有当勇敢内含于合乎美德的行为之中时，勇敢美德才能展示并且为人们所称颂。如果没有善的道德目的，勇敢似乎比其他人类特征更容易助长恶行，如战争、杀戮、霸凌、恐怖等。菲利普·艾凡赫（Philip J. Ivanhoe，2006：221 - 234）在剖析孟子的勇敢观时指出，孟子的"小勇"只注重自身荣耀，而"大勇"则兼顾正确和正义，"浩然之气"给予大勇之人以道德和精神的力量面对恐惧和危险的挑战。因此，有人将勇敢视为恐惧和信心之间的权衡和中和（Gaufberg，2010：107 - 128）。

第二种观点认为，勇敢是一种自愿的行为方式。勇敢是一种认知的、自发的心理过程，它能改变一个稳定的系统以期获得一种积极的结果，而为了这个积极结果的意愿是勇敢行为所必需的（Gruber，2011：272 - 279）。勇敢是一种自愿行为，生成勇敢的两个主要因素是威胁性情境、值得或重要的结果。通常而言，一个值得的结果能够让行为者不害怕甚至控制恐惧与威胁去采取行动，关于善的知识则为行为者提供面对恐惧与威胁的信心与力量。因此，恐惧是构成勇敢的一个关键因素，如何面对恐惧与威胁成为判断行为是否勇敢的一个重要依据。Norton 和 Weiss 认为勇气是尽管恐惧仍坚定不移地行动，而伴随着怒火和愤慨的勇敢行为是勇气的典型表现。在组织背景下，勇敢具有自由选择权、体验到风险、合理评价风险、追求崇高目标、意识到恐惧这五个特点（Kilmann et al.，2010：15 - 23）。对于学生而言，勇敢可以具体表现在以下几个方面：不怕困难能忍受艰苦，敢于怀疑（其中包括自我怀疑），敢于标新立异，为追求真理敢冒风险，勇于献身科学（袁玉明，1997：91 ~ 95）。

勇敢有多种类型。根据勇敢的恐惧和后果，可以将勇敢划分为身体勇敢（physical courage）、道德勇敢（moral courage）与生存勇敢（vital courage）三类（Lopoz & Snyder，2003：185 - 197）。库珀（Cooper R. Woodard）等人将勇敢视为自愿行动及其伴随的恐惧情绪相互作用的结果。鉴于威胁性信息的来源不同，将威胁分为身体的、社会的与情感的等几类，相应地将勇敢分为工作中的勇敢、爱国、宗教或以信仰为基础的物质勇敢、社会道德勇敢和独立的或以家庭为根基的勇敢四大类（Woodard & Pury，2007：135 - 147；Woodard，2004：173 - 185）。佐斌从词汇学角度对中西方文化中"勇"的内涵进行了剖析，提出了中国人勇的四个维度心理结构，即大义之勇、智慧之勇、自信之勇和宽容之勇（李林兰，2009）。黄希庭团队（2016：5 ~ 11）提出了包括个人取向和社会取向在内的中国人勇气结构，提出了坚毅之勇、突破之勇、担当之勇三个维度。上述论述为人们深入理解勇敢美德的心理学属性提供了重要的启发。

关于勇敢对个体的生存与发展的功能，Biswas-Diener（2012）认为"勇敢"行为贯穿儿童成长的全过程，他用"勇商"（courage quotient）衡量青少年的勇敢水平，并开发了克服恐惧、保持毅力的课程来帮助培养青少年的勇气（程翠萍、黄希庭，2014：1170 ~ 1177）。笔者对相关研究文献进行系统梳理后发现勇气具有提升幸福感、促进学业成绩和增强自信三项主要功能。例如，在幸福感方面，勇敢能显著预测成年人的生活满意度和主观幸福感（Park et al.，2004：603 - 619），对于血气方刚的青少年而言，目前关于勇敢与幸福感的结论还不一致，这表明勇敢与幸福感或许并不是简单的线性关系，可能还受到其他变量的调节。

### （三）自制

"自制"被认为是中国人最值得称赞的一种传统美德，特别是在当前各种诱惑泛滥，网络诈骗、工作拖延、犯罪风险高发的时期，培养儿童甚至成年人的自制力显得尤为重要。自我控制的科学研究是从心理学开始的，也是社会科学研究领域中的一个最广泛的主题。据初步统计，在2010年心理学同行评价期刊论文中，有3%的关键词是自我控制或相近似的术语。精神分析学派创始人弗洛伊德也认为，自我控制是文明社会的一个主要特征。作为积极心理学概念体系的一员，自我控制被认为对人类幸福生活和个体积极发展意义重大。

自我控制是一个复杂的概念，在哲学和心理学中有多重含义，相关的术语包括延迟满足、努力控制、意志、执行控制、时间偏好、自律、自我调节等。Julesh Holroyd 和 Daniel Kelly（2016：106－133）对"自我控制"的用法初步统计发现，仅哲学著作中关于"自我控制"的用法就有13种之多。心理学文献中也有类似情况，从反映个体的认知与肢体反应之间的协调、执行控制系统到作为人类机体整体功能的自我调节等，都与自我控制有关。在积极心理学和社会心理学文献中，自我控制的含义更为狭窄。比如，Savage 等人（2009）提出，自我控制不仅是个体服从权威并接受他人给予的行为标准，还是个体根据自我信念和目标来采取具体行为的能力。Baumeister 等人（2007：351－355）则从"克制"和"改变"着手，认为自我控制是个体为了远期目标，修正其行为习惯和反应方式，有意识地禁止或压制自动化、习惯性、与生俱来的欲望和情绪，使个人反应与其理想、价值、道德、社会期待相一致的能力。Duckworth（2011：26－39）则提出，高自控个体比冲动性个体能更好地调节他们的行为、情感、注意等冲动行为，实现对自我的努力控制，从而达到个人的长期目标。于国庆（2005：1338～1343）结合我国传统文化，将自我控制纳入一个多层次的系统中，提出以自我为主体，在个体生活的生命圈、社会圈和宇宙圈三维时空内的整体自我控制观，认为自我控制的对象是个人身心和行为、外在环境和事件，自我控制的目标是实现个人、社会和宇宙内外和谐，具体包括自我觉醒、自我规划、自我执行、自我评估、自我激励、自我校正的动态阴阳变化的组织系统。

尽管学者的理解角度各有不同，但都包括两个基本要点：一是自我控制是一种个体能力，表现为对内部冲动或外部诱惑的抵制；二是自我控制是一种目标指向的行为，一般是较为长期的目标。简而言之，自我控制就是个体有意识地控制冲动行为，抵制满足直接需要或愿望的能力，是为了带来长期利益的目标指向的行为。

自我控制对于个人成就的作用长期以来被认为是积极和正面的。皮特森和塞利格曼（Peterson & Seligman，2004）认为，多一些自我控制并没有什么不好。这一观点深受主流积极心理学研究者的推崇。同样，June Tangney 及其同事（2004：271 - 324）在一篇介绍自我控制量表的文章中也提到，过度控制（over-control）并没有显示出明显的瑕疵，高水平控制可以预测良好适应、较少的病理症状、较好的成就和人际关系。Hare 等人（2009：646 - 648）在 Science 杂志上撰文指出，执行自我控制的能力是人类成功和幸福的关键。2011 年，Moffitt 等人（2011：2693 - 2698）对儿童早期的自我控制与成年期发展结果进行大规模追踪研究，采用观察者、父母、教师和自我报告方法对儿童在 10 岁时的自我控制能力进行评定，成年期指标包括收入、存款、财务安全、职业声望、身体和心理健康、药物使用、犯罪记录等。结果发现，儿童早期的自我控制显著预测成年期的身体健康、药物依赖、个人财务和犯罪情况等，自我控制的长期积极效应甚至不受一般智力、家庭社会经济地位以及青春期过错的影响。类似研究还发现，自我控制是撒谎、欺骗、偷盗、打架、攻击等偏差行为以及嗜用烟草、酒精和大麻等滥用行为的重要预测变量（Vazsonyi & Huang，2010：245 - 257；King et al.，2011：69 - 79）。

上述研究结果如此令人振奋，以至我们是否应考虑推动政策制定者制定一项旨在提高居民财富、健康和降低犯罪的大型干预项目呢？然而，自我控制能力是否真的如此重要，还需要更多的研究。

2018 年，Brownstein（2018：1 - 22）在《哲学与心理学评论》上发表文章认为，积极心理学领域的研究文献表明自我控制对于个体发展的好处有赖于其他因素，比如种族、社会经济地位等。Brownstein 将自制划分为特质自制和状态自制，而低社会经济地位家庭子女具有相对更低的特质自制水平。可能的原因在于，穷人生活更加不稳定，他们无法像高社会经济地位家庭子女那样奢侈地展望未来，而只能关注当下的满足。因此，富足家庭子女更可能享受自制能力所带来的长远利益。从发展心理学的角度看，自我控制形成发展于儿童生活早期，儿童养育中的母子互动、教养行为、亲子关系、父母接纳与控制、监控与支持等是自我控制发展的关键因素（Hope，Grasmick & Pointon，2003：291 - 311；Kremen & Block，1998：1062 - 1075）。横断研究发现，对于留守儿童而言，父母均外出打工以后家庭功能和儿童自我控制均处于不利状况，而自我控制在家庭监控与儿童问题行为中发挥完全的中介作用（陈京军等，2014：319 ~ 323）。这使留守儿童因为弱化的家庭功能而更加无法享受自我控制带来的发展获益。

那么，是否可以通过培养训练出高自我控制能力，从而促进低社会经济地位家庭子女的良好发展呢？答案也是复杂的。Gregory Miller（2015）、Brody（2013）等人的系列研究发现，对于低社会经济地位黑人青少年而言，高水平特质自制显著预测学业成功和心理社会健康，但同时是以过早出现表观型遗传老化为代价，那些出生于低社会经济地位家庭的高特质自制子女在成年期会经历更大的心血管风险且伴随着肥胖、高血压、应激激素皮质醇、肾上腺素、去甲肾上腺素和非稳态负荷等。上述结果表明，高自我控制在一定条件下也是有负面效果的。考虑到"自我控制"是中华民族的传统美德，克制、忍耐、要有长远眼光等一直都是传统家庭教育的核心理念，自我控制是否以及在何种条件下有助于提升留守儿童等处境不利儿童的心理社会性发展，依然是一个值得系统深入研究的课题。

# 第二章
# 坚毅：追求远大目标的不懈动力

> 坚毅意味着你通过行动表现出你想完成目标的决心，并且愿意一直信守这个目标。
>
> ——安吉拉·达克沃思

## ✤ 本章导读 ✤

"爸爸死了，妈妈走了，我不想妈妈，但我很想爸爸。"小莲的声音回荡在空荡荡的房子里，语气平平淡淡，没有一丝埋怨，也没有一丝苦恼。原来，小莲的爸爸在她出生52天的时候就过世了，妈妈也随后离开了家，再也没有回来。失去了生活的依仗，60岁的爷爷不得不重操旧业，重回沙场打沙，奶奶则磨豆腐补贴家用。就这样，豆腐和沙子变成了奶粉和尿布，将襁褓中的小莲哺育长大，年迈的爷爷奶奶用自己佝偻的身体撑起了孩子的整片天空。长期打沙工作，爷爷的身体每况愈下，但是爷爷心中有个信念——要攒钱送孙女去镇上上学。即使拖着病躯，爷爷也想拼尽全力给孙女铺设通往美好未来的路，他语气坚定地说："只要我活着，就绝对不会把小莲给别人，也不会让她过得比别人差。"

"我没有妈妈，爸爸在外面打工，很难见到他，爷爷奶奶老了，走不了这么远的路。老师，你能让我上课吗？"一个怯怯的声音传到志愿者的耳中。原来亮亮和婷婷从小就是老两口拉扯大的，爷爷现在已是古稀之年，奶奶腿脚也不方便。"孩子妈妈在他们很小的时候就改嫁了，从那以后，亮亮只见过妈妈一次，婷婷打生下来就没见过妈妈，"爷爷说，"孩子爸爸在广州打工，每年只有在过年时才回家待几天，家里就剩我们老两口和俩孩子，我现在只希望两个孩子能有书读。"穷人的孩子早当家，亮亮和婷婷从小就懂事，每天放学后写完作业，就提着硕大的水桶去打水，再踮着脚在高高的锅台边炒菜……"亮亮和婷婷在各方面都很下劲儿，从来不会向我们要东要西，就是家里条件不好，苦了俩孩子。"说到这里，爷爷有意将头扭到一边，然后默默地转身离开，背影孤独又无助。从亮亮兄妹俩的身上，我们领悟到了什么是坚毅，什么是逐梦，虽然留守在农村，却阻挡不了他们奋发读书的梦想，想要走出大山的希望。

2018年7月3日，中国青年网推出了"青春同行　温暖童心"关爱留守儿童系列报道，介绍了贵州省铜仁市德江县这两个不幸却坚毅成长的留守儿童故事（张群，2017）。在这两个故事中，我们再一次领会了中华民族所拥有的坚毅品质的巨大力量，更看懂了留守儿童群体在苦难和逆境中为实现远大目标而坚韧不拔的成长动力。

坚毅是中华民族的优良美德。中国古训"天行健，君子以自强不息""路漫漫其修远兮，吾将上下而求索""失败是成功之母"等蕴含非常丰富的坚毅思想的精髓。1894年，美国传教士A. H. 史密斯（明恩溥）在其所著的 *Chinese Characteristics*（《中国人的性格》）一书中专章论述了中国人所具有的"耐性和毅力"，指出中国人无与伦比的忍耐力，应该去实现更为崇高的使命，而不仅仅是使他们去忍受生活的苦难和活活饿死的折磨。"如果历史留给人们的经验教训可以用适者生存来概括的话，那么具有这种坚强忍耐力的天赋而又有着强大生命力的这样一个民族，在将来必定会前途无量。"（明恩溥，1998：134～143）

坚毅品质将成为全球各国教育追求的目标之一。我国政府历来高度重视青少年坚毅品格的培养。早在1999年，《中共中央、国务院关于深化教育改革全面推进素质教育的决定》就指出，学校要针对当代青少年的成长特点，加强学生的心理健康教育，培养学生坚韧不拔的意志、艰苦奋斗的精神，增强青少年适应社会生活的能力。2016 年，习近平总书记在庆祝建党 95 周年大会上发表的重要讲话中，曾 10 次强调"不忘初心、继续前进"，这既是对全党全社会共同努力实现中华民族伟大复兴发出的号召，也是对青年一代的努力拼搏、攻坚克难、勇攀高峰的殷切期望。这表明，弘扬并培养坚忍不拔的坚毅品格，对于实现中华民族的伟大复兴具有重大的理论和现实意义。

农村留守儿童是农村地区的特殊困境群体。国内研究表明，农村留守儿童的心理健康水平低于非留守儿童（罗静、王薇、高斌，2009：990 ~ 995），如何提升留守儿童学业成就和心理健康水平是阻断贫困代际传递、实现社会正义和教育公平的重要内容。大量研究表明，坚毅品质不仅与个体的心理健康紧密相关（Bowman et al.，2015：1994），也是个体成功的重要决定因素之一（Hokanson & Karlson，2013：14）。然而，目前国内关于坚毅品质的实证研究还非常欠缺。

本章就从坚毅的民族品格开始，在对坚毅与儿童发展的相关文献系统梳理的基础上，首次从心理学的角度对农村留守儿童坚毅品质的测量方法、发展现状及其心理功能进行实证研究，修订适合农村中小学生（含留守儿童）的坚毅品质测量工具，探讨留守儿童坚毅品质的发展特征，考察影响农村留守儿童坚毅品质的相关因素，考察坚毅对学业成就的影响机制及中介和调节变量。在此基础上，提出提升留守儿童坚毅品质的教育建议，为挖掘和培养留守儿童生命历程中的力量和勇气提供依据。

## 第一节　坚毅的内涵

美国心理学之父威廉·詹姆斯（James，1907：321 - 332）说过："同我们可以达到的状态相比，我们只是半睡半醒的人。我们的热情被泼了冷水，我们的能力受到了阻遏。我们仅仅使用了一小部分我们所拥有的脑力和体力……人类拥有大量资源，但只有极少数个体将他们自身的这些资源发挥到了极致。"弗朗西斯·高尔顿在《遗传的天才》一书中也写道，仅仅能力这一因素并不能解释个体的成功，高成就的个体往往同时具有能力、热情和努力。其中，热情和努力与本章所要研究的"坚毅"的内涵比较相似。那么，什么是坚毅？它又源自何处？本部分将对坚毅的研究缘起进行梳理，对坚毅的内涵进行归纳，提出坚毅的心理结构。

## 一　研究缘起

作为积极心理品质中最受欢迎的品质之一，坚毅现象进入心理学实证研究，与宾夕法尼亚大学华裔研究者安吉拉·达克沃思（Angela Duckworth）的洞察和创造性工作密切相关。在担任小学教师期间，达克沃思敏锐地发现，IQ 并不是优等生和后进生的唯一区别。那些在学业上表现良好的学生并不具备较高的 IQ，而聪明的学生在学业上往往并不尽如人意。这一现象引发了她的思考并促使她从学习动力学和心理学角度重新理解学生的学习行为。在随后五年里，她带领团队对投资银行、绘画、新闻业、医学、法律等行业的成功人士进行访谈，对不同年龄和学历的人、美国一流大学生、西点军校学员、销售人员、全国拼字比赛竞赛选手等开展一系列调查研究，试图发现成功背后的决定因素。综合多项研究结果发现，相对于 IQ 和责任心，个体对于长期目标的持久兴趣和坚持更能够预测未来成功（Duckworth & Seligman，2005：939 - 944）。2007 年达克沃思正式提出坚毅（grit）的概念，用以描述个体对长期目标坚持不懈的努力和持久的热情。2013 年，达克沃思在 TED 演讲时指出了坚毅教育的重要性，引发了美国教育界的强烈反响。

坚毅品质受到教育界的重视，与科恩兄弟根据查尔斯·波蒂斯的同名小说改编的电影 *True Grit*（中文译名《大地惊雷》《真实的勇气》《离奇复仇事件》）有关。该影片讲述了一个 14 岁女孩终其一生追踪杀父仇人的故事，2011 年获得第 83 届奥斯卡金像奖。2012 年《时代》周刊主编保罗·图赫（Paul Tough）在其著作 *How Children Succeed*：*Grit*，*Curiosity*，*and the Hidden Power of Character* 中引入了"坚毅品格培养"的教育理念。由此，坚毅问题成为教育心理学的热门课题，引发了学者的大量研究，很多学校建立工作室，开发培训课程，试图培养孩子的坚毅品质（计雯，2014）。

尽管如此，坚毅的研究也不可避免地出现了相互矛盾的结论甚至质疑其构念效度的声音。2017 年 Marcus Credé 等人（2017）开展的一项元分析表明，Duckworth 编制的坚毅量表得分与工作表现和留职之间呈中等程度的相关，基于"兴趣稳定性"和"努力持久性"两项低阶因子的高阶因子并没有得到验证，坚毅量表的努力持久性维度比兴趣稳定性维度与效标量表的相关性更高，针对坚毅的干预结果与成就之间呈弱相关。因此，研究者认为坚毅量表所测量的结构效度可能是有问题的，该量表可能只是反映了个体努力的坚持性程度。尽管如此，无论从传统文化还是当前少子化社会的角度看，对坚毅人格的研究依然具有非常重要的理论和实践价值（蔡连玉、姚尧，2017：102～108；魏怡、胡军生，2017：52～61）。

## 二 概念厘清

尽管从心理学角度对"坚毅"人格特质进行研究始于达克沃思，但在中文中，"坚毅"一词的内涵是非常丰富的，它涵盖毅力、勤勉、坚强、韧性、专注、自我控制、自我约束等多个语义元素。《现代汉语词典》中，"坚"是指坚定、坚决；"毅"是指坚决。《古代汉语字典》中，"坚"是指坚硬的、坚固的，刚强、坚固；"毅"是指果敢、果断，坚韧、坚强。《辞源》中，"坚"是指硬、牢固，坚决、刚强；"毅"是指坚强果敢。对于"坚毅"一词整体的解释为"坚定而有毅力"。《朗文当代英语大辞典（双解版）》中，将 grit 解释为：沙砾；坚毅，勇气；咬紧牙关，下定决心。可见，在中文语境下，"坚毅"用于描述一个人行动坚强有力、坚决果断。在《牛津高阶英汉双解词典》中，grit 指的是即使遇到困难或失败，依然能坚持做某事的决心和勇气；下定决心，鼓起勇气。

在学术界，研究者对坚毅的界定不尽相同，还没有形成一致的观点。

作为导致个体成功的非认知的人格特征，Duckworth 等人（2007）认为，坚毅是指朝向长期目标的毅力和激情。坚毅的个体达到成功的方式如同跑马拉松，其优势在于持久力。对一些人而言，失望和无聊意味着改变策略以减少损失，但是坚毅的个体会选择坚持到底。他们会刻意给自己设立较长的目标，即使在达到目标的过程中没有得到积极反馈也保持不变。Singh 等人（2008）认为，坚毅的人不仅可以面对当前的失败，也可以长期保持自己的承诺。他们认为，坚毅指的是积极心理学中所提到的性格优势中的毅力，是完成一个宏大的、长远的目标的决心，尽管在这个过程中会不可避免地遇到失败、逆境以及停滞。

国内学者对"坚毅"的界定侧重于长期目标和坚持性两个方面。比如，唐铭、刘儒德等人（2016：479~485）将 grit 翻译为"毅力"，强调对长期目标的坚持性。晋琳琳等人（2014：115~124）认为，毅力中包含了长远目标、激情和坚持等特点。魏军、刘儒德等人（2014：326~332）将学习毅力定义为个体为了追求长期学习目标或完成挑战性任务而主动克服困难、持续努力的人格品质。

笔者通过整理已有的关于坚毅概念的描述发现："坚持"或"持久"被提及 11 次；提及"毅力"和"目标"各 6 次；"长期"或"长久"被提及 4 次；提及"热情"或"激情"4 次；提及"专注"和"不畏失败"各 3 次；提及"自控"和"努力"各 2 次；而"韧性""自我激励""自我调整"各被提及 1 次。结合前人对坚毅品质的看法，这里将坚毅定义为：为了达到长期目标或完成挑战性任务，即使遇到困难和挫折，也始终坚持努力的品质。

相关文献的梳理还发现，坚毅与尽责性、自我控制和心理弹性既紧密相关，又相互独立（Duckworth et al.，2007；Fite et al.，2017：191 - 194；

Gredé, Tynan & Harms, 2017：492 - 511；Duckworth & Gross, 2014：319 - 325；Kelly, Matthews & Bartone, 2014：327 - 342；Maddi et al., 2012：19 - 28），表明坚毅是一个相对不同的概念。

## 第二节 坚毅的测量

坚毅品质究竟由单一因素还是多重因素构成，学术界还存在争议。Duckworth 最早提出了坚毅两因素结构说，认为坚毅是由对某一目标的持久稳定的兴趣（兴趣稳定性）和坚持不懈的努力（努力持久性）构成的。其中，努力持久性指的是即使遇到困难也会努力的倾向；兴趣稳定性指的是个体不经常改变目标和兴趣的倾向。

Datu 及其同事（2016：1 - 9）通过质性研究的方法，探究了在集体主义文化背景下坚毅品质的结构。研究结果初步证明，坚毅由努力持久性（perseverance of effort）、兴趣稳定性（consistency of interests）和情境适应性（adaptability to situations）三个维度构成。这一研究结果再次证明了努力持久性和兴趣稳定性维度的存在及作用。新增维度情境适应性指的是，个体快速有效地适应现实生活中不断变化的环境，期待挑战、灵活接纳改变，具有克服任何困难的动力。

### 一 文献评述

目前，坚毅的量化研究工具有 Duckworth 等人在 2007 年所编制的坚毅问卷、在 2009 年修订的坚毅短表，Datu 及其同事（2017：198 - 205）所编制的坚毅问卷。其中，学术界广泛采用的是坚毅短表。

### （一）已有测量方法

在坚毅的二维结构模型基础上，Duckworth 及其同事通过对律师、商人、学者和其他专业人才的访谈，编制了坚毅自陈量表（the Grit Scale），包括 27 个项目。为了使问卷适用范围更广（既包括成人又包括青少年），问卷的措辞并没有针对工作或学习等某一特定领域。问卷采用李克特五点计分方法，1 表示"完全不符合"，5 表示"完全符合"，整体 Cronbach's α系数为 0.79。该问卷仅从坚毅的概念构想出发进行编制，且信效度未得到严格检验。此外，该问卷以律师、商人等领域的成功人士为研究对象，尚未在其他群体样本中进行检验。

2004 年，研究人员为了修订适用于 25 岁及以上成年人的坚毅测量问卷，通过网络在线测试收集数据[①]。测试内容包括 27 题坚毅问卷和年龄、受教育水平等人口学信息。经过筛选，获得 1545 名符合条件的被试。最终形成由 12 个条目组成的坚毅自陈问卷（Grit - O），共两个维度，即兴趣稳定性和努力持久性，每个维度包含 6 个条目，两个维度的相关系数为 0.45。问卷整体具有较高的内部一致性（$\alpha = 0.85$），兴趣稳定性维度和努力持久性维度的内部一致性系数分别为 0.84 和 0.78。验证性因子分析结果表明，该坚毅问卷（Grit - O）符合两因子结构模型，但有关两因子预测效度的对比研究相对较少，且该问卷的模型拟合指标也有待提高（$CFI = 0.83$，$RMSEA = 0.11$）（温忠麟、侯杰泰、马什赫伯特，2004：186 ~ 194）。

2009 年，Duckworth 等人对坚毅自陈问卷进行了再次修订，抽取了四个不同年龄、不同领域（美国军校、西点军校、全美拼字比赛和常春藤联盟）的平行样本进行数据分析。其中，美国军校被试中男性占84%，女性占 16%，平均年龄 19.03 岁；西点军校的被试分布与美国军校相似；全国拼字比赛的被试中男性占 52%，女性占 48%，平均年龄13.20 岁；常春藤高校的被试中男性占 31%，女性占 69%。在原有问卷的基础上，每个维度删减 2 个条目，最终形成了含有 8 个项目的坚毅短表（Grit - S），内部一致性系数为 0.73 ~ 0.83，努力持久性维度的内部一致性系数为 0.60 ~ 0.78，兴趣稳定性维度的内部一致性系数为 0.73 ~

---

① 在线测试网站详情参见 www.authentichappiness.org。

0.79,整体问卷的重测信度为0.84。其中,以全美拼字比赛的参赛选手为被试时,所得的问卷信度偏低,各维度信度更低。2011年,以拼字游戏比赛参赛选手为被试所测得的预测效度为0.82(Duckworth et al.,2011:174-181)。以波士顿市区初二学生为被试的研究中,该问卷的内部一致性信度仅为0.64(West et al.,2014)。这表明,坚毅自陈问卷在不同被试群体中所测得的信度波动幅度较大,在初中生群体中所测得的信度最低。

为了解决自评问卷中社会期望效应等问题,Duckworth等人编制了他评坚毅短表,以第三人称对坚毅短表的条目进行重新表述,如"他是一个××的人"。2006年,研究者邀请参与坚毅短表在线测试的25岁及以上成年人的亲友进行他评坚毅短表测试。结果显示,该他评问卷的内部一致性系数为0.84。同时,他评问卷与自评问卷得分呈中等程度相关。

验证性因子分析的结果中,以美国军校和西点军校的学生为样本数据,模型各项拟合指标良好;以常春藤高校大学生和2005年全美拼字比赛的参赛选手为被试时,模型拟合不佳。考虑到全美拼字比赛选手的平均年龄为13.20岁,坚毅短表可能并不适用于初中生群体。

### (二)坚毅测量存在的不足

第一,该量表的构念效度还存在疑问。换言之,现有的坚毅量表究竟测到了什么?现有坚毅的二因素结构主要是在欧美样本中获得的,基于二维结构编制的坚毅量表在中国大陆成年人群体中得到了良好的结构效度(谢娜、王臻、赵金龙,2017:893~896),但这并不能确定在集体主义文化下坚毅是否还包括其他更重要的因素。正如Henrich、Heine和Norenzay-an(2010)所指出的,当人们把在西方文化背景下取得的研究结果推论到其他国家时需要保持警惕。2016年香港教育大学Datu等人通过对10名菲律宾大学生访谈提取了"环境适应性"(adaptability to situations)这一新的因子结构。Datu等人(2016)对菲律宾高中生调查数据进行有用性分析

（Usefulness Analysis Approach）后还发现，努力持续性和兴趣稳定性两个单独维度比采用坚毅总分在预测行为投入、情绪投入和心理幸福方面具有各自独特的解释效力。这与在西方文化背景下坚毅的合成总分对教育成就具有更大的解释效力不同。这表明，在集体主义文化下进一步开展此类研究是非常必要的。

第二，该量表的内部一致性信度在不同人口统计学样本中还不一致，需要跨文化样本的检验。在文献分析中发现，坚毅量表的信效度在 25 岁以上大学生或职业群体中均取得了良好的指标，但对于处于坚毅发展期的中小学生群体还很不稳定。以中国成年人（谢娜、王臻、赵金龙，2017：893~896）、军校大学生（张琰等，2017：1532~1536）和中学生（Wang et al.，2016：452-460）为对象的研究发现，12 条目坚毅量表的信度分别在 0.7 和 0.8 以上；以菲律宾高中生为对象的研究发现，坚毅短表（Grit-S）的总分及其两个维度的内部一致性均略大于 0.60，而且"努力持续性"和"兴趣稳定性"两个维度相关性并不显著（$r = -0.01$）（Datu et al.，2016）。为了考察坚毅量表的结构效度，Datu 及其同事（2017：198-205）提出了坚毅的三维结构模型，以集体主义文化背景下的菲律宾大学生为被试，编制了坚毅问卷，共 10 个项目。验证性因子分析结果表明，三因子结构拟合良好，问卷信效度均符合心理测量学指标。这说明，非常有必要编制一份适用于本国文化特点的坚毅评价量表。

第三，该量表在社会处境不利群体中还缺乏检验。正如清华大学心理学系主任彭凯平（2017）教授在《坚毅》一书的推荐序中指出的，"坚毅最本质的和极其重要的贡献在于，它再一次提醒我们，能力可能会误导我们，以为它是我们人生成功的最重要的要素"。在当前城乡教育条件差异依然显著，农村初中生尤其是农村留守儿童的教育和成长环境相对不利的情况下，开展坚毅品格研究和教育，对于他们是否具有独特的个体发展价值和政策价值，是一个非常值得深入研究的课题。

基于此，本课题组拟通过文献研究、访谈、问卷调查等研究方法，编制一份信效度符合心理测量学指标的"农村初中生坚毅品质问卷"。

## 二 研究方法

### （一）文献研究法

通过查阅近十年的国内外相关文献，系统考察《古代汉语字典》《辞源》《现代汉语词典》等古今典籍资料，确定本研究中坚毅品质的概念和结构，初步构建出初中生坚毅品质的理论模型。

### （二）访谈法

鉴于目前坚毅的结构尚不明确，这里采用半结构式访谈法收集资料。初中生坚毅品质访谈提纲主要包括三大方面的内容：对坚毅内涵的理解，坚毅的心理特点，坚毅的行为表现。

#### 1. 访谈对象

访谈对象共 29 名，包括初中生 16 名，大学生 9 名，初中班主任 4 名。大学生的心理发展比初中生成熟，他们能够更好地认识自己和自己的初中生活，也能够对其进行更好的理解和梳理，因此选择来自农村且初中就读于农村中学的在校大学生进行回溯性访谈；相比其他任课教师，班主任对本班学生的了解更加全面客观，通过班主任能够了解到初中生的坚毅品质具体表现在哪些方面，故而也选取班主任为访谈对象。Guest、Bunce 和 Johnson（2006：59 - 82）认为，一般访谈 6 名被试即可达到信息饱和。本研究在完成 25 名个案之后，发现信息已经基本饱和，为了收集到更完善的资料，尽可能减少信息遗漏，研究者又增加了 4 个个案后方结束访谈。

#### 2. 访谈过程

访谈员由心理学研究生担任，访谈前均经过至少两次专业培训，并进行预访谈，正式访谈采用一对一的方式。访谈开始，先由访谈员向访谈对象明确本次访谈的目的，以及访谈内容的保密性；为了得到较为完整的访谈资料，在征得访谈对象同意后对访谈全程进行录音。访谈提纲共有 10 个问题，主要问题是访谈对象"对坚毅品质的理解"以及"坚毅或不坚毅的具体表现"，其他题目作为辅助。访谈过程中，访谈员可就具体问题进行追问，但不能对访谈对象进行诱导。访谈时长为 6 ~ 51 分钟，最终得到 813 分钟的访谈录音资料。访谈结束后，访谈员给访谈对象赠送小礼品或给予报酬以表谢意。

### 3. 录音转录

访谈结束后，第一时间对访谈录音进行逐字转录，避免材料的丢失或损坏；对于未能录音的情况，访谈过程中适当进行笔录，在访谈结束后对访谈内容进行回忆并记录为文字，共 70301 字。访谈结束后及时反思访谈中出现的问题，不断总结访谈经验。比如，如何进一步挖掘访谈者所表达内容背后的含义；对于访谈对象所表达的事件，如何继续追问，以收集到更丰富、翔实的材料等。另外，及时发现不当题目，并加以修改，避免对后续的访谈工作造成影响。

### 4. 访谈资料整理

对 29 名访谈对象的访谈文字资料逐一进行整理，提取关键词，并根据所代表的内容进行归类，得到坚毅品质的三个维度：努力持久性、兴趣稳定性和情境适应性。

努力持久性：主要是指在达到目标的过程中坚持不懈地努力，即使会遇到很多挫折和失败，依然坚持不放弃。比如：

> 每天坚持六点多起来读英语，或者努力攻克数学题，一次次摔倒一次次站起。

> 我的朋友学习成绩一次次跌落，他就很认真地读书，被生活打倒了他就站起来。不经历风雨怎么见彩虹。在风雨中感受到生命的芬芳。

他们遇到困难就退缩，不坚强，在困难面前力量很小，打败不了困难。

有些同学学习很努力，但是成绩不太好，开始的时候他们很坚毅，很努力地学习，但是考差了之后就受打击了，就不再那么努力地学习了，也像其他同学那样玩了。

有一个同学就是，他是我们班的第一名，他有一次考试下降了，但是他还是在努力学习，最后又变成了第一名。

但是后来也有落后的，那时掉到班里前五名之后，那时候考了第八名就很伤心，然后又努力回来。

希望自己不管是擅长的还是不擅长的，既然接手了就尽自己的努力把它做好吧。

遇到一道题，会去剖析它，尝试各种的解法，希望把它搞懂，就像科学家的那种吧。

兴趣稳定性：主要是指保持对一件事情的兴趣长期不变，尽管外界有很多的干扰和诱惑，依然毫不动摇。比如：

因为我做事情总是坚持不下来。比如说，本来是决定早上六点多起来读英语的，可是坚持了没几天我就起不来了。

还有就是半途而废吧。比如，我不能一直喜欢一个东西吧。

我刚开始的时候喜欢打篮球，但是打了两个月篮球之后我又开始打羽毛球，打了没几周我又觉得羽毛球没意思，又开始打乒乓球，就这样，最后都没坚持下来。

他早上能很早进班学习，并且学习很认真。不会像我们一样总是想着出去玩，不管别人怎么玩，他都会一直学习。

在学习的时候本来想好好学习的，不玩手机，然后把手机放在身边，可是过了一会就会控制不住自己，就去玩手机。

比如我在学习，我的朋友过来跟我说，走不要学习了，我就有点心动了，就跟他出去玩了。

应该会比较自律吧，因为我觉得坚毅要对一件事情始终如一。

情境适应性：主要是指个体在达到目标的过程中，根据实际情况调整目标或达到目标的策略。比如：

可能家里人会跟他讲要好好学习，然后他以后也不想在农村，想出去找更好的工作。

对于学习的话，比较坚持语文，数学有一些很难，理解不来，老师说就自己会的先学，其他的慢慢补回来，然后我就看一些课外书啊，语文成绩可以提高，数学也会做练习。

因为比较难的事情我并不是说不想快点完成，而是说要完成的话我会比较累，并且也不一定完成，而且还浪费时间。

给自己一个计划一个目标，认真上课认真听讲完成作业。

如果这件事情远远超出了他的能力范围，不在他的掌控之内，他放弃了，而且他马上转手到自己能做的事情上，这还不太影响，找到一条最适合自己的路。但是如果说这条路上他还可以，不能说是完全擅长，因为完全擅长的话就会做得一帆风顺，但还算可以，他放弃了，我觉得这个应该……而且放弃之后没有马上调整的话就不算是坚毅的表现。

我觉得有目标就会有一个点，他就会朝着这个点去走，有自己规划的一个方向，无论是走直的还是走弯的。

如果没有达到既定的目标，就是一直努力，如果一直努力之后还是定在某个地方没有达到目标，那就把自己的成绩定在这个地方吧。

## 三　研究被试

### （一）预测被试

采用方便整群抽样法，在福建省漳州市三所农村中学进行团体施测，七年级、八年级、九年级各 3 个班，共 9 个班，发放问卷 434 份，剔除空白问卷、明显规律作答问卷以及明显乱填的问卷，最终得到有效问卷 428 份，有效率 98.6%（见表 2-1）。卡方检验的结果表明，不同性别、年级、家庭经济条件的被试样本在留守类型上的分布不存在偏差（$\chi^2 = 0.64$，$p > 0.05$；$\chi^2 = 2.33$，$p > 0.05$；$\chi^2 = 3.46$，$p > 0.05$）。这里，将留守儿童界定为：父母双方均外出工作且 17 周岁以下青少年。

表 2-1　预测被试的分布情况（$n = 428$）

| | | 留守儿童 | 非留守儿童 | $\chi^2$ | $p$ |
|---|---|---|---|---|---|
| 性别 | 男 | 80 | 99 | 0.64 | 0.43 |
| | 女 | 100 | 145 | | |
| 年级 | 七年级 | 83 | 97 | 2.33 | 0.31 |
| | 八年级 | 61 | 85 | | |
| | 九年级 | 36 | 62 | | |
| 家庭经济条件 | 比较不富裕 | 24 | 33 | 3.46 | 0.18 |
| | 一般 | 148 | 187 | | |
| | 比较富裕 | 8 | 22 | | |

注：表中个别变量数据有缺失，故与正文有出入。

### （二）正式施测被试

以方便整群取样法，在福建省三所农村中学选取七年级、八年级、九年级学生进行团体施测，由经过专业训练的心理学研究生担任主试。共发放问卷 610 份，剔除空白问卷、明显规律作答问卷以及明显乱填的问卷，最终得到有效问卷 594 份，有效率 97.4%（见表 2-2）。

表 2-2　正式被试的年级和性别分布（$n = 594$）

| | | 留守儿童 | 非留守儿童 | $\chi^2$ | $p$ |
|---|---|---|---|---|---|
| 性别 | 男 | 162 | 136 | 0.12 | 0.73 |
| | 女 | 164 | 130 | | |
| 年级 | 七年级 | 111 | 97 | 1.22 | 0.54 |
| | 八年级 | 112 | 96 | | |
| | 九年级 | 103 | 73 | | |

续表

|  |  | 留守儿童 | 非留守儿童 | $\chi^2$ | $p$ |
|---|---|---|---|---|---|
| 家庭经济条件 | 比较不富裕 | 29 | 28 | | |
| | 一般 | 275 | 218 | 0.49 | 0.78 |
| | 比较富裕 | 22 | 18 | | |

注：表中个别变量数据有缺失，故与正文有出入。

卡方检验结果显示，不同性别、年级、家庭经济条件的被试样本在留守类型上的分布不存在偏差（$\chi^2 = 0.12$，$p > 0.05$；$\chi^2 = 1.22$，$p > 0.05$；$\chi^2 = 0.49$，$p > 0.05$）。

## 四　研究工具

### （一）坚毅短表（Grit Scale）

采用 Duckworth 等人编制的坚毅量表，包括努力持久性和兴趣稳定性两个维度，共 8 个项目，其中 4 个项目为反向计分。[①] 采用李克特五点计分法，从"完全不像我"到"完全像我"，依次记 1 ~ 5 分，反向计分后，得分越高，表明坚毅水平越高。Cronbach's $\alpha$ 系数为 0.77 ~ 0.84。

### （二）大五人格问卷简版（CBF – PI – B）

采用王孟成等人（2011：454 ~ 457）编制的中国大五人格问卷简版（CBF – PI – B），包括 N（神经质）、C（尽责性）、A（宜人性）、O（开放性）、E（外倾性）五个维度，每个维度各有 8 个项目，共 40 个项目。本研究选取其中的尽责性分量表，共 8 个项目。采用李克特五点计分法，1 表示"完全不符合"，5 表示"完全符合"，Cronbach's $\alpha$ 系数为 0.82。

---

① 参见 http://angeladuckworth.com/research/。

### （三）简式自我控制问卷（BSCS）

采用 Tangney 等人（2004：271 – 324）编制的简式自我控制问卷（Brief Self-Control Scale），包括行为自律和思维控制等方面，13 个项目，其中，有 8 个项目为反向计分。采用五点计分，1 表示"一点也不像我"，5 表示"非常像我"。Cronbach's α 系数为 0.93。

### （四）青少年心理韧性问卷

采用胡月琴、甘怡群（2008：902 ~ 912）编制的青少年心理韧性量表，包括支持力和个人力两个维度，共 27 个项目。本研究选取个人力维度，包括目标专注、积极认知和情绪控制三个因子。采用李克特五点计分法，1 表示"完全不符合"，5 表示"完全符合"。该量表的内部一致性系数为 0.85，三个因子的内部一致性系数均在 0.74 以上。

## 五　研究过程

### （一）项目编制

在前期访谈的基础上编写初始项目，最终得到 114 个与坚毅品质相关的行为样本。根据题目表达简单明了、与理论构想一致等原则，删减、修改题目，最后保留 91 个项目，其中 24 个反向计分题。将这 91 个项目制成坚毅品质内涵评定表，分别邀请 6 位专家（三位教授、两位副教授、一位讲师，均为心理学或教育学专业）进行评定；根据专家的意见和评定结果修改和增删项目。

通过专家评定，得到量表题目对所测维度内容的代表性信息。最常用的量化内容效度的方法是内容效度指数（Content Validity Index，CVI），主要包括项目水平的内容效度指数（Item-level CVI，I – CVI）和量表水平的内容效度指数（Scale-level CVI，S – CVI）（Polit，Beck & Dwen，2007：459 – 467）。

　　CVI 指的是认为该题与所测内容相关的人数与参与专家评定的总人数的比值。Lynn（1986：382－385）指出，评定专家人数为 6 人及以上时，I－CVI 的值需大于等于 0.83。据此标准，删除 18 个项目。采用 S－CVI 评估整个量表的内容效度，分为整体一致 S－CVI（S－CVI/UA）和平均 S－CVI（S－CVI/Ave）。S－CVI/UA 即为被所有专家认为与评定内容相关的条目数占全部条目的百分比；S－CVI/Ave 即量表所有条目 I－CVI 的均值。Davis（1992：194－197）指出，S－CVI/Ave 应达到 0.90，S－CVI/UA 不应低于 80%。经计算，本研究的 S－CVI/Ave 为 0.96，S－CVI/UA 为 78%，基本符合心理测量学标准。

　　随后抽取 10 名中学生进行访谈，将问卷中表达不合理或存在歧义的条目进行修改，以符合初中生的阅读理解能力，最终得到预测问卷，共 73 个项目。其中，18 个反向计分项目。采用李克特五点计分法，1 表示"完全不符合"、3 表示"说不清"、5 表示"完全符合"。总分越高，表明坚毅水平越高。

### （二）实施步骤

　　使用自编 73 个项目的初测问卷，同时发放坚毅短表、简式自我控制问卷、大五人格问卷简版和青少年心理韧性量表共四个效标问卷，征得校方同意后，以班级为单位进行团体施测。间隔两个月后，随机选取两个班的被试进行重测。

### （三）统计策略

　　（1）采用 SPSS 20.0 进行探索性因素分析、相关分析等，探索问卷的项目及因子个数，考察问卷的内部一致性信度、重测信度和结构效度。

　　（2）采用 AMOS 21.0 进行一阶验证性因素分析，验证坚毅问卷的三因子结构模型；进行多群组因素分析，以留守类型（本研究中的留守类型指的是留守与非留守）为分组变量，对坚毅的三因子结构方程模型进行等同性检验。

（3）采用 Mplus 7.0 对项目分析后所得的 57 个项目进行平行分析，决定因子分析所萃取的合理因子个数。

## 六　研究结果

### （一）项目分析

极端组检验法。分别以坚毅总分的前 27% 和后 27% 作为高分组和低分组，对两组各项目得分进行独立样本 $t$ 检验，结果表明：除了第 17、第 39、第 54 题，其余项目的组间差异均达到显著水平（$p < 0.01$），故删除第 17、39、54 题。

题总相关法。计算各项目与总分的相关发现：第 3、4、16、20、23、25、46、50、52、55、56、68、69 题的题总相关偏低（$r < 0.3$）或不显著。综上结果和条目内容分析，删除质量差的 16 个项目，保留 57 个项目进行探索性因素分析。

### （二）探索性因素分析

首先，进行 Bartlett 球形检验。结果发现，$\chi^2 = 8559.795$，$p < 0.001$，$KMO$ 检验值为 0.937，表明项目间相关矩阵适合进行因素分析。采用主成分分析法、方差极大正交旋转进行多次因子分析，筛选标准如表 2 - 3 所示。

表 2 - 3　探索性因子分析删除题目标准

| 指　　标 | 范　　围 |
| --- | --- |
| 因子载荷 | $a < 0.40$ |
| 共同度 | $h^2 < 0.35$ |
| 在多个维度高负荷 | $0.40 < a < 0.50$ |
| 每个维度项目数量 | $n < 3$ |
| 因子特征值 | $i \geq 1$ |

最终删除第 2、12、13、14、18、19、22、24、26、27、29、30、32、33、35、40、41、43、44、47、51、53、57、58、61、62、64、65、66、

67、70、71、72、73题，对剩下的23题再次进行因素分析，结合碎石图（见图2-1），抽取出3个因子，解释率为47.13%（见表2-4）。

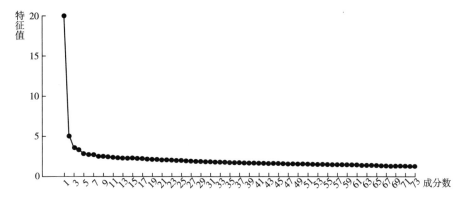

图2-1  碎石图

表2-4  坚毅量表的旋转因子载荷矩阵及共同度

| 题　项 | 因子载荷 | | | 共同度 |
|---|---|---|---|---|
| | 因子1 | 因子2 | 因子3 | |
| A10 | 0.749 | | | 0.576 |
| A42 | 0.709 | | | 0.593 |
| A36 | 0.704 | | | 0.578 |
| A38 | 0.649 | | | 0.543 |
| A1 | 0.579 | | | 0.395 |
| A48 | 0.569 | | | 0.485 |
| A11 | 0.547 | | | 0.387 |
| A34 | 0.542 | | | 0.407 |
| A9 | 0.540 | | | 0.362 |
| A49 | 0.506 | | | 0.357 |
| A31 | 0.503 | | | 0.400 |
| A7 | | 0.727 | | 0.567 |
| A6 | | 0.693 | | 0.568 |
| A5 | | 0.647 | | 0.485 |
| A21 | | 0.641 | | 0.557 |
| A60 | | 0.560 | | 0.350 |
| A15 | | 0.548 | | 0.438 |

续表

| 题　　项 | 因子载荷 | | | 共同度 |
| --- | --- | --- | --- | --- |
| | 因子 1 | 因子 2 | 因子 3 | |
| A45 | | 0.546 | | 0.378 |
| A37 | | | 0.702 | 0.551 |
| A28 | | | 0.673 | 0.533 |
| A63 | | | 0.656 | 0.454 |
| A59 | | | 0.567 | 0.423 |
| A8 | | | 0.525 | 0.450 |
| 特征值 | 7.685 | 1.851 | 1.304 | 合计 |
| 贡献率（%） | 33.414 | 8.049 | 5.671 | 47.134 |

## （三）平行分析

在传统上，确定因子个数主要有碎石图和特征根大于 1 两种方法，但这些方法存在一些问题（孙晓军、周宗奎，2005：1440～1442）。平行分析法被大多研究者认为是决定探索性因素分析中所保留因子个数的最精确的方法（孔明、卞冉、张厚粲，2007：924～925），它比碎石图法更加严密客观，结果更加真实有效。

为了更加准确判断坚毅所包含的因子个数，这里再次对项目分析后保留的 57 个项目数据进行平行分析。结果发现，第 1 个因子到第 3 个因子的特征值比从随机数据矩阵中所得的平均特征值大，值得保留。

综合上述指标，本研究认为坚毅由三个因子构成。结合最初的理论构想及题目的内涵，对各因子进行命名，形成正式青少年坚毅量表（Grit Scale for Adolescent，GSA）。

因子 1 描述的是个体即使遇到困难也会努力的倾向，包括 11 个项目。比如"我是一个意志坚定的人""我是一个坚持不懈的人""我是一个有毅力的人"等，可以命名为"努力持久性"。

因子 2 描述的是个体接纳改变，快速有效地适应不断变化的环境，克服任何困难而实现长远目标的动力，包括 7 个项目。比如"为了达到目标，我会适时地调整我的计划""考试失败了我会继续努力""我给自己设定了目标"，可以命名为"情境适应性"。

因子 3 描述的是个体不经常改变目标和兴趣的倾向，包括 5 个项目，多数属于反向题目。比如"我做事总是三分钟热度""我做事经常三天打鱼两天晒网""我的兴趣经常变化"，可以命名为"兴趣稳定性"。

### （四）信度分析

采用 Cronbach's $\alpha$ 系数和重测信度作为问卷信度的两个指标。结果见表 2－5。除兴趣稳定维度的信度系数偏低外，其他指标均符合心理测量学要求。

表 2－5　问卷总分及各维度信度

|  | Cronbach's $\alpha$ 系数 | 重测信度 |
| --- | --- | --- |
| 努力持久性 | 0.857（0.881） | 0.472 ** |
| 兴趣稳定性 | 0.692（0.685） | 0.045 |
| 情境适应性 | 0.773（0.810） | 0.958 ** |
| 坚毅总分 | 0.875（0.898） | 0.683 ** |

注：** 为 $p < 0.01$。

### （五）内容效度

本研究坚毅量表的全部项目来自对在校大学生、农村中学生及其班主任的访谈，并抽取以往文献中的代表性项目组合而成。

对问卷初测之前，请心理学专业研究生进行审读修订，请心理学和教育学专家进行定量评定，基本保证问卷项目内容的代表性和合理性。

根据专家评定结果计算出内容效度指数，结果发现本问卷的内容效度在所规定范围之内。上述程序在一定程度上保证了问卷的内容效度。

### （六）结构效度

采用两种方法对问卷的结构效度进行检验：一是整体问卷及各维度两两之间的相关分析；二是验证性因素分析法。

计算问卷总分及其与三个维度分的相关系数,结果见表2-6。

**表2-6 坚毅各维度及总分间的相关性**

| | 努力持久性 | 兴趣稳定性 | 情境适应性 |
|---|---|---|---|
| 努力持久性 | 1 | | |
| 兴趣稳定性 | 0.375** | 1 | |
| 情境适应性 | 0.634** | 0.257** | 1 |
| 坚 毅 总 分 | 0.901** | 0.640** | 0.799** |

注: ** 为 $p < 0.01$。

由表2-6可知,各维度与总分之间的相关性在0.640~0.901,属于中高程度相关,三个维度之间的相关性在0.257~0.634,基本处于中低程度相关。

根据 Tuker 的建议,项目的组间相关性在0.10~0.60比较合适(戴海崎,2011)。各维度与总分的相关结果应高于各维度之间的相关性,以保证各维度间既相互独立,又具有一定的关联性,这表明坚毅问卷具有良好的结构效度。

第二种方法是验证性因子分析。建立一阶三因素模型(模型1)和单因素竞争模型(模型2),模型拟合指数见表2-7。

**表2-7 坚毅问卷结构模型的验证性因子分析拟合指数**

| 指数 | $\chi^2$ | $df$ | $\chi^2/df$ | GFI | AGFI | IFI | TLI | CFI | RMSEA | SRMR |
|---|---|---|---|---|---|---|---|---|---|---|
| 模型1 | 527.58 | 227 | 2.32 | 0.93 | 0.91 | 0.92 | 0.91 | 0.92 | 0.05 | 0.05 |
| 模型2 | 1023.57 | 230 | 4.45 | 0.85 | 0.82 | 0.79 | 0.77 | 0.79 | 0.08 | 0.07 |
| 模型3 | 846.86 | 454 | 1.87 | 0.89 | 0.87 | 0.90 | 0.89 | 0.90 | 0.04 | 0.06 |

结果表明,模型1的 $\chi^2/df < 5$,$SRMR = 0.05$,$RMSEA = 0.05$,GFI、AGFI、CFI、TLI、IFI 的值均大于0.9。参照相关标准(温忠麟、侯杰泰、马什赫伯特,2004:186~194)发现,三因素模型拟合良好(因子结构见图2-2)。单因子结构的竞争模型2的拟合指标未达到心理测量学标准。

另外,以留守类型为分组变量(留守 $n = 326$;非留守 $n = 266$),对三因子模型进行结构等同性检验,得到模型3。结果(见表2-7)显示,三因子模型在留守儿童与非留守儿童样本中均取得良好的拟合参数,

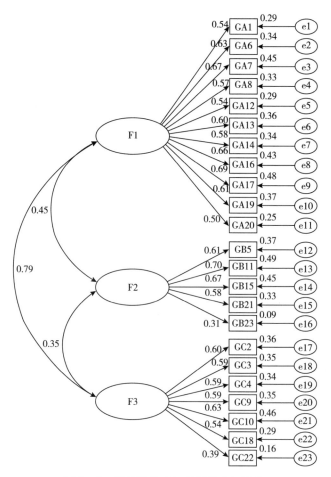

图 2 - 2　坚毅问卷验证性因子分析结构

符合心理测量学标准。

## （七）效标效度

在参考以往文献的基础上，采用尽责性、自我控制、心理韧性作为区分效标量表，以达克沃思编制的坚毅量表作为相容效标，分析坚毅及其各维度与各效标之间的相关性，结果见表 2 - 8。

由表 2 - 8 可知，本研究编制的坚毅量表（GSA）与 12 项目 GS 量表达到高相关（$r = 0.71$，$p < 0.01$），与尽责性、自我控制、心理韧性三个区分效标之间的相关系数均大于 0.6。根据以往经验，如果相关系数在

表 2 - 8　坚毅及其各维度与各效标之间的相关性

| | 坚毅短表 | | | 尽责性 | 自我控制 | 心理韧性 |
| --- | --- | --- | --- | --- | --- | --- |
| | 努力持久性 | 兴趣稳定性 | 总　分 | | | |
| 努力持久性 | 0.706** | 0.335** | 0.619** | 0.638** | 0.538** | 0.616** |
| 兴趣稳定性 | 0.476** | 0.615** | 0.663** | 0.384** | 0.564** | 0.476** |
| 情境适应性 | 0.563** | 0.245** | 0.474** | 0.608** | 0.455** | 0.591** |
| 坚毅总分 | 0.720** | 0.468** | 0.710** | 0.675** | 0.638** | 0.678** |

注：** 为 $p < 0.01$。

0.4~0.8，表明效标效度良好（李跃平、黄子杰，2007：107~110）。这说明，总体上 GSA 的效标效度是可以接受的。

## 七　主要结论

本研究编制了适用于农村学生群体的坚毅问卷，将坚毅品质看作包括努力持久性、兴趣稳定性和情境适应性三个维度在内的结构。本研究结果与 Datu 等人以 10 名菲律宾大学生为被试访谈得到的坚毅结构相似，验证了坚毅三维结构在集体主义文化背景下的合理性。相较于坚毅的两因子结构，情境适应性维度可能为坚毅在集体主义文化背景下发挥作用的方式提供新的视角。

首先，将情境适应性纳入坚毅的心理结构中，可以为理解集体主义文化下个体行为的生成机制提供新的解释视角。"关系"是中国社会中的一个独特而重要的社会情境（Mackinnon，1999：405 - 416），它甚至超过个人能力和任务难度对个体行动效率的影响。个体更倾向于融入集体，在变幻的外界环境中不断调整自己，也容易因自己与周围人的关系而改变。有研究表明，在集体主义文化背景下，高中生的持续努力、兴趣稳定性及其坚毅水平与父母和教师的联结程度有关（Datu，2017：135 - 138）。在中国小学生的日常生活中，子女为父母读书的现象普遍存在。当孩子与父母、老师维持良好关系时，他们积极响应家长或教师的期望而灵活调整自己的学习目标，主动迎接挑战，努力学习。这部分解释了父母外出以后，异地父母通过维持良好的亲子关系促进留守儿童学业成功的现象。

其次，兴趣稳定性和情境适应性看似相互矛盾，实则是中国人实践智慧的体现。作为有着几千年坚韧不拔特性的民族，中国人最善于将眼前利益与长远目标、灵活性与原则性、策略性与战略性相结合，最终实现长远目标，这也反映了辩证法的规律。

本研究编制的农村初中生坚毅问卷，具有较好的心理测量学品质。问卷编制严格按照"理论建构—形成项目—初测问卷—数据分析—正式问卷"的规范进行，最终形成的青少年坚毅问卷，包括 23 个项目，由努力持久性（11 题）、兴趣稳定性（5 题）和情境适应性（7 题）三维度构成。坚毅问卷的内部一致性系数为 0.875，三个维度的内部一致性系数分别在 0.692 ~ 0.857，说明坚毅问卷信效度良好。除兴趣稳定性维度以外，坚毅问卷也取得了较好的重测信度。另外，本问卷的内容效度、效标效度和结构效度均处于可接受范围。

该量表可以用于评价农村留守儿童坚毅品质的水平。以留守类型为分组变量，对坚毅的三因子结构进行结构等同性检验，模型拟合指标符合心理测量学要求，说明坚毅的三因子结构同时适用于农村留守儿童和非留守儿童两类群体，可以对两类群体坚毅品质的发展进行比较研究。

# 第三节　坚毅的发展

关于坚毅品质的个体发展，目前的研究主要集中在不同性别、年龄和受教育程度等基本人口统计学变量方面。

一般而言，坚毅与年龄显著有关。年龄越大，坚毅水平越高。一方面，坚毅作为高阶的人格品质，与自我控制、责任心等心理变量密切相关，都可能遵循着人格成熟的一般规律。McCrae 等人（1999：466 – 477）推测，人格的成熟可能是由基因决定的，至少成年中期是这样的。另一方面，坚毅作为一种对长远目标的稳定兴趣和持续努力，是以一个长远的人生目标或规划为前提的。青少年时期是人生观、价值观初步形成的阶段。在青少年阶段追求新奇事物、不停变换目标和计划可以为个人成长提供多重可能性，放弃没有出路的目标进而找到更有前途的目标，在生命早期具有适应性意义（Duckworth et al. , 2007：1087 - 1101）。随着年龄增长，个体从"而立之年"过渡到"不惑之年"，人生目标和定位初步明确，职业志趣逐渐稳定，个体会从经验中明白停止计划，转移目标和不断地从头再来，并不是取得成功的好策略。于是，个体开始对自己的人生理想和抱负做出可行的规划和承诺，愿意付出满腔热情和持续努力直至目标达成。此时，个体坚毅品质的发展可能达到顶峰。

坚毅与性别关联较低。Duckworth 等人的研究也显示，男、女生的坚毅水平不存在显著差异，但她的研究样本在性别上的分布存在偏差，研究结论需要进一步检验。Christensen 等人（2014：16 - 30）的研究（男女生比例均衡）发现，女生在兴趣稳定性（$p = 0.029$，effect size $= 0.35$）、良好的学习习惯（$p = 0.056$，effect size $= 0.31$）和坚毅总分（$p = 0.011$，effect size $= 0.42$）上显著高于男生。

另外，坚毅还可能与受教育程度有关。对于同龄成年人，受教育程度越高，坚毅水平越高。在控制了年龄变量之后，受教育程度对坚毅水平的影响并不显著。

鉴于已有研究对学生坚毅品质发展的信息还不充分，故采用自编的农村初中生坚毅品质问卷对农村初中生的坚毅品质发展状况进行调查，分析留守状态对坚毅发展水平的影响。

## 一 总体状况

对坚毅总分及其各维度得分进行偏态性检验。计算偏态系数与偏态标准误的比值，得到 $Z$ 系数。如果 $Z$ 的绝对值大于 1.96，则数据呈偏态分布；如果 $Z$ 的绝对值小于 1.96，则说明数据呈正态分布。结果表明，兴趣稳定性和坚毅总分的偏态 $Z$ 系数的绝对值均小于 1.96，说明农村初中生的坚毅水平总体上呈正态分布，兴趣稳定性得分也呈正态分布（见表 2 - 9）。

努力持久性和情境适应性维度偏态 $Z$ 系数的绝对值均大于 1.96，二者得分呈负偏态。另外，采用单样本 $t$ 检验，考察坚毅总分及其维度与理论中值的差异。

**表 2 - 9　农村初中生坚毅品质及各维度得分情况 （$n = 594$）**

|  | $M \pm SD$ | 中值 | 偏态 | 偏态 $Z$ 绝对值 | 峰度 | 峰度 $Z$ 绝对值 | $t$ |
|---|---|---|---|---|---|---|---|
| 坚毅总分 | $82.80 \pm 13.27$ | 69 | -0.09 | 0.90 | -0.18 | 0.90 | 25.35*** |
| 努力持久性 | $40.33 \pm 7.13$ | 33 | -0.32 | 3.20 | 0.42 | 2.10 | 25.05*** |
| 兴趣稳定性 | $15.74 \pm 4.56$ | 15 | -0.07 | 0.70 | -0.54 | 2.70 | 3.95*** |
| 情境适应性 | $26.74 \pm 4.92$ | 21 | -0.51 | 5.10 | 0.27 | 1.35 | 28.42*** |

注：*** 为 $p < 0.001$。

农村初中生的坚毅品质有如下特点：坚毅总分和兴趣稳定性维度得分呈正态分布；努力持久性、情境适应性维度得分均呈负偏态分布，均显著高于理论上的中值。这表明，农村初中生坚毅品质的发展处于平均水平，甚至高于平均水平。

从整体上来看，农村学生具备为了长远目标而保持相对持久的努力状态的能力，即使遇到困难和挫折也能始终坚持不放弃，同时灵活调整目标，适应周围环境，最终达到既定目的。

相比其他维度，农村学生的兴趣稳定性总体水平偏低，容易受到外界的干扰和诱惑。这与整个农村教育办学条件有限、师资水平薄弱、教师整体素质偏低等多种复杂因素有关。有研究表明，刻意训练有助于提升学生的学业毅力，从而促进学业成就。

对于父母均不在身边的留守儿童而言，提高监护人和教师的学业督查，强化学业训练和及时完成课后作业，从而提高学业坚毅能力，可望成为提高学业成绩的重要途径之一。

## 二　性别特征

为了考察留守类型和性别对坚毅的影响，这里首先以留守类型、性别为分组变量，坚毅总分及其各维度得分为结果变量，进行一系列的

2×2方差分析。结果发现，留守与非留守儿童在坚毅品质得分上均无显著差异。这说明，父母是否外出并不是区分农村学生坚毅能力高低的重要指标。

基于此，后续部分仅针对性别差异进行分析。以性别为分组变量，以坚毅总分及其各维度得分为结果变量进行独立样本 $t$ 检验（见表2-10）。

表2-10　不同性别农村初中生坚毅品质总分及其各维度分数（$M \pm SD$）

|  | 男生（$n = 295$） | 女生（$n = 299$） | $t$ |
|---|---|---|---|
| 努力持久性 | 40.05 ± 7.04 | 40.60 ± 7.22 | -0.94 |
| 兴趣稳定性 | 15.60 ± 4.23 | 15.87 ± 4.86 | -0.71 |
| 情境适应性 | 25.73 ± 4.86 | 27.74 ± 4.78 | -5.07*** |
| 坚毅总分 | 81.38 ± 12.89 | 84.20 ± 13.52 | -2.60** |

注：** 为 $p < 0.01$，*** 为 $p < 0.001$。

结果显示，在情境适应性维度和坚毅总分上差异显著（$t = -5.07$，$p < 0.001$；$t = -2.6$，$p < 0.01$）。其中，女生的坚毅总分和情境适应性显著高于男生。Duckworth 等人认为，女生从小学到高中几乎所有主要科目的成绩都高于男生，女生之所以能够取得更高的学业成绩是因为她们更自律。学习是初中阶段最重要的任务，学生遇到的大部分挫折也来自学习领域，初中阶段女生的学习成绩普遍高于男生（文超等，2010：598~605）。初中时期，女生的心理发展通常较同龄男生更为成熟，她们更加明白事理，更愿意听从家长、老师的教育和意见，迎合家长和老师的期许，即使自己不喜欢的事情，也会为了家长的期望而坚持努力。因此，相比于男生，初中阶段的女生在学习上付出了更多的努力和精力，采取了更加有效的学习策略，这使得女生的情境适应性维度得分显著高于男生。

## 三　年级特征

以留守类型、年级为分组变量，以坚毅总分及其各维度得分为结果变量，进行2×3方差分析，结果如表2-11所示。

**表 2 - 11　不同留守类型和年级在农村初中生坚毅及其**

**各维度上的得分（$M \pm SD$）**

| | 留守（$n = 326$） | | | 非留守（$n = 266$） | | |
|---|---|---|---|---|---|---|
| | 初一<br>（$n = 111$） | 初二<br>（$n = 112$） | 初三<br>（$n = 103$） | 初一<br>（$n = 97$） | 初二<br>（$n = 96$） | 初三<br>（$n = 73$） |
| GS | $83.77 \pm 12.10$ | $81.14 \pm 12.72$ | $84.16 \pm 13.00$ | $80.69 \pm 14.36$ | $82.26 \pm 14.48$ | $85.62 \pm 12.63$ |
| PS | $41.07 \pm 6.79$ | $39.53 \pm 6.86$ | $40.82 \pm 7.00$ | $39.44 \pm 7.42$ | $39.88 \pm 7.80$ | $41.57 \pm 6.79$ |
| IS | $15.67 \pm 4.37$ | $15.32 \pm 4.65$ | $15.82 \pm 4.20$ | $15.59 \pm 4.95$ | $15.87 \pm 4.94$ | $16.40 \pm 4.14$ |
| AS | $27.03 \pm 4.75$ | $26.29 \pm 4.90$ | $27.52 \pm 4.30$ | $25.66 \pm 5.92$ | $26.51 \pm 5.07$ | $27.65 \pm 4.15$ |

注：GS 代表坚毅总分，PS 代表努力持久性得分，IS 代表兴趣稳定性得分，AS 代表情境适应性得分。表中数据存在部分缺失，故与正文有出入。

结果表明，农村初中生坚毅品质在年级上的主效应显著，$F_{(1, 586)} = 3.04$，$p = 0.05$，留守类型、年级与留守类型的交互作用均不显著，$F_{(1, 586)} = 0.02$，$p = 0.88$，$F_{(1, 586)} = 1.82$，$p = 0.16$。

以留守类型、年级为分组变量，以努力持久性为结果变量，进行 $2 \times 3$ 方差分析。结果表明，农村初中生努力持久性维度在年级上的主效应显著，$F_{(1, 586)} = 2.07$，$p = 0.05$，留守类型、年级与留守类型的交互作用均不显著，$F_{(1, 586)} = 0.09$，$p = 0.76$，$F_{(1, 586)} = 1.58$，$p = 0.26$。

以留守类型、年级为分组变量，以兴趣稳定性为结果变量，进行 $2 \times 3$ 方差分析。结果表明，农村初中生兴趣稳定性的年级主效应、留守类型主效应、年级与留守类型的交互作用均不显著，$F_{(1, 586)} = 0.72$，$p = 0.49$，$F_{(1, 586)} = 0.84$，$p = 0.36$，$F_{(1, 586)} = 0.33$，$p = 0.72$。

以留守类型、年级为分组变量，以情境适应性为结果变量，进行 $2 \times 3$ 方差分析。结果表明，农村初中生情境适应性的年级主效应显著，$F_{(1, 586)} = 3.72$，$p = 0.03$，留守类型主效应、年级与留守类型的交互作用均不显著，$F_{(1, 586)} = 0.02$，$p = 0.88$，$F_{(1, 586)} = 1.67$，$p = 0.19$。

由此可见，留守身份与年级的交互效应均不显著。下面仅分析农村学生坚毅品质的年级特征。以年级为分组变量，以坚毅总分及其各维度分数为结果变量进行单因素方差分析，结果如表 2 - 12 所示。

表 2-12  不同年级农村初中生坚毅及其各维度得分（$M \pm SD$）

| | 初一（$n=208$） | 初二（$n=208$） | 初三（$n=178$） | $F$ |
|---|---|---|---|---|
| 努力持久性 | $40.31 \pm 7.12$ | $39.70 \pm 7.29$ | $41.09 \pm 6.91$ | 1.85 |
| 兴趣稳定性 | $15.63 \pm 4.64$ | $15.57 \pm 4.78$ | $16.05 \pm 4.18$ | 0.62 |
| 情境适应性 | $26.39 \pm 5.36$ | $26.39 \pm 4.97$ | $27.55 \pm 4.21$ | 3.47 * |
| 坚毅总分 | $82.34 \pm 13.26$ | $81.66 \pm 13.54$ | $84.69 \pm 12.85$ | 2.72 |

注：* 为 $p < 0.05$。

由表 2-12 可知，在努力持久性、兴趣稳定性和坚毅总分上不存在显著差异，在情境适应性上差异显著（$p < 0.05$）。进一步比较发现，初三学生的情境适应性显著优于初一、初二学生（$p < 0.05$）。这表明，初三学生相比初一、初二学生在目标调整方面有更大的灵活性。这与刘巧荣的研究结果相似。

究其原因，初三年级是一个关键期和转折点，学生面临来自社会、家庭、自身以及繁重的学业任务等多重压力，升学考试成败关系到他们是否有机会继续求学及高一级学校的层次。然而，适当的学习压力和焦虑可以转化为学习动力（Rao & Sachs, 1999：1016-1029），考前遇到的困难和失败都是自己学习的良好机会（Ahmet & Serhat, 2014：267-274），通过失败不断地补充知识点，不断地完善知识系统。这促使初三学生做好了随时面对困难和挑战的准备，尤其是采取更有效的方式灵活应对学习中的困难，取得最好的学习效果。

这一点在前期访谈中也得到证实。针对大学生的回溯性访谈也发现，他们普遍认为初三阶段最坚毅，因为那个时候有最清晰的目标：考上理想高中，跳出农村，争取更美好的生活。对农村初中生的调研发现，相对于初二年级，初三学生普遍具有更积极的学习动力。

## 四　家庭经济条件特征

本研究让农村初中生对自己家庭经济条件以同班同学的家庭生活水平为参照进行评价，即"与同班同学相比，你的家庭经济条件为？"进行五个等级评定。将选项分为比较不富裕、一般、比较富裕三种类型，以此考察不同家庭经济条件下农村初中生坚毅品质水平的差异。

以留守类型、家庭经济条件为分组变量，以坚毅得分为结果变量，进行 2×3 方差分析（见表 2-13）。结果表明，农村初中生坚毅品质的家庭经济条件主效应显著，$F_{(1,584)} = 5.70$，$p = 0.00$，留守类型主效应、家庭经济条件与留守类型的交互作用均不显著，$F_{(1,584)} = 0.33$，$p = 0.57$，$F_{(1,584)} = 0.70$，$p = 0.50$。

表 2-13 不同留守类型和家庭经济在农村初中生坚毅及其各维度得分（$M \pm SD$）

|  | 留守儿童（$n = 326$） | | | 非留守儿童（$n = 266$） | | |
|---|---|---|---|---|---|---|
|  | 比较不富裕（$n = 29$） | 一般（$n = 275$） | 比较富裕（$n = 22$） | 比较不富裕（$n = 97$） | 一般（$n = 96$） | 比较富裕（$n = 73$） |
| GS | 81.63 ± 13.65 | 82.71 ± 12.36 | 88.27 ± 14.08 | 81.63 ± 13.65 | 82.71 ± 12.36 | 88.27 ± 14.08 |
| PS | 38.92 ± 7.21 | 40.42 ± 6.78 | 43.00 ± 7.53 | 38.92 ± 7.21 | 40.42 ± 6.78 | 43.00 ± 7.53 |
| IS | 16.67 ± 4.80 | 15.38 ± 4.32 | 16.87 ± 4.78 | 16.67 ± 4.80 | 15.38 ± 4.32 | 16.87 ± 4.78 |
| AS | 26.04 ± 4.25 | 26.91 ± 4.67 | 28.39 ± 5.10 | 25.53 ± 5.01 | 26.39 ± 5.12 | 29.75 ± 5.94 |

注：GS 代表坚毅总分，PS 代表努力持久性得分，IS 代表兴趣稳定性得分，AS 代表情境适应性得分。

以留守类型、家庭经济条件为分组变量，以努力持久性为结果变量，进行 2×3 方差分析，结果表明，农村初中生努力持久性维度的家庭经济条件主效应显著，$F_{(1,584)} = 5.04$，$p = 0.01$，留守类型主效应、家庭经济条件与留守类型的交互作用均不显著，$F_{(1,584)} = 0.11$，$p = 0.74$，$F_{(1,584)} = 0.10$，$p = 0.91$。

以留守类型、家庭经济条件为分组变量，以情境适应性为结果变量，进行 2×3 方差分析，结果表明，农村初中生情境适应性维度的家庭经济条件主效应显著，$F_{(1,586)} = 5.93$，$p = 0.00$，留守类型主效应、家庭经济条件与留守类型的交互作用均不显著，$F_{(1,586)} = 0.00$，$p = 0.95$，$F_{(1,586)} = 0.69$，$p = 0.51$。

以留守类型、家庭经济条件为分组变量，以兴趣稳定性为结果变量，进行 2×3 方差分析。结果表明，农村初中生兴趣稳定性维度的家庭经济条件主效应、留守类型主效应均不显著，$F_{(1,584)} = 0.84$，$p = 0.43$，$F_{(1,584)} = 1.74$，$p = 0.19$，家庭经济条件与留守类型的交互作用显著，$F_{(1,584)} = 3.87$，$p = 0.02$。事后简单效应分析结果表明，在家庭经济比较不富裕的条件下，留守儿童的兴趣稳定性显著高于非留守儿童，$F_{(1,586)} = 5.11$，$p = 0.02$，如图 2 - 3 所示。

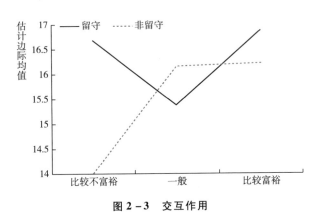

图 2 - 3　交互作用

以不同家庭经济条件为分组变量，坚毅总分及各维度分数为结果变量，进行单因素方差分析，结果如表 2 - 14 所示。

表 2 - 14　不同家庭经济条件农村初中生坚毅品质总分及其各维度分数（$M \pm SD$）

| | 比较不富裕（$n = 57$） | 一般（$n = 495$） | 比较富裕（$n = 40$） | $F$ |
|---|---|---|---|---|
| 努力持久性 | 38.44 ± 7.16 | 40.33 ± 7.02 | 43.09 ± 7.80 | 5.06 ** |
| 兴趣稳定性 | 15.36 ± 4.53 | 15.72 ± 4.45 | 16.58 ± 5.81 | 0.88 |
| 情境适应性 | 25.79 ± 4.61 | 26.67 ± 4.87 | 29.00 ± 5.47 | 5.42 ** |
| 坚毅总分 | 79.59 ± 13.38 | 82.72 ± 12.88 | 88.67 ± 16.20 | 5.67 ** |

注：** 为 $p < 0.01$。

由表 2 - 14 可知，不同家庭经济条件的农村初中生在努力持久性维度、情境适应性维度和坚毅总分上均存在显著差异，$F = 5.06$，$p < 0.01$，$F = 5.42$，$p < 0.01$，$F = 5.67$，$p < 0.01$，而不同家庭经济条件的农村初中生的兴趣稳定性差异不显著。

进一步的事后比较结果表明，与同班同学相比，家庭经济条件比较富裕的农村初中生，在努力持久性、情境适应性和坚毅总分上显著高于家庭经济比较不富裕和一般的农村初中生，呈现出家庭经济条件比较富裕 > 一般 > 比较不富裕的趋势。这说明家庭经济条件越好，农村学生的坚毅能力越强，努力更持久，实现目标过程中的灵活性也更强。

家庭经济条件与儿童坚毅能力的正向关系，一个可能的机制是父母控制和亲子关系较亲密。最好的家庭教育是家长对孩子的陪伴（肖虹霞，2017：219）。相对家庭经济条件富足的家庭，家庭经济条件比较不好的家庭父母或选择外出打工或本地就业，大部分时间都忙于挣钱，根本无暇顾及孩子的家庭教育问题，既不了解孩子的学业、是否做作业以及学校里面发生的情况，更不用说抽时间陪孩子读书，导致"爸爸妈妈在不在家都一个样"。

在我们的田野调研中，一位农村学校班主任这样解释：

> 部分家长对孩子的学习根本就不重视，他们给孩子灌输的理念就是，只要读完初中就可以回家接管家里的生意或像父母一样外出打工，导致孩子缺乏目标和动力，做什么都不努力，对什么都提不起兴趣，努力持久性、情境适应性和坚毅得分自然就低。

值得注意的是，家庭经济条件与留守类型在农村初中生兴趣稳定性上的交互作用显著。同样是来自经济条件不好的家庭，留守儿童的兴趣稳定性显著高于非留守儿童。根据本研究对兴趣稳定性的定义，留守初中生的兴趣稳定性比较好，他们比较自律，不易受外界干扰和诱惑，目标始终保持一致。可能是因为，留守儿童的父母不在身边，需要他们自己安排自己的生活，生活更加自立，这反而更有利于他们自律能力的养成。此外，父母拒绝不利于学生自律的养成（蓝雪丹等，2015：88~89）。由于时空限制，留守儿童跟父母的接触不多，直接受到父母的指责和拒绝相对更少，通过通信工具联系时，父母以鼓励、叮嘱、激励为主，也会让留守儿童体会到更多的情感温暖，软化亲子关系，进而促进自律性的良好发展。

## 第四节　坚毅的功能

坚毅对个体发展的影响，不仅体现在直接影响个体发展结果上，如学业成绩、心理健康、社会适应、职业成功等，也表现为作为个体发展的保护性因素，发挥中介作用或调节其他变量对个体发展结果的不利影响。归纳起来，坚毅的功能主要体现在以下几个方面。

（1）增进个体心理健康。坚毅与一些负性事件如抑郁、焦虑、自杀意念和违规行为等之间均存在较强的负相关（Blalock，Young & Kleiman，2015：781 - 784；Guerrero et al.，2016：275 - 281）。

（2）提升个体幸福体验。坚毅的个体拥有更少的消极情绪，他们的积极情绪、主观幸福感、生活满意度更高（Singh & Jha，2008：30 - 45；刘平、毛晋平，2012：1544 ~ 1546；Bowman et al.，2015：1994；Müge & Durmuş，2017：127 - 135）。在控制了大五人格因素和人口统计学变量之后，坚毅性程度越高的美国已婚男性越有可能维持一段长期的婚姻，他们对婚姻的承诺越好（Eskreiswinkler，Shulman & Duckworth，2014：209 - 218）。

（3）促进个体职业成功。坚毅性高的个体，可能因其对于工作的激情热爱和执着追求，更容易应对职业生涯中的压力，发展出一套灵活有效的解决策略，更富有职业复原力。Robertson Kraft 和 Duckworth（2014）对教育资源不足、低收入地区学校的新任教师的研究发现，坚毅性高且乐观的教师在学年中的留任情况和教学绩效要明显优于那些坚毅性低的教师。与大五人格中的其他特质相比，坚毅性是唯一能够预测跳槽的人格特质（Duckworth et al.，2007：1087 - 1101）。

（4）保护脆弱个体免受伤害。坚毅作为一种积极的心理品质，可以降低低收入家庭青少年酗酒、药物滥用、打架斗殴以及校园违纪行为的发生率（Guerrero et al.，2016：275 - 281）。

（5）促进个体学业成功。这是坚毅研究的起点，也是以往文献中关注最多的方面。学业成就是学生学习成果的具体表现（褚安敏，2015），也是评价一个学生学习好坏的指标之一（董妍、俞国良，2010：934～937），更是对学生进行甄别、分类、筛选的依据。

对于农村学生而言，教育成就虽然不是其未来生活品质的决定性因素，却也是促进其向上流动的相对最有效、最公平的途径。坚毅作为个体后天发展起来的可以通过个人奋斗形成的非认知品质，探讨其教育功能及培养途径，对于实现教育公平正义具有十分重要的现实意义。另外，在专业化分工越来越细致的现代社会，倡导"工匠精神"就是鼓励在精细划分过的每个领域进行深入挖掘、不懈追求从而达到专业、精深和卓越的境界。从这个意义上看，考察农村学生坚毅品质与学业成就的关系及其作用机制，也具有重要的时代意义。

## 一 文献评述

到目前为止，国内外关于坚毅品质与学业成就的关系还未达成一致。大量研究者坚信，坚毅有助于促进个体的学业成就。刘儒德等人（2014）研究发现，学业坚持性对小学生的学业成就具有显著正向预测作用，高学业坚持性通过增加学业投入提高学业成绩。Duckworth（2005）对八年级学生的短期追踪研究也发现，上一学期的自律可以显著预测下学期的标准化测验分数、学校出勤率、选拔进入中学项目等学校表现。Oliver 等人（2007）采用追踪方法考察 16 岁时的学习任务取向与 24 岁大学期间学业成就之间的关系。结果发现，在控制 IQ 和 SES 之后，16 岁时测量的学业坚持性与专注度可以显著预测其数年后的高考成绩、大学阶段 GPA、大学退学率以及学位获得情况；研究还发现了学习坚持性与 IQ 的交互作用，16 岁时的学习坚持性可以显著预测高 IQ 者大学阶段的学业成就。Strayhorn（2014）对黑人男大学生进行在线调查发现，坚毅对学业成就具有显著预测作用（$r = 0.38$，$p < 0.01$），在控制高中成绩、ACT 得分等其他相关因素后，坚毅对大学阶段学业成就具有增益预测效应。Chang（2018）以白人为主的大学生研究发现，坚持性显著预测大学第一年成绩。Cross

（2014）对通过非传统在线教育攻读博士学位者的研究发现，坚毅得分与博士生的 GPA 呈显著正相关（$r = 0.093$），坚毅得分与女博士生 GPA 相关显著（$r = 0.041$），坚毅品质能显著预测 GPA。在第二语言习得领域，官群等人（2015）的研究结果也表明，坚毅品质与中国大学生的学业成绩和 CET4 之间均呈高等程度显著相关（$r = 0.75$，$p < 0.01$；$r = 0.74$，$p < 0.01$），且能显著预测期中成绩和英语四级成绩。这似乎表明，无论在小学、中学、大学还是在博士学习阶段，坚毅品质与学业成就均存在显著关联性，兼具短期和长期的预测效应。

另外一些研究则发现，二者之间并不存在显著关联性。Ivcevic 等人（2014）对私立高中生坚毅与学业成就（包括违纪行为、荣誉、GPA 和学校满意度等）的关系进行考察，结果表明，当控制责任心、情绪调节变量后，坚毅对学校成功各项指标无显著预测作用。Credā 等人的研究发现，坚毅与八年级学生的数学成绩之间不存在显著相关。一项元分析的结果表明，坚毅与整体学业成就的相关系数为 0.18。其中，努力持久性维度与整体学业成就标准的相关度要大于兴趣稳定性维度，持久性维度与整体学业成就的相关度为 0.26，而稳定性维度与整体学业成就的相关度仅为 0.11。不止一项元分析发现，相对于尽责心，坚毅性和学业成就之间关系的强度并不强甚至更弱（Richardson, Abraham & Bond, 2012：353 - 387；Poropat, 2009：322 - 338）。最近，有研究者从行为遗传学（Rimfeld et al., 2016：780 - 789）和脑科学（Wang et al., 2016：452 - 460）的角度进一步研究，结果均表明坚毅与责任心存在较大的重叠。

可见，"坚毅"作为一项积极心理品质以及与个体成功相关联的重要心理变量，无论是被视为"新瓶装旧酒"还是用实证科学的方法对日常生活现象进行科学研究，坚毅的本质和功能都还值得深入研究。

除了坚毅本身的构念效度和测量效度外，以往研究关于坚毅与学业成就的关系存在不一致的原因还可能在于，人们对于学业成就的界定和测量方法各有不同。目前，对学业成就的测量方法，主要有四种。第一种侧重于对学业能力的标准化测试。最有代表性的是董奇、林崇德主持开发的学业成就测验。第二种主要采用学生的考试成绩作为学业成就的客观指标。俞国良等人直接用学生语、数、英三门功课考试成绩的 *T* 分数总分作为学业成就的指标。第三种是基于对任课教师课程成绩评价的感知，对自身学业成绩进行总体概括（余益兵、葛明贵，2010：225～227）。第四种也是目前使用较多、最简单易行的一种方法，是要求学生对不同学科的学业表现进行自我评价。杨安博、王登峰等人（2008）采用自编单项目问卷考察学生的学业成就，要求学生对"你感觉自己在班级中的学业成就是怎样的"项目进行 Likert 九级评价，数字越大等级越高，表示成绩越好。叶宝娟等人（2013）则让初中生对自己在语、数、外三门课程上的学业表现进行评价，包括 3 个条目。

本课题组认为，可以从广义和狭义两个角度理解学业成就的内涵。广义的学业成就指的是学生在学校取得的教育成效，它一般通过学生日后的生活、实践和学习表现出来；狭义的学业成就，主要指的是考试成绩。

## 二　理论分析

通过对坚毅的内涵和操作化可知，坚毅影响学业成就可能与"努力""长远目标""策略灵活性"这三个要素有关。已有研究表明，"刻意训练"是坚毅对学业成就的影响机制之一。高坚毅的个体会因其具有的热情和持续努力的优势，在感兴趣的领域投入大量的时间和精力，进行科学的练习和强化。刻意训练虽然不那么有趣，但在某些学习领域还是比较有效的方法。这可能与高坚毅者对目标预期及其积极情绪有关。这一点在一项实验中已得到支持。研究发现，即使明知有失败的风险，坚毅的人也更愿意选择继续坚持，在失败时仍愿意付出更多努力，坚持更长时间（Lucas et al.，2015：15－22）。

坚毅影响学业成就的另一个机制，可能与坚毅者所拥有的长远目标或情境灵活性维度有关。换言之，坚毅者可能通过成就目标定向或自我调节学习间接影响学业成就。下面，将从成就目标理论和自我调节理论的角度对坚毅影响学业成就这一心理机制进行分析。

## （一）成就目标理论

成就目标理论源于 Nicholls 提出的能力归因理论（方平、张咏梅、郭春彦，1997：70~75）。该理论认为，个体所持有的不同能力观，会直接影响其对任务难度的选择。持能力差异观的个体倾向于把表现自己作为目标，倾向于与他人比较：当付出相同而收获更多，或者收获相同而付出较少时，将视为高能力；而持能力无差异观的人认为，个体间存在很小的能力差异，努力程度的差异是取得不同成就的原因，这类个体将目标聚焦于任务完成，倾向于与自身比较，注重个人成长（Nicholls，1984）。

基于 Nicholls 的能力归因理论，Dweck（1988）提出了成就目标理论。该理论认为，个体对自身能力主要存在两种内隐观：能力实体论（an entity theory of intelligence）和能力增长论（an incremental theory of intelligence）。持能力实体论者认为，努力学习能使人获得知识但不能提高能力，能力是固定不变的，成就情境是对个体能力的检验，他们需要获得成绩以证明自身的能力，这是一种表现目标（performance goal）定向；持能力增长论者认为，能力是不稳定的可控的，通过学习和努力可以提高，这类个体将成就情境看作提高能力的机会，他们注重掌握知识和自身成长，是一种学习目标（learning goal）定向。

关于成就目标定向的概念，目前学术界还没有统一界定。Elliot 和 Dweck（1988）将成就目标定义为一种对认知过程的安排，它包含了认知、情感和行为的结果。Ames（1992）指出，成就目标就是成就行为的目的，是学生对成功的意义的认知。Dweck 和 Leggett（1988）认为，成就目标涉及的是一个完整的产生行为意图的信念、归因和情绪模式，这种模式通过不同的处理方式、参与方式和对成就活动的反馈方式表现出来。王文忠（1996）表示，成就目标即通过行为来发展、获得以及表现自身能力的愿望。王雁飞等人（2004）指出，成就目标是一个信念系统，包括对成功的标准、成功的意义、成就活动目标、成就活动和成就情境的认知，它也是一种使个体努力展现自己，并使自己更加有效行事的内在特质。

综上所述，可以将成就目标定向理解为：学生对自己的学习任务及学业成就的原因和目的的认知，是一种兼具认知、情感和行为的综合特征和认知加工过程。

关于成就目标定向的结构，目前主要有二分法、三分法和四分法。早期研究者 Dweck 将成就目标分为学习/掌握目标和表现目标，也有人称其为任务卷入目标和自我卷入目标。其中，掌握目标以自我为参照，关注与当下任务和自身以往成绩相关的能力和技能的发展；成绩目标取向的个体着重于在活动和学习中表现和证明自己，他们倾向于与他人进行比较，以是否表现得好于他人来衡量学习结果。

Elliot 等人认为，成就目标由表现接近、表现回避和掌握目标构成。目标取向不同，对目标的认知和行为意向也存在差异。持掌握目标取向的个体注重对学习内容和任务的深入掌握和理解以及自我提升；持表现接近目标取向的个体，关注的是如何取得更好的表现，通过社会比较获得高的能力感；在表现回避目标中，个体注重的是如何回避失败及避免消极评价。三分法的出现丰富了成就目标的结构，却仍然不能完全解释现实中的那些追求完美、对自己严格要求的个体的成就目标类型。

在此基础上，研究者进一步将掌握目标分为掌握接近和掌握回避两个维度，掌握接近目标取向关注点是知识掌握和自身能力的提高，掌握回避目标取向的关注点是如何避免无法掌握或任务理解的情境出现。由此，成就目标拓展为二维四种结构：掌握/表现取向和趋近/回避取向。刘惠军等人（2006）支持了四分法在中国学生群体中的适用性，其编制的成就目标定向量表，共 4 个维度 29 个项目，具有良好的信效度，可适用于中小学生样本。

在实证研究方面，有证据表明成就目标定向与学业成就关系密切（Van Yperen，2003：1006 - 1015）。一般而言，掌握目标定向的个体着眼于任务本身，有利于有效提高个体的学习兴趣和学习成绩；表现目标个体关注任务结果和社会比较，对学习的注意力和直接兴趣降低，不利于学习成绩的提高。

坚毅对成就目标具有预测作用。Kim（2015）以中国、韩国、日本大学生群体为样本考察坚毅对掌握目标定向的预测作用。结果表明，努力持久性维度和兴趣稳定性维度均显著预测掌握成就目标定向。对于中国、韩国大学生而言，与保持稳定的兴趣相比，持续不断的努力对于掌握目标定向更为重要，而日本大学生则相反。Sumpter（2017）的研究也表明，高坚毅个体在表现回避和趋近目标上均低于低坚毅者，更倾向于持有能力增长论观点，相信能力经过努力是可以提高的。相关研究也表明，坚毅与掌握接近目标显著正相关，与表现目标或掌握回避均显著负关，具有掌握趋近目标的学生有可能更坚毅（Akin & Arslan，2014：267 - 274）。

研究还表明，目标定向在坚毅与学业成就中起中介作用。Ardany 等人（2013）的研究结果表明，坚毅与目标接近显著正相关，与目标回避不相关，坚毅、掌握接近或表现接近均与学业成就呈显著正相关。进一步分析发现，坚毅可以通过掌握接近和表现接近间接影响学业成就。

综上所述，可以认为成就目标定向可能在坚毅和学业成就之间起中介作用，但上述结论主要是在西方文化背景下取得的，还需要在多样化特征样本中进一步验证。

### （二）自我调节学习理论

自我调节学习（self-regulated learning）的概念最早是由 Zimmerman（1989：329 - 339）提出的，也有人翻译为自主学习。他认为，自我调节学习是学习者在一定程度上从元认知、动机和行为方面积极主动地参与自己学习活动的过程。Corno 和 Mandinach（1983）将自我调节学习定义为，学生努力深化和操作相关的认知网络，并力图监测和改善这种深化过程的活动。国内有研究者提出，自我调节学习指学习者运用认知调节策略和动机策略促进自己学习，选择适合于自己的学习方法，建构和创造有利于自己学习环境的过程（张林、周国韬，2003：870～873）。庞维国（2001）从学习的过程和维度两个角度对自我调节学习进行界定，认为自主学习具有能动性、有效性和相对独立性三大特点。综上所述，我们认为自我调节学习指的是个体为了达成学习目标而不断调节认知、情绪和行为，并使用恰当的学习策略的过程。

关于自我调节学习的结构，目前学术界还没有统一的定论。Zimmerman（1989）提出自我调节学习包括动机、方法、时间、行为及环境五个方面的自我监控。Pintrich（1993）将自我调节分为学习策略（认知策略使用和自我管理）和动机（自我效能、内在价值和考试焦虑）两个维度，编制的自我调节学习策略量表具有良好的信效度，应用最为广泛。另外，朱祖德等人（2005）从学习动机和学习策略两个方面评估大学生的自主学习能力；张丽华等人（2005）从自主探究、自我评价、自我调控、自我激励、自我管理和自我规划六个维度评估大学生的自主学习策略；张锦坤等人（2008）从自我效能、目标设定、认知策略、动机策略、自我监控、资源管理和努力管理七个维度评价中学生的自我调节学习。

关于自我调节学习在坚毅和学业成就中的作用，根据自我调节学习理论，自我调节学习策略在学习者个体或背景特征与学业表现之间起中介作用，诸如气质、人格等个体差特征往往影响个体对于学习的认知、情感和动机加工过程，被认为是自我调节学习的影响因素。Wolters等人（2015）以大学生为对象的研究表明，自我调节学习在坚毅和学业成就之间起中介作用。其中，努力持久性维度能显著正向预测内在价值、自我效能、认知策略和元认知策略、动机策略、时间和学习环境管理策略，负向预测拖延行为；兴趣稳定性能显著预测时间和学习环境管理策略维度和拖延。其中，努力持久性比兴趣稳定性预测了更多的学习策略指标，说明坚持努力的坚毅者更会学习。刘巧荣（2017）以初中生为被试的研究也表明，自我调节学习在坚毅和学业成就间起中介作用。上述结论初步支持了坚毅者通过提升自我调节学习策略改进学习成就的中介模型。

关于自我调节学习在成就目标定向与学业成就间的中介作用，目前，多数研究者认为成就目标能预测学业成绩，但未涉及二者的内在机制。刘惠军等人（2006：254~261）认为，在成就目标与学习成绩之间还存在一系列中介过程。成就目标是一种深层的动机力量，可能与自我调节学习之间存在某种联系（董奇、周勇，1996：12~18）。国外研究者认为，对于高学业成就的学生，成就目标的差异可能是他们自我调节学习能力不同的原因（Ablard & Lipschultz，1998：94）。Middleton 和 Midgley（1997：710-718）的研究也发现，自我调节学习与掌握目标相关性很高，但与成绩目标相关性不显著。

自我调节学习在成就目标定向与学业成就之间起中介作用。周炎根（2007）的研究发现，掌握目标和成绩接近目标与自我调节学习呈显著相关，二者均显著预测自我调节学习；掌握目标通过自我调节学习间接影响初中生的学业成就，自我调节学习在掌握目标和学业成就之间起部分中介作用。Li 和 Culjak 的研究也得出了相同的结论，成就目标对自我调节学习有促进作用，它能影响自我调节学习中的认知策略使用，进而有利于学生学业成就的提升（雷雳等，2001：62~66）。

综上所述，尽管已有研究揭示成就目标定向、自我调节学习可能在坚毅和学业成就中起中介作用，但还没有同时考察成就目标定向和自我调节学习在坚毅影响学业成就中的具体实现途径，对这一模型进行考察有利于揭示坚毅的教育功能机制。

## 三　实证研究

### （一）被试

以方便整群取样法抽取的 594 名农村初中生为对象，其中，男生 298 人，女生 294 人，另 2 人性别数据缺失。初一 208 名，初二 208 人，初三 178 名。考虑到本研究中留守儿童与非留守儿童在坚毅品质方面不存在显著差异，这里将不再区分两类农村群体。

### （二）研究工具

四个变量的测量方法介绍如下。

**坚毅**　采用本课题组自编的青少年坚毅量表（GSA），问卷包括努力持久性、兴趣稳定性和情境适应性三个维度，共 23 个项目，其中，有 5 个项目为反向计分。采用五点评分法，反向计分后，分数越高，表示坚毅水平越高。问卷内部一致性系数为 0.875，各维度内部一致性系数依次为 0.857、0.692 和 0.773，问卷信效度良好。

**成就目标定向**　采用刘惠军等人（2003）编制的成就目标定向量表。该量表包括掌握回避目标、成绩回避目标、掌握接近目标和成绩接近目标四个分量表，共 29 个项目。采用李克特五点计分法，1 表示"完全不符合"，5 表示"完全符合"。在本研究中，问卷的 Cronbach's α 系数为 0.854，四个分量表的 Cronbach's α 系数分别为 0.745、0.805、0.833 和 0.795，均达到心理测量学标准。

**自我调节学习**　采用 Pintrich 等人编制、Rao 等人修订的自我调节学习问卷中文版本，包括自我效能、内在价值、考试焦虑、认知策略使用和自我管理五个分量表，共 44 个项目。采用李克特五点评分法，得分越高，说明自我调节学习能力越强。其中，考试焦虑维度的 4 个项目均反向计分。本研究中，总体的内部一致性系数为 0.886，五个分量表的内部一致性系数依次是 0.807、0.802、0.791、0.814、0.473。鉴于本研究样本中，考试焦虑维度得分呈严重的正偏态分布，自我管理维度的信度系数低于 0.5，均未达到心理测量学要求，因此这里仅采用自我效能、内在价值和认知策略使用作为自我调节学习的指标。

**学业成就**　考虑到抽样研究的限制，这里采用学生对其成绩的主观评价结果作为学业成就的指标。要求学生对"跟班上其他同学相比，你的学习成绩处于 1 ~ 9 等级中的哪个等级（数字越大，成绩越好）"进行评估。尽管该方法可能受学业自我效能等因素的影响，但有证据表明该方法可以作为学生学业成就的比较有效的测量方法（Crockett, Schulenberg，Petersen，1987：383 – 392；文超等，2010：598 ~ 605）。

## （三）统计策略

在正式分析之前，先考察变量间的共同方法偏差。共同方法偏差（common method biases）指的是因同样的数据来源、项目语境、测量环境以及项目本身特征造成的预测变量与效标变量之间人为的共变（周浩、龙立荣，2004）。本研究采用的是自评问卷，且以班级为单位团体施测的方式收集数据，存在出现共同方法偏差的可能性。测量过程中，研究者从测量项目的顺序、问卷的匿名性以及测试结果的保密性等方面对共同方法偏差进行控制，并用 Harman 单因素检验法对共同方法偏差的严重程度进行检验。采用 SPSS 数据统计软件对所有项目进行探索性因子分析，检查未旋转的因素分析结果，如果只析出一个因子或某个因子解释力特别大，说明存在严重的共同方法偏差；如果特征根大于 1 的因子有多个，且第一个因子解释变异率低于 40%，说明共同方法偏差不严重（Livingstone，Nelson & Barr，1997）。本研究中，解释这些变量变异至少需要 10 个因子，探索性因子分析结果显示，有 20 个因子的特征根大于1，第一个因子解释变异率为 20.89%。本研究的共同方法偏差处于可接受范围。

## （四）结果

### 1. 相关分析

将坚毅总分、自我调节学习总分、成就目标各维度和学业成就两两之间进行相关分析，结果如表 2 – 15 所示。

表 2 – 15  各变量间的相关矩阵 （$n = 594$）

|  | $M \pm SD$ | 1 | 2 | 3 | 4 | 5 | 6 | 7 | 8 | 9 |
|---|---|---|---|---|---|---|---|---|---|---|
| 1 | 0.50 ± 0.50 | 1 | | | | | | | | |
| 2 | 3.35 ± 4.38 | 0.04 | 1 | | | | | | | |
| 3 | 1.52 ± 2.33 | 0.06 | - 0.05 | 1 | | | | | | |

续表

| | $M \pm SD$ | 1 | 2 | 3 | 4 | 5 | 6 | 7 | 8 | 9 |
|---|---|---|---|---|---|---|---|---|---|---|
| 4 | 82.80 ± 13.27 | − 0.11 ** | 0.09 * | 0.13 ** | 1 | | | | | |
| 5 | 105.28 ± 18.66 | − 0.17 ** | 0.11 ** | 0.17 ** | 0.66 ** | 1 | | | | |
| 6 | 15.38 ± 5.84 | 0.09 * | 0.01 | − 0.06 | − 0.18 ** | − 0.06 | 1 | | | |
| 7 | 17.81 ± 4.30 | − 0.19 ** | 0.05 | 0.04 | 0.18 ** | 0.44 ** | 0.30 ** | 1 | | |
| 8 | 28.87 ± 7.05 | 0.06 | 0.01 | 0.13 ** | 0.17 ** | 0.44 ** | 0.30 ** | 0.35 ** | 1 | |
| 9 | 29.42 ± 7.00 | − 0.10 * | 0.10 * | 0.15 ** | 0.63 ** | 0.76 ** | − 0.08 * | 0.39 ** | 0.33 ** | 1 |
| 10 | 5.15 ± 1.82 | − 0.18 ** | 0.01 | 0.12 ** | 0.35 ** | 0.45 ** | − 0.18 ** | 0.12 ** | 0.21 ** | 0.35 ** |

注：1 代表性别虚拟化，2 代表年级虚拟化，3 代表家庭经济条件虚拟化，4 代表坚毅，5 代表自我调节学习，6 代表表现回避，7 代表掌握回避，8 代表表现接近，9 代表掌握接近，10 代表学业成就。* 为 $p < 0.05$，** 为 $p < 0.01$。

坚毅总分与掌握/表现接近目标、掌握回避、自我调节学习呈中等程度正相关，与表现回避显著负相关，与学业成就显著正相关。另外，自我调节学习与表现回避相关性不显著，与掌握/表现接近目标、掌握回避及学业成绩均显著正相关。

**2. 链式中介效应分析**

由相关分析结果可知，性别虚拟化、年级虚拟化和家庭经济条件虚拟化与坚毅、自我调节学习、掌握接近目标和学业成就之间的相关系数均小于 0.2，甚至为 0.01，故本研究未将三者作为控制变量纳入结构方程模型。

根据坚毅和成就动机理论，鉴于掌握目标与坚毅或学业成就均呈中等程度相关，这里以坚毅为前因变量，以学业成就为结果变量，侧重考察掌握接近目标定向和自我调节学习的中介变量，建立结构方程模型。

（1）链式中介模型的建立。本研究涉及四个变量，问卷题目偏多，对样本量要求较高，容易造成严重的参数估计偏差，题项打包法则可以有效解决这一问题。本研究中，掌握接近目标是单维量表，共有 9 个项目，符合题项打包的前提条件。这里采用平衡法（吴艳、温忠麟，2011：1859 ~ 1867）将掌握接近目标打包成三个指标。

以坚毅为自变量，以学业成就为因变量，以掌握接近和自我调节学习为中介变量建立结构方程模型,模型的拟合指标为:$\chi^2/df = 4.697$,$GFI = 0.952$,$AGFI = 0.917$,$NFI = 0.950$,$IFI = 0.960$,$TLI = 0.944$,$CFI = 0.960$,$RMSEA = 0.079$,$SRMR = 0.0355$。将模型中不显著的路径,按照标准化路径系数由小到大的原则逐一进行删除,删除的路径有掌握接近目标—学业成就($\beta = -0.32$,$p > 0.05$),坚毅—学业成就($\beta = 0.03$,$p > 0.05$),最终得到中介模型,如图 2 – 4 所示。

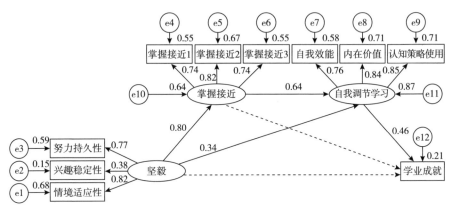

图 2 – 4  链式中介模型

(2)中介效应模型检验。采用 Bootstrapping 和经验 M – test 对掌握接近目标和自我调节学习在坚毅和学业成就关系中的间接效应进行检验,结果如表 2 – 16 所示。

表 2 – 16  中介变量报告

| 变 数 | 点估计值 | 系数相乘积 Product of Coefficients | | Bootstrapping | | | | | Mackinnon PRODCLIN2 | |
|---|---|---|---|---|---|---|---|---|---|---|
| | | | | Bias – Corrected 95% CI | | Percentile 95% CI | | | | |
| | | SE | Z | Lower | | | SE | Z | Lower | |
| 总 效 应 | 0.180 | 0.021 | 8.571 | 0.140 | 总效应 | 0.180 | 0.021 | 8.571 | 0.140 | |
| 直 接 效 应 | 0.018 | 0.056 | 0.321 | – 0.098 | 直接效应 | 0.018 | 0.056 | 0.321 | – 0.098 | |
| 间接总效应 | 0.161 | 0.047 | 3.426 | 0.140 | 间接总效应 | 0.161 | 0.047 | 3.426 | 0.140 | |

续表

| 变　数 | 点估计值 | 系数相乘积 Product of Coefficients | | Bootstrapping | | | Mackinnon PRODCLIN2 | |
| --- | --- | --- | --- | --- | --- | --- | --- | --- |
| | | | | Bias-Corrected 95% CI | | Percentile 95% CI | | |
| | | SE | Z | Lower | | | SE | Z | Lower |
| 坚毅—自我调节—学业成就 | 间接效应显著 | | | | | | 0.040 | 0.104 |
| 坚毅—掌握接近—自我调节 | 间接效应显著 | | | | | | 0.430 | 0.835 |
| 掌握接近—自我调节—学业成就 | 间接效应显著 | | | | | | 0.187 | 0.357 |

注：表中数据均为非标准化数据。

首先，根据中介效应的检验步骤，检查总效应是否显著：如果总效应存在，则有可能存在间接效应；如果 $Z$ 值的标准差大于等于 1.96，则表明路径显著。结果表明，坚毅对学业成就的总效应显著。如果 0 不在 95% 置信区间，则表明路径显著。结果再次证明，坚毅对学业成就的总效应显著。

其次，检验间接效应是否存在。采用 Mackinnon 等人（2007：384 - 389）建议的 PRODCLIN 法进行分析。结果表明，掌握接近在坚毅和自我调节之间的中介效果显著，自我调节在掌握接近和学业成就之间的中介效果显著，故坚毅—掌握接近—自我调节—学业成就这一中介路径存在；自我调节在坚毅和学业成就之间的中介效果显著，则坚毅—自我调节—学业成就这一中介路径存在。

再次，检验直接效果。如果直接效应小于总效应，且直接效应显著，则为部分中介；如果直接效应不显著，则为完全中介。本研究中，坚毅对学业成就的直接效应为 0.018，$Z < 1.96$，且 0 在 95% 置信区间，直接效应不显著，故掌握接近和自我调节在坚毅和学业成就之间起完全中介作用。

最后，直接效果与间接效果之和大于坚毅对学业成就的总效应，不存在压抑效果现象。

综上所述，掌握接近和自我调节在坚毅与学业成就之间的中介效果成立。

根据中介分析和中介效应的显著性检验结果可知坚毅影响学业成就的中介机制及其所占比例（见表2－17）。

表2－17 坚毅对学业成就的中介机制

| 路　　径 | 效应值 | 比例 | 直接效应 | 间接效应 | 总效应 |
|---|---|---|---|---|---|
| 坚毅—自我调节学习—学业成就 | 0.156 | 39.59% | 0.002 | 0.392 | 0.394 |
| 坚毅—掌握接近—自我调节学习—学业成就 | 0.236 | 59.90% | | | |

表2－17显示，掌握接近和自我调节学习在坚毅和学业成就之间起完全中介作用，即坚毅不对学业成就产生直接作用，坚毅是通过自我调节的中介作用以及掌握接近和自我调节学习的链式中介作用对学业成就产生间接影响，其中自我调节的中介效应为0.156，掌握接近和自我调节的链式中介效应为0.236，坚毅对学业成就的总效应为0.394。

# 第五节　教育建议

尽管"坚毅"一词在中国古已有之，但自华裔心理学家达克沃斯开创性地对坚毅现象进行一系列实证研究以来，坚毅教育理念及其实践才真正成为热门的教育话题。

## 一　认识加强儿童坚毅能力培养的重要性

加强儿童坚毅能力培养比以往任何时候都重要，主要原因如下。

### 1. 独生子女政策带来的儿童健全人格发展的需求

独生子女政策未必必然导致儿童坚毅品质的缺乏，但家庭少子化带来的家庭结构、家庭教育观念、家庭互动模式的改变以及同辈代际特征的影响，使得独生一代的吃苦耐劳、努力刻苦、坚韧不拔等品格有所弱化。极端案例屡屡见诸报端，刺痛着社会公众的敏感神经，培养儿童的坚毅能力已成为教育的内在要求。少子化社会背景下，儿童坚毅人格发展面临的主要挑战在于坚持力、耐挫力和自控力三个严重不足（蔡连玉、姚尧，2017：102~108）。

### 2. 能力导向的教育观念使全人教育理念面临挑战

长期以来，能力导向的心理与教育测量技术的进展，在一定程度上推动着教育改革的能力取向。随着物质条件日益富足，儿童接受的教育质量也有较大提升，影响竞争结果的关键因素从最初的智力领域拓展到贯穿学习全程的非认知领域。在田野调查中，我们也观察到80%的农村学生认为自己之所以成绩不够好，并不是因为自己笨，更多是因为缺乏良好的学习习惯和坚毅的品格；25%的学生从未体会到学习成功的喜悦，遇到学习上的困难就无法坚持下去。因此，全人教育理念的提出，不仅要重视认知能力的训练和培养，更要强调包括坚毅的品格、高尚的情操、健全的心智和健康的体格等在内的非认知能力（或非智力因素）的协调发展。

### 3. 积极心理学思潮下处境不利儿童弹性发展的要求

积极心理学是一门强调幸福和力量的科学。积极心理学思潮的普及对整个社会心态的一个重要影响在于，通过挖掘个体内在的性格优势和意志力量，每个人都可以成功，无论性别、年龄、贫富、社会阶层、出身地位等。特别是，在当前强调社会公平和正义的时代，那些成长环境局限所导致的社会处境不利儿童（如农村留守儿童）受到前所未有的重视和尊重。维克多·弗兰克尔说过，当我们没有能力改变所处的环境时，我们就要去挑战改变自己。对于留守儿童而言，培养坚毅品格就是开展一项告别畏难放弃的行动计划，它不是百米冲刺，而是一场持久的马拉松比赛。坚毅教育所追求的是即使输在起点也要赢在终点的行动计划。来自弹性科学研究的大量证据也显示，早期不利环境中成长起来的儿童，经过必要教育和训练，都可以取得成功（Masten & Coatsworth，1998：205－220）。

### 4. 中华民族伟大复兴进程中呼唤坚毅民族品格的彰显

坚毅是中华民族的传统美德。目前，我们比历史上任何一个时期都更加重视和强调坚毅品质在发动社会力量、实现中华民族伟大复兴中的社会价值。2017年10月18日，习近平总书记在中国共产党第十九次全国代表大会报告中指出，今天，我们比历史上任何时期都更接近、更有信心和能力实现中华民族伟大复兴的目标。中华民族伟大复兴，绝不是轻轻松松、敲锣打鼓就能实现的。全党必须准备付出更为艰巨、更为艰苦的努力。2017年12月31日，新年前夕，国家主席习近平在二〇一八年新年贺词中提出了"幸福都是奋斗出来的"的著名论断，点燃了亿万人民在新时代奋发向前的激情。因此，培养包括农村留守儿童在内的青少年的坚毅品质比以往任何一个时期都有更强的时代感和理论意义。

## 二 加强成长型思维的培养

坚毅品格的培养，根植于家庭、学校和社会等发展生态系统环境的支持，也离不开个体的自我奋斗。其中，最关键的是要加强成长型思维的培养。成长型思维概念最早源于美国斯坦福大学心理学教授卡罗尔·德韦克（Carol Dweck）及其团队的研究成果，被认为是培养坚毅品格的一个关键因素。动机的认知心理学派认为，在成长过程中人们对于智力和能力会形成一套内隐理论，用于解释并指引自己的行为模式，一般可以分为两类。比如，相信智力等个人属性是固定、不能改变的看法，被称为实体论；相信智力等个人属性是灵活可变的看法，则被称为增长论。相信智力是灵活和可变的人，倾向用特殊情况（如：聪明一世糊涂一时）或可改进的个人特征（如：努力不够、下次加油）去解释结果，认为智力可以通过努力或改变学习策略而提高，并对未来的学习成功充满信心，他们更关心自己的进步，并倾向不断发展和完善自己的能力。相反，实体论者则经常在失败时坐以待毙，喜欢用固定的环境及个人特性（如我就是脑子不好使，从小英语不行），去判断和解释失败的结果（这次没考好，我真笨），他们选择任务和在其他成就行为中，更关心自己的能力水平，喜欢被判断为智力优良（表现目标定向，如看来我的能力的确比他人强）。培养成长型思维就要树立一切皆有可能的思维品格。

### 三  创建儿童坚毅品质培养的支持环境

农村留守儿童作为我国城镇化进程中的特殊群体，其特殊性在于这个群体的发展更多受制于脆弱的家庭环境和社会支持系统。因此，阻断"处境不利—脆弱人格—适应不良"的恶性发展轨迹，通过挖掘和培育个体内在的积极资源和性格优势，实现"处境不利—复原力—适应良好"的良性循环，是留守儿童坚毅品质培育的价值所在。要从以下方面入手创建留守儿童坚毅品质培养的支持环境。

#### 1. 转变教育评价观念

学校教育不仅要注重发展性、过程性的评价，也要看学生参与活动的态度及表现，还要看学生在提高的过程中是否塑造了自己坚毅的品格。教师要设置更为科学的评价标准，摆脱仅仅把分数当成评价标准的理念。家长除了关心中小学生科学文化知识的培养，还应该重视孩子重要人格品质的培养。

#### 2. 强调创伤后成长

磨难和挫折最能锻炼人的品质与意志，是个体成长过程中必不可少的经历。由于家庭功能不完善，留守儿童可能比同龄人体验到更多的挫折和失败，加强挫折教育，着眼于创伤后成长和复原力，提高中小学生的坚毅水平。

#### 3. 培育个性化兴趣

兴趣是个体富有激情并努力坚持去做。儿童的兴趣是培育而不是教育出来的。美国心理学家加德纳在其《多元智能》一书中提出了多元智能理论，认为每个孩子都有自己擅长的领域，会用不同的智能来学习或表现，每个学生都会发展出某种特别发达的智能并倾向于用这些方式来学习。因此，善于挖掘儿童的潜在兴趣，教育培养孩子某些方面的优势，更能激发儿童内在的激情和坚持力。

#### 4. 重视目标和榜样示范的作用

榜样的力量是无穷的。目标在个体成长过程中发挥重要作用，它能激发学生的动机和动力，增强学生的自主意识和自觉性。结合身边的励志人物，通过同伴示范，引起学生的情感共鸣，使学生形成坚持不懈、顽强不屈的坚毅品质，努力克服成功路上的困难。

**5. 培养自制力和学习策略**

坚毅水平高并不能保证个体拥有好的学习成绩，因为坚毅并不对学习成绩起直接作用，而是通过自我调节学习起作用。自我调节学习能力对中学生而言是很重要的。自我调节学习涵盖了内在价值、自我效能和认知策略使用三方面的内容。在教育过程当中，如果培养学生的坚毅品质并未促进学习成绩提高的话，教师或家长可以从培养学生的自我调节学习能力着手，通过明确内在价值、提高自我效能以及调整学习方法等，提高学习成绩。

初中生拥有高坚毅水平，且有较强的自我效能感、内在价值，并能够根据学习情况及时调整学习策略，如果此时他的学习成绩已然未能得到提高，便可以从成就目标定向的角度入手，对学生进行心理教育。掌握接近目标定向的个体关注的是如何提升自己，掌握知识。即使遇到挫折，也能及时调整学习方法，继续学习。掌握目标定向的人将失败视为达到最终目标的一部分。Dweck 等人经过大量研究发现：掌握目标定向的个体关注学习和工作的内在价值；坚信努力始终会带来成功；喜欢接受挑战性任务；采用更多的认知策略；在任务完成过程中具有较高的兴趣和满意度（周炎根：2007）。在现实教学过程中，教育者可以从注意力、对成功的信念、对逆境的认知以及学习策略等方面入手，培养学生掌握接近目标定向的倾向，使学生能够确定学习目标，并始终对目标保持稳定的兴趣，正确看待学习的意义，根据学习内容及自身情况适时调整学习方法，最终取得优异的成绩。

除此之外，达克沃斯教授还提出了一些行之有效的做法可供参考。例如：把挑战摆在孩子的面前；不要在感觉糟糕的时刻结束；适时推动；拥抱无聊和沮丧。

# 第三章
# 勤奋：追求成功的行为法则

勤能补拙是良训，一分辛苦一分才。

——华罗庚

## ∽ 本章导读 ∽

勤奋，是个体内在的积极心理品质和优势性格，也是个体走向成功的不可缺少的品质，历来被古今中外教育家所广泛赞誉和歌颂。捷克大教育家夸美纽斯曾说过："勤奋可以克服一切障碍。" 2011 年诺贝尔物理学奖获得者布莱恩·施密特也曾坦言，勤奋远远比天分更重要（唐琳，2012）。勤奋也是中华民族传统美德之一，关于勤奋的谚语更是家喻户晓、耳熟能详，比如"天才出自勤奋""勤勉是成功之母""勤以修身，俭以养德""业精于勤荒于嬉，行成于思毁于随"等。《劝学解》中有"奋和愤盛衰之本，勤与惰成败之源"的古训。2016 年，习近平总书记在全国高校思想政治工作会议上鼓励大学生，珍惜韶华、脚踏实地，把远大抱负落实到实际行动中，让勤奋学习成为青春飞扬的动力，让增长本领成为青春搏击的能量。

勤奋是后天形成的。人才学研究表明：学习成才，事业成功，关键不在天赋，而取决于后天的努力和勤奋。无论作为个人品格，还是民族精神，勤奋的重要性都不言而喻。然而，作为一个科学研究的命题，关于勤奋的系统严谨的研究却不多见。尤其是当今社会，科学技术迅猛发展，工作效率显著提高，日新月异的人工智能和大数据技术也极大地改变了人们的日常生活。勤奋品质的缺失已成为当前学校德育领域存在的突出问题（戴家芳、朱平，2017：154～156），主要表现为：在认知上，认为"勤"作为一种传统美德已经不合时宜；在行动上，习惯于懒散、拖延、懈怠；在情感上，看不起勤奋的人，崇尚走捷径、弯道超速，让勤奋变了味。

作为一个心理学概念，勤奋的研究由来已久。早在1973年，美国加州大学洛杉矶分校心理学教授 Stanley Rest 等人（1973：187-191）的实验研究便发现，人们更愿意鼓励那些能力较低但很努力而取得好成绩的学生，更愿意惩罚那些有能力但不勤奋且成绩又很差的人。这究竟是为什么？如何做才称得上勤奋？勤奋究竟与中小学生学业成就有什么关系？本章试图在文献梳理的基础上，通过初步的实证研究回答这些问题。对于留守儿童而言，父母外出以后，家庭监管缺失、学业陪伴不足是其面临的困难之一，这是否意味着留守儿童勤奋品质的缺失还是相反？从个体差异的角度看，勤奋是否对留守儿童群体具有更积极的教育价值？

# 第一节 勤奋的内涵

在日常生活中，"勤奋"一词通常具有勤勉、勤劳、努力、尽力、坚持、专注、辛劳等多种语义元素，又往往和踏实、自信、坚韧、刻苦联系在一起，形成个体的学习或工作品质，体现为主动、坚持、顽强等。为了全面理解勤奋的科学内涵，这里从两个方面进行文献梳理。第一，勤奋的概念分析；第二，以往研究者对勤奋的理论界定。

## 一　概念分析

在大部分汉语词典中，"勤奋"的解释主要侧重于：尽心尽力、不偷懒，坚持不懈地努力（工作或学习）的状态。以下是各词典对"勤奋"词条的解释。

《古代汉语词典》："勤"的解释主要有两条：1. 作动词有两种含义，第一为努力、尽力（《孔雀东南飞》："勤心养公姥，好自相扶将。"），第二为辛劳、劳苦（李商隐《咏史》："历览前贤国与家，成由勤俭败由奢。"）；2. 作形容词为勤奋、勤勉。奋主要指的是：鸟展开翅膀；举起，扬起；挥动，摇动；振作，振奋；竭力，尽力。

《现代汉语大词典》：勤奋指尽心尽力，不偷懒，勤劳、奋发的。同义词有勤力（勤奋、努力的）、勤勉（勤劳、不偷懒的）。

《辞海》：勤奋作形容词，指坚持不懈地努力（工作或学习）的状态，强调奋发和精力充沛。同义词是努力、勤劳、勤勉，反义词为懒惰。

《中华汉语词典》：勤指做事尽力，不偷懒；勤奋指学习或工作努力上进，与勤勉同义。

《中华现代汉语词典》：勤指努力，不怕辛苦和疲劳；勤奋指不懈地努力（工作或学习）。

《两岸常用词典》：勤指不偷懒，尽力地去做（与"懒"和"惰"相对）；奋指鼓起；举起；振动。勤奋与勤勉同义，指勤劳奋勉。

从本义分析看，勤奋可以拆分为两个字，即勤和奋。勤即勤勉，奋是发奋，有两重意思在内，勤而不奋或奋而不勤都是不行的。有些人也整天忙忙碌碌、认认真真，但缺乏一种奋发图强的精神境界，故进步就不一定显著，另有一种人，口说大话或决心很大，但不努力工作甚至很懒，当然也就不会有什么大成就（温元凯，1983：51～58）。同样，我们也对英文词典进行了梳理，勤奋涉及的语义元素主要包括认真的（careful）、完全的（thorough）、尽责的（conscientious/earnest）、专注的（dedicated）和持续努力（persistent effort）等。

　　由此可见，中英文语境中，"勤奋"一词的含义至少包括行为层面的"勤"（投入）和情感态度层面的"奋"（向上）两个方面，也有"责任"的含义。总之，"勤奋"常用于描述个体在自己所从事的学习、工作或任务中，投入大量的时间和精力，伴随着积极情感和态度，试图实现某种自认为有价值的目标。

## 二　理论分析

　　目前，对于勤奋的内涵人们还没有公认的观点。从现有论述看，主要可以区分出两种界定，即人格品质说和行为表现说。

　　第一种观点把勤奋视为个体人格品质的特征，认为勤奋是个体在活动中为了达成目标，坚持不懈地努力而形成的相对稳定的心理品质。在人生发展阶段理论中，埃里克森提出培养勤奋感、克服自卑感是小学阶段的主要任务。如果儿童在小学阶段能顺利完成学习任务，同时获得成就感和成人的赞许与奖励，会促使其形成勤奋、上进、乐观的人格；同时，此时形成的勤奋感会影响以后对工作和学习的态度。在操作层面，勤奋既可以是一种相对稳定的、一贯的特质（trait），也可以是表现在特定任务中的状态（state）（Rest et al.，1973：187－191）。Bernard（1992）将勤奋视为个体的意志品质，认为勤奋是个体为实现心理、生理、社会和精神的目标而表现出来的努力程度，动机和意志力是勤奋的一部分。还有研究者将学业勤奋视为自我控制的特定领域，指的是与那些有趣、较少需要努力的任务相比，在那些当时令人乏味但长远是有益的学业任务上长期努力的工作状态，它与大五人格中的尽责性特质相关，与坚毅的含义相近（Galla et al.，2014：314－325）。实证研究也表明，勤奋可能是大五人格中"尽责性"的低阶维度之一（李明、叶浩生，2009：123～128），因为尽责性的个体是勤奋的、自律的、有野心的、坚持不懈的（Lumanisa，2015）。还有研究者从数学学习的角度出发，认为勤奋是在数学学习过程中愿意艰苦拼搏的性格特征，表现为坚持不懈地努力、刻苦钻研，是取得学业成功的重要条件（徐中南，2013：8）。从这个角度看，勤奋可以被定义为一种后天形成的相对稳定但可塑的积极心理品质，自觉投入且坚持不懈地努力的学习或工作品质。

第二种观点则把勤奋视为个体为了达成某种教育目标，持续不断地投入任务之中的时间、精力、努力及其心理状态。勤奋是个体实现教育相关目标的努力行为（Lovat et al.，2011：166 - 170），用来反映学生在完成教育目标方面所花费的努力（Arthur，2000）。具体而言，就是追求学业成就时投入时间或精力以及考前坚持不懈的努力程度（Fwu et al.，2016）。此外，学业勤奋还可以是一种状态，是在学习过程中身心受阻时，主体自我调节，继续学习，以达到目标的精神状态。另外，有研究者提出"学业勤奋度"来描述学生自觉投入学习任务并不懈地追求学习目标的惜时表现，作为评价学生勤奋的整体性指标（雷浩等，2012：384 ~ 391）。

由此可见，勤奋主要体现在学习和工作等领域，具有坚持性、自制性、可控性、目的性等特点，包含努力、坚持性、专注、自制、时间管理等心理要素。

目前，国内外学者根据对勤奋的心理成分的理解，针对不同学生群体的学习领域提出了不同勤奋的结构，既有共性又有独特性。

在工作领域，Cooman 等人（2009：266 - 273）认为，个人工作努力包括方向、强度和坚持三个要素。方向指个体工作中做出的一系列行为选择；强度指个人执行任务时的努力程度；坚持指个人持续不断地执行直到成功的持久力。

在学习领域，主要以 Bernard（1992）、Arthur（2000）、雷浩（2011）为代表。Bernard（1992）提出，中学生勤奋包括动机、专注和同化、遵从和责任、自制力、奉献与精神追求五个维度。其中，动机、专注和同化是勤奋的核心指标。动机指在考虑预期结果的前提下，开始并坚持一定行动方向的趋向；专注与同化指通过一个过程将注意力集中在一个问题上，在任务即将到来的情况下，修正并纳入先前；遵从与责任指通过展示成熟度以及监督者和同辈的尊重，在有组织的环境中保持与习惯行为一致的做法；自制力指刻意地训练；奉献与精神追求指及时、彻底地履行任务和义务的做法。随后，Arthur（2000）结合格林纳达的当地文化理论，认为勤奋只包括动机、专注与同化、遵从与责任及自制力四个要素，奉献与精神追求这一维度并不属于勤奋的结构。

田澜和雷浩等人（2012）从中国学生的实际情况出发，提出中学生学业勤奋包括目标监控意识、学习时间投入、学习任务承诺、学习顽强性及学习专注度五个方面。其中学习时间投入指学生把握一切学习时间用以完成学习任务、做好预习、课后复习等；学习专注度指学生能否集中注意力定下心来全神贯注地学习；目标监控意识是指对自己学习目标的监控，主要通过学习时间（行为）投入和专注度表现出来；学习任务承诺指在学习过程中学生是否愿意专心按时完成学业任务；学习顽强性指学生在遇到学习困难时是否具有坚持性，在学习困境中，个体需要投入更多的时间和精力。由此可见，学习目标监控、学习任务承诺和学习顽强性属于学业勤奋度的结果层面，而学习时间（行为）投入和学习专注度属于过程方面。随后，田澜等人（2011：68～71，82）提出了大学生学业勤奋结构，包括任务承诺、时间投入、目标监控和持恒性四个方面，这一结构是在中学生勤奋结构的基础上，结合大学生学业的特点探究出来的，将学习顽强性和学习专注度合并为学习持恒性。

郑艳（2009：85～87）认为，大学生学业勤奋包括求知欲、学习兴趣、坚韧性三个要素。求知欲指探求知识的强烈欲望；学习兴趣指一个人对学习的一种积极的认识倾向与情绪状态；坚韧性指个人在任务困难面前或威胁利诱面前毫不动摇，坚持不懈地去实现既定目标的毅力。这三个方面的综合表现可以作为衡量学生勤奋水平的尺度。

综上所述，尽管勤奋的结构并不完全一致，但核心要素包括努力（动机）、坚持性（强度）、专注度（方向）、自制性（意志）、责任心（态度）五个方面。

# 第二节　勤奋的测量

目前，勤奋的测量方法主要包括问卷法和实验法等，其中，问卷法是主要的测量方法。下面，对相关研究进行介绍和评价。

## 一　文献评述

关于勤奋测量，最具代表性的是 Bernard（1992）为解释中学生的学业成就的勤奋-能力模型而编制的勤奋问卷（Deligence Inventory，DI）。该问卷包括动机、专注和同化、遵从和责任、自制力、奉献与精神追求五个维度，动机、专注和同化是勤奋的核心指标（Jasinevicius，Bernard & Schuttenberg，1998：294 - 301）。采用五点计分，从"1 = 几乎没有"到"5 = 总是如此"，内部一致性系数为 0.90，各分量表的内部一致性系数在 0.56 ~ 0.90。总分越高，表示勤奋水平越高。

Arthur（2000）对该问卷进行了修订，保留了动机、专注和同化、遵从与责任、自制力四个维度，共 33 个项目。Jerry W. Honea（2007）使用该量表考察高中生勤奋水平，结果发现重测信度为 0.66，总量表内部一致性系数为 0.90，各分量表内部一致性系数在 0.55 ~ 0.96，总体信效度良好。

国内学者田澜和雷浩等人（2012）在 Bernard（1992）量表的基础上，编制了适用于中国学生的高中生学业勤奋问卷，包括目标监控意识、学习时间投入、学习任务承诺、学习顽强性以及学习专注度五个维度，共 37 个项目，内部一致性系数为 0.91，分半信度为 0.90，各维度间的相关性表明各因子具有独立性，信效度良好。随后，田澜等人（2012）编制了大学生学业勤奋度问卷，包括任务承诺、时间投入、目标监控和持恒性四个维度。相对于中学生版本，删除了专注度维度。

除此之外，其他学者也编制了不同的勤奋问卷，所包含维度差距很大。比如，刘美华等人编制的高中生学业勤奋度问卷，包括学生的行为投入和专注度两个维度;郑艳(2009)编制的大学生学习勤奋度问卷,包括求知欲、学习兴趣、坚韧性三个维度。

另外,也有研究者在实验情境中将在枯燥而有益的任务中的表现作为勤奋的指标(Galla et al.,2014:314 - 325),或者将学校勤奋界定为学生为达到学校要求的目标而采取的一系列行为,如学校效能、参与学校活动、抵制干扰学习的因素、克服学校里的困难、避免缺席等(Fekih,2017:114)。

由此可见,勤奋是一个复杂的多维度结构。从目前看,无论从概念界定、心理结构还是测量工具方面,现有研究都并不充分。即使基于相同理论观点或同一研究者针对不同群体的勤奋结构也存在不一致,这说明勤奋的内在结构是否具有文化或年龄等差异性,还需要更深入细致的探索。相对城市学生,农村学生群体被认为更具有勤奋的品质。父母外出工作以后,留守儿童是否由此变得更勤奋或相反,也是非常有趣的问题。基于此,本部分将结合农村初中生这一群体的学习特点,修订形成勤奋问卷,用于后续研究的测量。

## 二 修订过程

这里以修订 Bernard(1992)的勤奋 – 能力模型及其勤奋问卷作为开始,结合实际访谈结果修订形成适用于农村学生群体的勤奋问卷。

英文版勤奋问卷(Diligence Inventory,DI)分为动机(Motivation)、专注和同化(Concentration and Assimilation)、遵从和责任(Conformity and Responsibility)、自制(Discipline)、奉献及精神追求(Devotedness and Spirituality)五个维度,共 55 个项目,采用五点计分,正向题中"1 = 几乎没有""5 = 总是如此",反向题中"5 = 几乎没有""1 = 总是如此",内部一致性系数为 0.90,各分量表的内部一致性系数分别为 0.89、0.75、0.73、0.56、0.63。通过教师对学生勤奋水平评定和验证性因子分析得知该问卷能够有效区分不同勤奋水平的学生,具有良好的结构效度,项目总分为量表总分,分数越高,表示勤奋水平越高。

主要分为四个步骤。

第一步，通过半结构化访谈，了解农村教师和初中生对勤奋品质的内涵、结构、行为表现、影响因素等问题的理解及其语言表达习惯，为新问卷的结构框架和条目编写提供依据。

采用典型抽样方法，对9名初中生和3名资深农村中学教师进行访谈，了解中国文化背景下他们对勤奋的理解。同时，据此确定勤奋测量的操作化框架，根据在访谈过程中所搜集到的信息频次，提取关键信息（见表3-1）。

表3-1 访谈内容的信息分析汇总

| 内 容 | 访谈题目 | 关键信息 |
|---|---|---|
| 内涵 | 你可以说说勤奋的意思吗？你是怎么理解勤奋的呢？ | 朝着目标不断地努力、专注、认真、主动自觉、自制、坚持不懈的 |
| 本质 | 勤奋是一种行为还是一种品质呢？原因是什么呢？ | 养成的行为习惯、是一种性格 |
| 特点与表现 | 什么样的人是勤奋的？有什么样的特点与表现？（学生版）什么样的学生是勤奋的？有什么样的特点与表现？（教师版） | 上课听老师讲课比较认真、积极好学、坚持做一件事、独立、自我管理、有责任心、注意力集中等 |
| 影响因素 | 什么促使你勤奋？（学生版）什么促使学生勤奋？（教师版） | 外部因素：奖励、老师上课有趣、家庭教育、成长环境、升学需求等 内部因素：学习兴趣、自我效能、对知识的追求 |
| 作用 | 勤奋对你的影响？（学生版）勤奋对学生的影响？（教师版） | 取得好成绩、获得知识、促进自己的成长 |
| 勤奋与学业成就 | 可以说说勤奋与学业成就之间的关系吗？（学生版）可以说说学生的勤奋与学业成就之间的关系吗？（教师版） | 勤奋的人能获得更好的学业成绩 |
| 影响学业成就的其他变量 | 除了勤奋，还有哪些原因影响学业成就呢？（学生版）除了勤奋，还有哪些原因影响学生的学业成就？（教师版） | 情绪、学习方法和技巧、目标 |

对照 Bernard（1992）的勤奋 - 能力模型及其勤奋问卷的维度含义，访谈结果的学习坚持性是中国学生勤奋的一个重要特征，而在国外的测量工具中没有直接涉及，仅在自制力维度有所涉及。因此，初步考虑在项目库中增加"学习坚持性"的相关条目，以更全面反映农村初中生的综合勤奋水平。

经文献分析，选择周步成修订的学习坚持性问卷作为项目库来源。该问卷将学习坚持性定义为学生在遇到学习困难与学习障碍或外界无关刺激时坚持努力的程度，共 17 题，采用五点计分，总分越高表示学习坚持性越好。魏军等人（2014）以小学生为被试进行验证，其主要拟合指标均达到统计学要求。该问卷信度在大学生样本中检验也达到 0.7 以上（石世祥，2009；朱丽芳，2005）。

第二步，对 Bernard（1992）原问卷条目进行双向互译，根据农村学生日常学习行为和语言习惯，整合形成项目库。为了符合中国人的文化背景和语言习惯，以及便于研究对象理解，邀请 1 名从教 30 年的一线英语教师、2 名一线语文教师以及 4 名学生共同参与问卷项目的多次修订，将难以理解的词换成常用词，增加农村学生日常生活场景用词，提高项目的可读性，降低理解难度，减轻测试负荷（见表 3 - 2）。

表 3 - 2　问卷翻译与预测参与对象信息

| | 过　程 | 参与对象 |
|---|---|---|
| 翻译 | 初　步 | 2 名心理学专业研究生 |
| | 双　向 | 4 名农村初中英语教师（2 名大四本科实习生和 2 名一线教师）、在考研究生 2 名（文学和心理学专业） |
| | 修　订 | 1 名从教 30 年的一线英语教师和 2 名一线语文教师 |
| | 确　定 | 1 名心理学专家评定 |
| 预测 | 单样本 | 4 名学生填写此问卷（七年级 1 名，八年级 2 名，九年级 1 名） |
| | 整班施测 | 某农村中学七年级一个班级，63 人（男 31 人，女 32 人） |
| | 整班施测 | 某农村中学八年级一个班级，57 人（男 27 人，女 30 人） |
| | 确　定 | 1 名心理学专家评定 |

在此基础上，经过小范围预测、修正问卷项目和专家评定，最终确定了包含 72 题项的初测版问卷。

条目修订前后对比见表 3 - 3。

表 3 - 3　条目修订前后对比

| 序号 | 修订前 | 修订后 |
|------|--------|--------|
| 1 | 我没有时间做额外的学分作业 | 我没有时间做额外的拓展作业 |
| 2 | 我不想让父母关心我的功课 | 我不想让父母亲过问我的功课 |
| 3 | 我做作业保持注意力有困难 | 我专注地做作业有困难 |
| 4 | 我的朋友们认为我在学业上很有条理 | 我的朋友们认为我对学业很有计划 |
| 5 | 我觉得我没有足够的休息 | 我没有让自己获得充足的休息 |
| 6 | 我觉得我没有足够的练习 | 我觉得我没有让自己得到充足的练习 |
| 7 | 我会花时间欣赏大自然的景色 | 我愿意花时间欣赏身边的美景 |
| 8 | 我喜欢参加教会或宗教服务活动 | 我喜欢参加寺庙祭拜或服务活动 |
| 9 | 就我个人而言，我会花一点时间来祈祷或沉思 | 就我个人而言，我会花一点时间来思考和反思 |

第三步，对初测问卷的调查数据进行探索性分析和验证性分析，检验问卷的信效度指标，形成本研究最终问卷——农村学生勤奋问卷（Deligence Inventory for Rural Student，DIRS）。初测问卷数据采取分层整群抽样法从 2 所项目实验校抽取，共获得有效问卷 351 份。被试基本信息如表 3 - 4 所示。

表 3 - 4　初测被试的基本信息

| 变量 | | 留守类型 | | $\chi^2$ | $p$ |
|------|------|------|------|------|------|
| | | 农村留守儿童 | 农村非留守儿童 | | |
| 性别 | 男 | 96（27.4%） | 63（17.9%） | 1.03 | 0.310 |
| | 女 | 126（35.9%） | 66（18.8%） | | |
| 年级 | 七年级 | 78（22.2%） | 40（11.4%） | 3.31 | 0.192 |
| | 八年级 | 70（19.9%） | 53（15.1%） | | |
| | 九年级 | 74（21.1%） | 36（10.3%） | | |

第四步，正式进行施测，两个月后进行重测，检验问卷的重测信度。正式施测被试包括正式施测被试和两个月后的重测被试。其中，正式施测被试依然从 2 所项目实验校初中三个年级获得，除去试测阶段已测试班级

外，再次施测 436 人，有效问卷为 409 份。被试基本信息分布如表 3 - 5 所示。

表 3 - 5 正式施测被试的基本信息

| 变 量 | | 留守类型 | | $\chi^2$ | $p$ |
|---|---|---|---|---|---|
| | | 农村留守儿童 | 农村非留守儿童 | | |
| 性 别 | 男 | 121（29.6%） | 73（17.8%） | 0.61 | 0.437 |
| | 女 | 126（30.8%） | 89（21.8%） | | |
| 年 级 | 七年级 | 73（17.8%） | 50（12.2%） | 0.29 | 0.864 |
| | 八年级 | 104（25.4%） | 70（17.1%） | | |
| | 九年级 | 70（17.1%） | 42（10.3%） | | |

两个月后进行对其中 1 所中学的 2 个班（七年级和九年级）共 102 人（七年级 62 人，九年级 40 人）进行再测，有效问卷 96 份，包括男生 55 人，女生 41 人，平均年龄 14.39 ± 1.06。

## 三 修订结果

使用 Epidata 2.1 进行数据录入，采用 SPSS 20.0 对数据进行探索性因子分析、信效度分析，使用 AMOS 21.0 进行一阶验证性因子分析，对不同留守类型（留守与非留守）农村初中生进行多群组验证性因子分析，以验证模型结构的等同性。

### （一）项目分析

首先，采用极端分组法进行项目分析。计算高低 27% 两组被试在每题得分上的均值差异，进行独立样本 $t$ 检验，即得到题项的临界比率值（CR 值）。结果因 6 个项目区分度未达到显著水平而被删除（第 106、110、141、145、205、206 题）。

其次，采用题总相关法计算每个条目与总分之间的相关性，将未达到显著或相关性较低（$r < 0.3$）的 14 个条目删除（第 131、136、133、140、122、150、113、118、124、130、104、112、137、201 题）。

### （二）探索性因素分析

将剩余 52 个条目进行 Bartlett 球形检验，结果表明 $\chi2 = 6847.991$，$p < 0.001$，KMO 检验值为 0.928，说明适合进行因素分析。采用主成分分析法和方差极大正交旋转提取公因子。设定筛选标准为：因子负荷小于 0.4（$a < 0.40$）；题项在多个因子上有高负荷（$0.40 < a < 0.50$）；共同度小于 0.4（$h^2 < 0.16$）；因子特征值大于 1；每个因素至少包括 3 个项目。删除 19 个条目（第 101、102、117、119、123、125、128、129、139、144、147、149、152、154、202、204、209、210、214 题）后，对剩下的条目再次进行因素分析，结合碎石图检验，最终保留 25 个项目，抽取出 5 个公因子，可解释项目总变异的 53.036%，结果如表 3 - 6 所示。

根据各题项内容以及因子负荷值，与原维度进行对应，确定 5 个因子。

F1 因子内容涉及激发和维持个体行动，并使行动趋向某一目标的内驱力，包括第 103、105、107、120、138、143、146 题 7 个项目，命名为动机。

表 3 - 6　旋转因子负荷矩阵及共同度

| | 因子载荷 | | | | | 共同度 |
|---|---|---|---|---|---|---|
| | F1 | F2 | F3 | F4 | F5 | |
| Q143 | 0.737 | | | | | 0.583 |
| Q105 | 0.714 | | | | | 0.576 |
| Q107 | 0.657 | | | | | 0.558 |
| Q120 | 0.623 | | | | | 0.510 |
| Q103 | 0.617 | | | | | 0.495 |
| Q146 | 0.586 | | | | | 0.512 |
| Q138 | 0.581 | | | | | 0.608 |
| Q208 | | 0.745 | | | | 0.669 |
| Q216 | | 0.742 | | | | 0.655 |
| Q207 | | 0.730 | | | | 0.642 |
| Q211 | | 0.644 | | | | 0.624 |
| Q134 | | | 0.742 | | | 0.578 |

| | 因子载荷 | | | | | 共同度 |
|---|---|---|---|---|---|---|
| | F1 | F2 | F3 | F4 | F5 | |
| Q132 | | | 0.600 | | | 0.501 |
| Q114 | | | 0.587 | | | 0.474 |
| Q109 | | | 0.515 | | | 0.480 |
| Q111 | | | 0.487 | | | 0.405 |
| Q217 | | | | 0.630 | | 0.441 |
| Q213 | | | | 0.628 | | 0.433 |
| Q215 | | | | 0.611 | | 0.482 |
| Q115 | | | | 0.533 | | 0.426 |
| Q121 | | | | 0.423 | | 0.499 |
| RQ153 | | | | | 0.720 | 0.565 |
| RQ135 | | | | | 0.697 | 0.558 |
| RQ151 | | | | | 0.676 | 0.484 |
| RQ148 | | | | | 0.673 | 0.503 |
| 特征根 | 7.084 | 2.063 | 1.617 | 1.316 | 1.179 | 合计 |
| 贡献率（%） | 14.620 | 10.925 | 9.909 | 8.854 | 1.179 | 53.036 |

F2 因子内容涉及面对困难时仍能坚持不懈的状态，包括第 207、208、211、216 题 4 个项目，命名为坚持。

F3 因子内容涉及集中注意力于当下或即将发生的任务上，并将新的经验加以调整与先前内容结合，包括第 109、111、114、132、134 题 5 个项目，命名为专注。

F4 因子内容涉及在环境中自身表现出的责任与成熟，与环境保持和谐的状态，包括第 115、121、213、215、217 题 5 个项目，命名为责任。

F5 因子内容涉及自身意志力，包括第 135、148、151、153 题 4 个项目，命名为自制。

## 四　信效度检验

将勤奋量表的 25 个项目，根据五因素模型和单因素模型分别进行验证性因素分析，将单因素模型作为竞争模型，并在农村留守初中生与非留守初中生群体中验证该模型的结构等同性。

　　模型 1 为单因子模型，即单因子竞争模型；模型 2 为五因素模型；模型 3 为不同留守类型农村初中生群体的结构等值性验证模型；模型 4 为留守初中生群体的验证模型；模型 5 为非留守初中生群体的验证模型。

　　由表 3 - 7 可知，模型 2 中 $\chi^2/df < 2$，$SRMR$、$RMSEA$ 均小于 0.05，$GFI$、$TLI$、$CFI$ 均大于 0.9，说明模型拟合符合标准。比较提出的两个竞争模型可知，五因素模型更理想（见图 3 - 1），五因素模型 $\chi^2/df$ 小于单因素

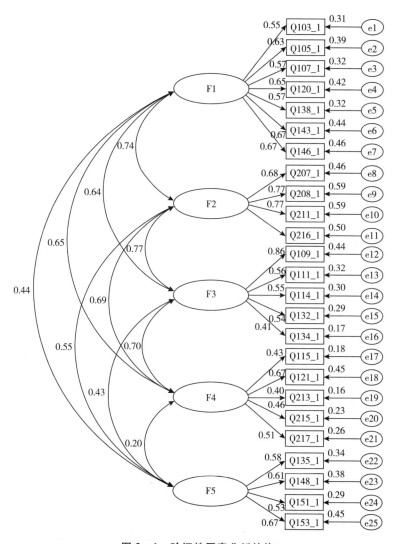

图 3 - 1　验证性因素分析结构

模型，在其他指标上都优于单因素模型。对不同留守类型农村初中生群体的结构等同性验证模型指标基本符合心理测量学标准。

表 3 - 7  修订版勤奋问卷结构模型的验证性因素分析拟合度指数

| 指数 | $\chi^2$ | $df$ | $\chi^2/df$ | GFI | TLI | CFI | SRMR | RMSEA |
|---|---|---|---|---|---|---|---|---|
| 模型 1 | 874.45 | 275 | 3.18 | 0.83 | 0.76 | 0.78 | 0.069 | 0.073 |
| 模型 2 | 440.38 | 265 | 1.66 | 0.92 | 0.93 | 0.94 | 0.046 | 0.040 |
| 模型 3 | 816.84 | 530 | 1.54 | 0.86 | 0.89 | 0.90 | 0.055 | 0.036 |

在此基础上计算动机、坚持、专注、责任、自制等 5 个维度的得分，进行维度间相关分析，结果如表 3 - 8 所示。勤奋问卷各维度之间呈中或低程度相关，各维度与勤奋总分之间呈中或高程度相关，总分与自制维度呈中等程度相关，与动机、专注等其他各维度均呈高相关。

表 3 - 8  维度间相关分析

| | 1 | 2 | 3 | 4 | 5 | 6 |
|---|---|---|---|---|---|---|
| 1 总分 | 1 | | | | | |
| 2 动机 | 0.82** | 1 | | | | |
| 3 坚持 | 0.83** | 0.60** | 1 | | | |
| 4 专注 | 0.74** | 0.47** | 0.57** | 1 | | |
| 5 责任 | 0.70** | 0.46** | 0.49** | 0.44** | 1 | |
| 6 自制 | 0.56** | 0.33** | 0.42** | 0.29** | 0.13** | 1 |

注：** 为 $p < 0.01$。

最后对内部一致性、分半信度和重测信度进行分析，结果发现：各维度的内部一致性 0.62 ~ 0.82，总问卷内部一致性大于 0.8；勤奋问卷总分及其各维度的分半信度在 0.57 ~ 0.80（见表 3 - 9）。两个月后总量表的重测信度为 0.64，表明问卷的信度基本符合测量学标准。

表 3 - 9  修订版勤奋量表信度检验

| | 动机 | 坚持 | 专注 | 责任 | 自制 | 总量表 |
|---|---|---|---|---|---|---|
| $\alpha$ 系数 | 0.81 | 0.82 | 0.68 | 0.62 | 0.69 | 0.88 |
| 分半信度 | 0.79 | 0.80 | 0.57 | 0.62 | 0.66 | 0.80 |

### 五　简要小结

按照问卷修订的基本程序，问卷库建立—条目确定—预测—正式施测—数据分析—正式问卷，最终形成反映农村学生学习特点的勤奋问卷，包含 25 个项目，动机（7 题）、坚持（4 题）、专注（5 题）、责任（5 题）及自制（4 题）5 个维度，基本符合心理测量学标准，信效度良好。需要说明以下两点。一是关于"奉献与精神追求"维度。参照访谈结果和探索性因素分析，这一维度在中文勤奋量表结构中不复存在。首先，在原量表中"奉献与精神追求"指的是有助于建立良好道德感和自尊的各种行为，适用于西方基督教文化和个人主义文化，精神层面的追求往往被视为个人勤奋和奋斗的一部分，而集体主义文化下，个体自身道德感和自尊的建立更多会发生在社会关系或人际关系中。其次，初中生心智尚未成熟，自我反思与提升行为并未到达这一阶段，"奉献与精神追求"对于初中生来说要求比较高，最终并没有作为勤奋的一部分，说明相关题项可能并不符合初中生这一群体的认知和典型行为。

二是在构成勤奋的五个要素中，"动机"和"坚持"可能是最核心要素，解释了总变异的 10% 以上，其次是"专注"和"责任"。第五个因子"自制"的变异解释率为 1.4%，且与总分相关性在 0.6 以下，说明"自制"可能并非勤奋的核心要素。结合"坚毅"的相关研究，未来研究需要在理论上澄清"坚毅""动机""坚持""兴趣""责任"之间的理论关系，在实证研究方面积累更多证据，以便加深对勤奋积极心理品质的理解和开展勤奋教育。

## 第三节　勤奋的发展

### 一　总体状况

为了探究农村初中生勤奋的总体水平，选取 2 所农村中学共 9 个班，每班大约 60 人，总共施测 573 人，无效问卷为 42 份，有效问卷为 531 份，有效回收率为 92.7%，平均年龄为 14.43 岁。这里参考国内学者赵景欣等人（2013）的做法，将留守儿童界定为：因父母双方外出务工或一方外出务工而不能与父母双方共同生活的家庭结构完整且不满 18 周岁的未成年人。

对不同留守类型初中生在性别和年级上的人数分布进行 $\chi^2$ 检验，结果显示，在性别和年级上，不同留守类型的农村初中生人数分布无偏差，如表 3-10 所示。

表 3-10    施测样本的人口学变量情况

| 变　　量 | 留守类型 | | $\chi^2$ | $p$ |
|---|---|---|---|---|
| | 农村留守初中生 | 农村非留守初中生 | | |
| 男 | 168（31.6%） | 93（17.5%） | 0.11 | 0.737 |
| 女 | 170（32.0%） | 100（18.8%） | | |
| 七年级 | 117（22.0%） | 64（12.1%） | 1.14 | 0.565 |
| 八年级 | 111（20.9%） | 72（13.6%） | | |
| 九年级 | 110（20.7%） | 57（10.7%） | | |

对全部被试进行农村学生勤奋问卷（DIRS）的问卷测试，结果显示，勤奋总分及其各维度的偏态系数在 -0.555 ~ -0.283，S 系数 Z 检验（绝对值）值在 0.58 ~ 5.24；根据偏态检验标准，各维度基本呈正态分布，专注维度呈正偏态，勤奋及其他维度均呈负偏态。峰度系数在 -0.319 ~ -0.035，峰度系数 Z 检验（绝对值）在 0.07 ~ 1.50，均小于 1.96，基本呈正态分布。

通过单样本 $t$ 检验得出，勤奋的总均分及各维度均分在 2.41 ~ 3.62。勤奋及其各维度的均分与理论中点分（3 分）均有显著差异，除专注维度均分显著低于中点分外，勤奋及其他维度均分均显著高于中点分（见表 3-11）。

表 3-11    农村初中生勤奋及各维度的描述性分析（$n = 531$）

| | $M \pm SD$ | 偏态 | Z 检验 | 峰度 | Z 检验 | $t$ | $p$ |
|---|---|---|---|---|---|---|---|
| 总分 | 3.22 ± 0.56 | -0.225 | 2.12 | 0.014 | 0.07 | 9.16 | 0.000 |
| 动机 | 3.62 ± 0.75 | -0.555 | 5.24 | -0.078 | 0.37 | 19.26 | 0.000 |

|  | $M \pm SD$ | 偏态 | Z检验 | 峰度 | Z检验 | $t$ | $p$ |
|---|---|---|---|---|---|---|---|
| 坚持 | 3.14 ± 0.85 | −0.062 | 0.58 | −0.285 | 1.34 | 4.02 | 0.000 |
| 专注 | 2.41 ± 0.69 | 0.283 | 2.67 | −0.067 | 0.32 | −19.74 | 0.000 |
| 责任 | 3.48 ± 0.81 | −0.481 | 4.54 | −0.319 | 1.50 | 13.78 | 0.000 |
| 自制 | 3.29 ± 0.81 | −0.342 | 3.21 | 0.035 | 0.16 | 8.24 | 0.000 |

上述研究结果表明，农村初中生勤奋品质有以下三大特点。

（1）农村初中生勤奋品质总分及责任、坚持、自制维度得分呈负偏态，整体水平显著高于理论中值，表明勤奋及其维度水平偏高。可能原因有两个。首先，在农村社会普遍存在只有努力读书、刻苦学习才能出人头地，知识改变命运等观念。在这样的人文环境中，学生趋向于努力刻苦的动机更强。其次，由于在农村家庭中孩子从小便被要求在学习和生活上学会独立。目前，农村家庭基本都是多子女家庭，其比例高达96.6%，尤其到了孩子初中阶段，很多父母认为孩子已经长大，选择外出务工，隔代抚养的现象非常普遍，这从客观上要求孩子更加独立、刻苦学习。

（2）动机得分上为正态分布，分布较均匀，即较多学生具有中等程度的动机水平，而具有高水平或低水平学习动机的学生较少。

（3）专注得分为正偏态，整体水平显著低于理论中值。可能原因是初中生正处于青春期，思维、心智还处于发展之中，学习的专注度还有待提高。在实际调研也发现，不少初中生存在三分钟热度的现象，由于缺乏及时有效的引导和反馈，学习热情很容易消退。因此，可以在这方面有意识进行引导，维持和激发学生的努力程度，进一步提升总体勤奋水平。

## 二　性别特征

勤奋总分及各维度的均分和标准差见表3－12。总体而言，无论是留守还是非留守类型，女生得分均高于男生。

**表 3 - 12　勤奋总分及各维度得分分布（M ± SD）**

| | 留守（n = 338） | | 非留守（n = 193） | |
| --- | --- | --- | --- | --- |
| | 男（n = 168） | 女（n = 170） | 男（n = 93） | 女（n = 100） |
| 总分 | 3.08 ± 0.56 | 3.36 ± 0.52 | 3.10 ± 0.58 | 3.36 ± 0.56 |
| 动机 | 3.37 ± 0.75 | 3.85 ± 0.67 | 3.46 ± 0.82 | 3.82 ± 0.64 |
| 坚持 | 3.06 ± 0.83 | 3.25 ± 0.81 | 2.99 ± 0.87 | 3.26 ± 0.90 |
| 专注 | 2.27 ± 0.72 | 2.56 ± 0.66 | 2.26 ± 0.63 | 2.50 ± 0.66 |
| 责任 | 3.31 ± 0.81 | 3.56 ± 0.75 | 3.46 ± 0.89 | 3.66 ± 0.78 |
| 自制 | 3.27 ± 0.78 | 3.37 ± 0.76 | 3.15 ± 0.94 | 3.31 ± 0.82 |

　　进一步以留守类型和性别为分组变量，勤奋总分及其维度均分为结果量进行 2 × 2 的方差分析（结果见表 3 - 13）。结果显示，除自制维度外，勤奋总分及其他维度得分的性别主效应均显著。在勤奋及各维度上，留守类型主效应及其与性别的交互效应均不显著（见表 3 - 14）。

**表 3 - 13　方差分析**

| | 总分 | 动机 | 坚持 | 专注 | 责任 | 自制 |
| --- | --- | --- | --- | --- | --- | --- |
| 留守类型 | | | | | | |
| $F$ | 0.016 | 0.188 | 0.164 | 0.294 | 2.740 | 1.414 |
| $p$ | 0.900 | 0.664 | 0.686 | 0.588 | 0.098 | 0.235 |
| 性别 | | | | | | |
| $F$ | 30.646 | 41.357 | 9.205 | 18.948 | 9.865 | 3.404 |
| $p$ | 0.000 | 0.000 | 0.003 | 0.000 | 0.002 | 0.066 |
| 留守类型 × 性别 | | | | | | |
| $F$ | 0.091 | 0.722 | 0.227 | 0.144 | 0.147 | 0.172 |
| $p$ | 0.736 | 0.396 | 0.634 | 0.704 | 0.701 | 0.679 |

**表 3 - 14　勤奋及各维度（除自制力维度）在性别上的差异分析（M ± SD）**

| | 勤奋 | 动机 | 坚持 | 专注 | 责任 |
| --- | --- | --- | --- | --- | --- |
| 男 | 3.08 ± 0.56 | 3.41 ± 0.78 | 3.04 ± 0.84 | 2.27 ± 0.69 | 3.36 ± 0.84 |
| 女 | 3.36 ± 0.53 | 3.84 ± 0.66 | 3.26 ± 0.84 | 2.54 ± 0.66 | 3.60 ± 0.76 |
| $t$ | - 5.864 *** | - 6.923 *** | - 3.018 ** | - 4.633 *** | - 3.396 ** |

　　注：** 为 $p < 0.01$，*** 为 $p < 0.001$。

　　进一步组间比较发现，女生的勤奋总分及各维度得分均高于男生，这是与以往研究相一致的（Arthur，2002：11）。原因可能是：初中阶段，女生比男生更成熟，对自己各方面的认识、觉察和管理会相对更成熟，同时自尊心更强，更担心学习失败，学业上更加勤奋；在传统社会文化和家庭与学校教育中，男女生的性别角色期待不同（唐卫海等，2014：89~97）。相对男生，女生一般更稳重、听话，更易尊崇权威，学习上会投入更多。

　　需要说明的是，本研究发现农村留守与非留守初中生在勤奋上并没有表现出统计学意义上的差异，尽管留守初中生勤奋得分略高于非留守初中生的得分。换言之，相对普通农村初中生，父母外出状态既没有成为留守儿童勤奋品质发展的危险因素，也没有成为激励留守儿童奋发向上的动力。来自国内其他地区的同类研究却表明，农村留守初中生勤奋性要高于非留守初中生，农村留守儿童更加勤奋上进。本研究结果似乎与此并不一致，这可能与取样特征有关。本次调研样本来自福建省扶贫开发重点县的山区农村中学，教育质量总体偏低，生源特征比较一致，留守与非留守状态并非农村学生个体差异的关键或主要因素。

　　或许，这代表着福建山区农村学校留守儿童勤奋的特殊性。因此，未来研究可以在全国范围内进行抽样调查，或者对东部发达地区农村学校留守儿童进行深入研究，为理解全国农村留守儿童勤奋状况提供翔实的一手资料。无论如何，如果父母外出以后能够唤起留守儿童更加发奋学习的内在动力，形成勤奋向上的积极心态，从而增加自己对学习与生活的信心，都将有助于弥补部分家庭功能损伤所带来的不利影响。

### 三　年级特征

　　以留守类型和年级为分组变量，以勤奋总均分及各维度均分为变量进行 $2 \times 3$ 的方差分析，结果见表 3 - 15。

表 3 – 15　勤奋及各维度在留守类型与年级上的差异分析（$M \pm SD$）

| | 留守初中生 | | | 非留守初中生 | | |
|---|---|---|---|---|---|---|
| | 七年级 | 八年级 | 九年级 | 七年级 | 八年级 | 九年级 |
| 总分 | 3.27 ± 0.59 | 3.26 ± 0.50 | 3.13 ± 0.56 | 3.21 ± 0.61 | 3.13 ± 0.63 | 3.37 ± 0.46 |
| 动机 | 3.76 ± 0.79 | 3.64 ± 0.68 | 3.43 ± 0.74 | 3.67 ± 0.77 | 3.56 ± 0.85 | 3.74 ± 0.58 |
| 坚持 | 3.19 ± 0.89 | 3.22 ± 0.78 | 3.06 ± 0.79 | 3.20 ± 0.94 | 2.86 ± 0.93 | 3.39 ± 0.69 |
| 专注 | 2.48 ± 0.79 | 2.46 ± 0.63 | 2.32 ± 0.69 | 2.42 ± 0.76 | 2.29 ± 0.63 | 2.49 ± 0.54 |
| 责任 | 3.35 ± 0.79 | 3.52 ± 0.72 | 3.45 ± 0.84 | 3.42 ± 0.87 | 3.55 ± 0.92 | 3.73 ± 0.63 |
| 自制 | 3.40 ± 0.79 | 3.30 ± 0.78 | 3.26 ± 0.75 | 3.18 ± 0.88 | 3.20 ± 0.97 | 3.36 ± 0.77 |

结果显示，在勤奋总分及动机、学习坚持性维度上，留守类型与年级交互作用显著（见表 3 – 16）。

表 3 – 16　勤奋的留守类型与年级差异的方差分析

| 变异来源 | 总分 | 动机 | 坚持 | 专注 | 责任 | 自制 |
|---|---|---|---|---|---|---|
| 留守类型 | | | | | | |
| $F$ | 0.163 | 0.421 | 0.004 | 0.106 | 3.056 | 1.095 |
| $p$ | 0.687 | 0.517 | 0.950 | 0.745 | 0.081 | 0.296 |
| 年级 | | | | | | |
| $F$ | 0.437 | 1.423 | 2.419 | 0.487 | 2.808 | 0.164 |
| $p$ | 0.647 | 0.242 | 0.090 | 0.615 | 0.061 | 0.849 |
| 留守类型 × 年级 | | | | | | |
| $F$ | 4.930 | 3.711 | 6.984 | 2.701 | 1.070 | 1.571 |
| $p$ | 0.008 | 0.025 | 0.001 | 0.061 | 0.344 | 0.209 |

简单效应检验，七年级和八年级的留守类型主效应不显著，留守儿童群体得分略高于非留守儿童群体；当进入九年级时，留守类型主效应显著，$F_{(1, 527)} = 7.00$，$p = 0.008$，同非留守儿童相比，留守儿童勤奋总分反而更低（见图 3 – 2）。

在动机维度上，七年级和八年级时留守与非留守初中生的差异不显著；当九年级时，留守类型主效应显著，$F_{(1, 527)} = 8.32$，$p = 0.004$，同非留守初中生相比，留守初中生动机总均分更低（见图 3 – 3）。

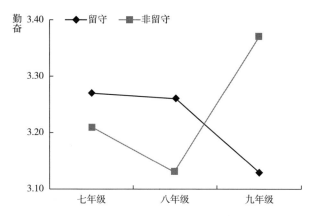

**图 3 - 2 勤奋在留守类型与年级上的交互作用**

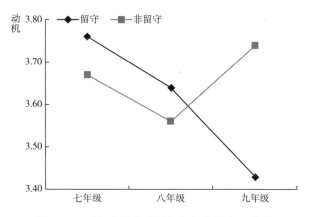

**图 3 - 3 动机在留守类型与年级上的交互作用**

同样，在学习坚持性维度上也表现出类似趋势（见图 3 - 4）。七年级初中生的留守类型主效应不显著；八年级初中生的留守类型主效应开始显著，$F_{(1,527)} = 6.32$，$p = 0.012$，相对于非留守初中生，留守初中生的学习坚持性更高；九年级时，留守类型主效应显著，$F_{(1,527)} = 4.56$，$p = 0.033$，同非留守初中生相比，留守初中生的学习坚持性总均分更低。总体上，初中阶段留守初中生勤奋的坚持性到了高年级趋向降低，而非留守儿童则达到最高点。

## 四 影响因素

究竟哪些因素会影响勤奋，不同类型的勤奋如何发挥作用？要回

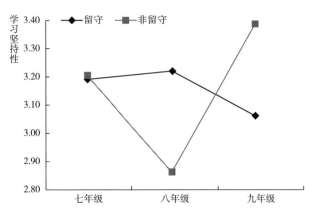

**图 3-4 学习坚持性在留守类型与年级上的交互作用**

答这些问题，需要了解相关理论是如何对勤奋的发生机制进行解释的。

从理论上讲，勤奋总是与困难任务相关联的，它需要付诸更多的心理和行为努力。认知心理学、神经科学、经济学等领域的主流观点均认为，努力都是有代价的，其内在心理机制与个体执行功能发展有关（Diamond，2011）。那么，当个体面临重大困难任务时，为什么会消耗更多的精力和时间、投入更大努力？仅心理学领域就有很多理论观点对此进行过解释（徐光国、张庆林，1996：187～189）。

从进化心理学的角度看，人类本身对努力是厌恶的，当面对高难度任务时会倾向于节制自己，预期以最少的时间和精力投入，获得最大的收益，这是人类生存进化的生物法则。因此，勤奋行为的发生是在可能的耗损与预期结果之间进行权衡的结果。当面临选择时，人类或动物都可能倾向于选择一些看似既无目的也无连续性的努力尝试。然而，正是这种最小耗能的内驱力对个体早期勤奋行为的萌芽起到关键性作用。

二级奖励理论（Second Reward Theory）是由 Eisenberger 等人（1989：382-392）提出的。该理论认为，任何增加勤奋感的反应或刺激都会使努力行为得以再次出现。个体因反应强度或频率增加而带来的努力体验形成了二级奖励特征，从而使努力行为得以强化，对努力的厌恶感减少，促进个体自我控制水平提高并维持高水平的持续努力。因此，努力的价值体验对个体的勤奋品质尤为重要。在条件学习情况下，个体经历高价值的努力体验后，更倾向于付诸高努力行为，从而拥有积极的勤奋体验，在其后的任务中会更倾向于选择最大价值体验的活动。习得性勤奋理论（Eisenberger & Armeli，1997：652-663）也认为，对创造性结果的高物质奖励可以提高创造性绩效而不损失内在兴趣。

反向调节理论（Counter-Conditioning Theory）由 Wong 等人提出，侧重从成就目标取向的角度来对实验情境下的努力行为进行阐述。该理论认为，尽管延迟强化等厌恶性情境给个体完成任务带来挫折感，但如果能建立一种高水平的目标取向，则有助于缓解或抵消这种挫折感，使个体目标明确感更强，在新的心理情境中形成更高的努力行为。

自我效能感理论则认为，个体对自己的能力及是否能实现目标的信心是其行为改变的条件。在很大程度上，行为的努力程度和持久性就取决于此。较高的自我效能感会促进个体完成困难任务；反过来，完成任务的成就感又会增强自我效能感，这种对自身能力的信心可能会迁移到原先认为无能力完成的任务上，促进更多高努力行为发生，形成更高的效能感。

这些早期理论的共性是认为勤奋或努力是有代价的并倾向于回避的，但忽视了勤奋所伴随的价值及其在促进勤奋习得中的作用。在具体的学业或工作勤奋领域，影响个体勤奋的因素是非常复杂的，它需要多种因素的协同作用。其中：努力行为的目标、能力、效能感和预期结果的价值是勤奋形成的必要条件，当个体有足够的内驱力——努力的价值观（价值感）、具体的目标以及效能感时更会选择高努力操作。

大量调查研究也表明，影响个体勤奋品质形成的因素是多样化的，比如学校环境、家庭环境、学生的信念和行动等（Shechtman et al.，2013）。概括起来，主要有个人内部因素和外部环境因素两个方面。在访谈中，一位资深教师说道：

影响农村留守儿童勤奋的因素是非常多样化的。归纳起来主要有内因和外因两个部分。外部因素包括奖励、老师上课有趣、家庭教育、成长环境、升学需求等；内部因素包括学习兴趣、自我效能、对知识的追求等。

个体自身因素，除了性别、年龄外，还包括学业效能感、归因倾向、成就目标等。自我效能感是个体对自己有多大能力胜任的评价及其相应情感体验。对自己学习能力越有信心的学生越努力、越勤奋。另外，勤奋还与个体对学习结果的控制感有关（Honea，2007）。内控倾向的学生，认为学习任务和结果更多受个人控制，相信只要努力就一定有收获，从而表现出更多坚持不懈地努力的状态；外控倾向的学生恰恰相反。成就目标的类型和目标明确程度也会影响学生的勤奋水平。一项研究指出，安于现状型和悲观失望型学生的勤奋水平低于志存高远型学生（熊猛、叶一舵，2011：71~73）。另外，目标越明确，越有可能激发个体的勤奋品质（缪素芬等，2015：654~658）。反过来，个人完成任务或实现目标的动力也会因高水平的勤奋而得到提高（Bernard et al.，1996：9-25）。学业勤奋也可能受学业成绩的影响。Jedrychowski 等人（2005）对大学生毕业前进行的测试表明，入学成绩（GPA）高分组大学生在学业勤奋总分及各维度上显著高于低分组，而在校期间的大部分课程成绩高低分组在勤奋得分上无显著差异。

外部环境因素主要包括勤奋的支持系统、家庭环境、班级氛围、学校教育等。Arthur（2002）提出了"勤奋支持系统"的概念，认为父母和教育者的支持对学生的勤奋有显著的正向预测作用。在家庭环境方面，如果父母要求比较严格的话，学生的学业勤奋度也会有所提升，但单纯通过说教、命令常常是无效的（缪素芬等，2015：654~658）。在学校教育方面，学校学习氛围浓厚、文化活动丰富多彩，学生的学习主动性会明显增强，知识、能力得以丰富和提升，既提高学业勤奋度，又有利于个体的全面和谐发展。在班级氛围方面，师生关系、班级学风对学业勤奋度都有重要的影响。学业勤奋与校园欺凌有关，那些经常受欺负的学生比较不勤奋，学习效率不高，很难专心学习，不参加学校活动，经常旷课（Fekih，2017：114－119）。

## 第四节　勤奋的功能

勤奋对个体发展的影响主要体现在获得学业和工作成就两个方面。勤奋对学业成就的积极作用毋庸置疑。这里在相关文献梳理的基础上，以编制的农村学生勤奋问卷为工具，对留守儿童等农村群体的勤奋在促进学业成绩方面的心理机制进行探讨，以揭示学业勤奋功能实现的具体路径和条件。

### 一　文献述评

学习是学生所要承担的首要活动，也是学生勤奋最重要的教育心理功能领域。大体而言，影响中小学生学习成就的因素可以分为智力因素和非智力因素两大类。早在 20 世纪 70 年代，就有研究者对智力因素与非智力因素在中学生学业成就中的作用进行过比较，结果发现勤奋、父母期望、学习压力等非智力因素发挥着关键性的、相对更重要的作用（Nadine et al.，1976：109－122）。国内研究也表明，对于小学生而言，智力对学业成就的解释率为 21%，当智力与其他非智力因素共同预测学业成就时，智力对学业成就的预测率降低到 7%～16%。相对而言，非智力因素的预测力度较大，其中学业性非智力因素较非学业性部分更能准确预测学生的学业成绩（成子娟、侯杰泰、钟财文，1997：514～518）。其中，排名最重要的依次是学习独立性、学习自律性、学习情绪稳定性和学习有恒性。尽管早期这些研究并未直接考察勤奋的作用，但均包含着勤奋的若干核心要素。

首先，勤奋的教育心理功能体现为它是相对独立的一个心理变量。

Bernard 等人（1993：213 – 234）从勤奋 – 能力双维模型的角度考察了勤奋相对于能力对学业成就的独特功能。研究发现，勤奋与能力是两个相对独立的因素，根据勤奋 – 能力双维模型，还可将学生划分为高勤奋 – 高能力、高勤奋 – 低能力、低勤奋 – 高能力、低勤奋 – 低能力四种类型，勤奋和能力对中学生学业成就的联合解释率为 37%。另外，Arthur（2002）采用修订后的 DI – HS 问卷（包括动机、专注、自律和责任）对中学生进行研究，发现勤奋与学业成绩显著正相关（$r = 0.248$，$p < 0.01$），解释了学生成绩变异的 6%。在 Arthur 教授的指导下，Honea（2007）对中学生勤奋、父母或教师勤奋支持、控制点、自我效能感对学业成绩的关系进行研究。结果发现，勤奋与学业成绩相关性显著（$r = 0.472$，$p < 0.001$），动机维度对学业成绩具有显著的预测效应。

其次，勤奋作为尽责性人格特质的次级维度之一，被认为是预测学业成绩的敏感指标。尽责性是大五人格模型中与成就联系最紧密的基本特质之一，是控制智力因素后对学业表现最有力的预测因素。尽责性与个体持续的努力和目标设定相关联，包括遵从成人期望、专注家庭作业、学习的时间管理和努力管理等。此外，尽责性还通过提升学业效能感对学业成就产生长期预测作用（Caprara et al.，2011：78 – 96）。

最后，勤奋还作为外界环境影响学业成就的中介变量而实现其教育功能。研究表明，家庭环境、班级环境是通过学业勤奋度影响学业成绩的（雷浩、刘衍玲、田澜，2012：17 ~ 20）。学业勤奋度和学业成绩均会受到外界环境（家庭和班级）的影响，外界环境越优质，个体在学习中的勤奋表现越多，越有利于学业成绩的提高。另外，勤奋还是城乡差异影响学生学业成就的中介变量。追踪研究表明，可以通过二年级的学业投入影响三年级的学业成绩，同时师生关系与学业投入互为因果关系（Hughes et al.，2008：1 – 14）。这里的学业投入包括努力投入教学活动、面对困难时努力不放弃、集中注意力于课堂学习等，实际上体现了课堂情境中的勤奋行为。特别是对于低收入家庭儿童而言，当控制年级和学生自我系统变量后，教师的教育投入对学生的努力程度具有很强的直接预测作用（Tucker et al.，2002：477－488）。

上述研究表明，无论作为影响学业成就的非智力因素，还是关联密切的次级人格特质，抑或是教育环境因素影响学业成绩的中介变量，勤奋均发挥着关键性作用。在推进城乡教育机会均等、确保每一个儿童都能享受公平有质量的教育的背景下，研究促进农村留守儿童等特殊困境儿童教育成就的关键因素，尤为重要。

关于勤奋与成就的关系，中国有"勤能补拙"的古训，然而"勤"是否可以补"拙"？这个问题已经在 Bernard 等人的勤奋－能力双维模型的系列研究中得到部分支持——勤奋未必直接导致高成就。那么，勤奋究竟是如何以及在何种条件下促进儿童学业成就的呢？在现实生活中，我们经常会看到聪明的勤奋者和无效勤奋者两类人。那么，聪明的勤奋者是如何实现高成就的呢？在何种条件下才能实现勤能补拙的善果？对这些问题的深入理解和澄清，将有助于中华文化的弘扬传承，有助于更好地指导家长和教师开展勤奋教育，取得更好的学习效果。

## 二　理论分析

通过对勤奋的内涵、相关理论及其实证研究成果的梳理，我们试图建构勤奋影响学业成就的有调节的中介模型（见图 3－5），用于解释农村留守儿童勤奋的教育功能及其心理机制。在这个模型中，学习策略作为中介变量，解释了勤奋对学业成就的间接影响作用。同时，勤奋者选择何种学习策略层次受到掌握目标或表现目标的调节。因此，不同水平的勤奋者会依据其偏好的成就目标选择与其相适应的学习策略，从而实现良好的学业成就。

**图 3－5　勤奋影响学业成就的有调节的中介模型**

### （一）学习策略的中介机制

聪明的勤奋者往往也是善学者，也就是采用与其学习风格相匹配的学习策略从而促进学习成就。为了从理论上阐述学习策略在勤奋与成就中的中介机制，需要对什么是学习策略进行阐述。

关于学习策略的概念，目前主要有四种不同的观点：一是将学习策略理解为一套内隐的学习规则系统；二是认为学习策略反映了学习的程序与步骤，有利于知识的获得、贮存和利用，是一种思维过程或智力活动；三是认为学习策略就是具体的学习方法或技能；四是将学习策略视为学生的学习过程。尽管界定各有侧重，但都可以将学习策略理解为学习者在学习过程中所采用的有效的规则、方法、技巧及调控方式。

关于学习策略的结构，主要有二因素、三因素、多因素结构等观点。比如，Dansereau（1985）提出基本学习策略（理解/保持：理解、回想、消化、扩展、复查）和辅助策略（提取/应用：设计、集中操作、监控）两种分类；Mayer（1987）提出复述策略、组织策略、精加工策略三种策略；Mckeachie等人（1990）将学习策略划分为认知策略（复述、精细加工、组织）、元认知策略（计划、监控、调节）和资源管理策略（时间、学习环境、他人帮助）；Weinstein等人（1985）提出认知信息加工策略、积极学习策略、辅助性策略、元认知策略等划分方法；Somuncuoglu等人（1999）将学习策略划分为浅层策略、深加工策略、元认知策略。

目前，关于勤奋与学习策略的相关研究并不多见，作为探索性研究，本研究将重点考察聪明的勤奋者所采用的学习策略，而不是其采取何种信息加工方式。因此，Somuncuoglu等人提出关于学习策略的浅层策略、深加工策略和元认知策略的划分比较适合于本研究目的。蒋京川（2004：56~61）据此修订形成了中文版学习策略问卷，包括浅表策略、深加工策略和元认知策略三个分量表，共17题，采用五点计分，从"1 =

完全不符合"到"5 = 完全符合"，得分越高表明学习策略的使用能力越强。该问卷在中职生（张乾一、文萍，2013：11～15）、初中生（葛岩，2018）和高中生（张爽，2006）样本中均取得了良好的信效度指标，基本符合测量学要求。

尽管已有文献对于勤奋者采取何种学习策略促进学业成就还缺乏深入研究，但 Biggs（1978）提出的 3P 系统化学习过程模型（Systems Model of Study Process）可以为三者之间的关系提供理论启示。3P 系统化学习过程模型认为，影响个体学习过程的有前设因素、加工过程和结果三个部分。其中，真正投入学习之前就存在的因素，包括个体因素（自身的智力、性格特征、自身目标、已有知识等）和环境因素（学科性质、评价方式、考核范式等），二者及其交互作用构成了学习行为的前摄因素；学习过程中发展出来的变量，如生成、内化和组织等学习策略，被称为过程因素；学生学习结果的性质，如学业表现指标和学习技能的发展，被称为结果因素（Biggs & Tang，2011）。因此，作为预测因素的勤奋可能影响学习策略的加工过程，从而影响个体的学业成就。

从实证研究看，勤奋作为尽责性人格品质的次级结构，通过考察尽责性、学习策略与学业成就之间的关系，可以推论学习策略在其中的作用。勤奋作为一种人格特质，与大五人格中的尽责性关联紧密。研究表明，尽责性个体通常被认为是有组织的、勤奋的、自律的、有野心的、坚持不懈的，是学业成功的预测因素（Lumanisa，2015）。一般而言，大五人格与个体学习方法有直接关联。那些尽责性、外向型及开放性较高的兼职 MBA 学生会选择深层学习策略，进而影响学业表现（阿达西，2012）。

相关研究表明，人格特质中的尽责性显著正向预测学习策略。其中，认知策略、元认知策略和情感策略在尽责性与语言能力关系中起到中介作用（张静，2010）。还有研究者对处境不利儿童的人格与学习策略、学业成绩的关系进行考察，结果也发现：宜人性、尽责性与学业成绩呈显著正相关，学习策略在人格与学业成绩关系中起中介作用（杨刘敏，2008）。

另一些研究则从勤奋品质的核心要素出发，探讨勤奋与学习策略的关系。一般而言，勤奋品质包括坚持性、专注力、自制性、努力等，其中坚持性是勤奋品质的核心要素之一。研究发现，学习策略是学习坚持性与学业成就关系的中介变量（张林、张向葵，2003：603~607）。动机也是勤奋品质的基本要素之一，学习动机可以通过学习策略间接影响学业成绩（刘加霞等，2008：54~58）。

尽管相关研究已经为"勤奋－学习策略－学业成就"三者之间的关系链提供了支持，由此也可推论出勤奋可能通过学习策略间接影响学习成绩，但作为整体的勤奋及其各维度与学业成就的关系及其中介作用，还缺乏实证研究支持。

### （二）成就目标取向的调节作用

个体勤奋与成就之间的关系可能受到成就目标的影响，这种影响可以在两个阶段体现：一是不同目标勤奋者偏好不同的学习策略；二是不同目标的策略者在同等付出的情况下获得不同的学业成果。多项研究表明，掌握目标取向与适应性结果相关联。原因在于，在付出同等心理和行为投入时，掌握目标的学习者会有更多的直接兴趣，制定切实可行的学习子目标，更高的学业卷入、自我评价与反思，当面临学习挑战和困境时，也会通过不断的反馈调整完成任务，其自我调节学习能力也获得提升。因此，有效的、聪明的勤奋者（如高水平的效能、任务价值、努力和坚持性等）会使用更多的认知和元认知策略，取得更好的成绩（Pintrich，2000：544－555）。

学习策略也与成就目标取向有关。研究发现，掌握目标取向的学生会使用多样化的学习策略，包括浅表加工策略和较高级的深加工策略和元认知策略（蒋京川、刘华山，2005：168~170）。尽管掌握回避目标的个体有很强的完美主义倾向，存在自我要求严格并努力避免无法完成的任务等缺点，但掌握回避目标也是一种重要的调节方式，它促使个体一旦选择就会以高标准严要求投入学习，使用更积极的学习策略（刘海燕、邓淑红、郭德俊，2003：310～314）。实验研究也发现，个体的自我调节过程会受到目标取向的影响。在学习过程中，当消极的成绩反馈出现时，持掌握目标的个体会倾向于坚持并增加努力行为，调整策略使用。

在职场领域，工作绩效受到目标取向和工作经验的双重影响，工作经验与绩效的关系也会因目标取向的不同而发生变化（金杨华，2005：136～141）。实验研究也发现，努力程度是目标设置与工作成绩关系间的调节变量（季浏等，1998：140～150）。这说明，目标和勤奋之间存在交互作用。

综上所述，本研究提出勤奋影响学业成就的有调节的中介模型，用以解释农村留守儿童勤奋的教育功能及其心理机制。

### 三　实证研究

在理论分析的基础上，采用调查数据探究勤奋与学业成就的关系，验证学习策略的中介作用和成就目标的调节作用。

#### （一）研究对象

研究对象为福建省某重点扶贫县农村初中在校生，有效问卷为531份。具体抽样方法及人口统计学分布信息见本书第三章第四节相应部分文字说明及表3－10。

#### （二）研究工具

这里涉及四个变量，具体测量方法如下。

勤奋：采用课题组修订的农村学生勤奋问卷，包括动机、坚持、专注、责任、自制五个维度，共25题项，采用五点计分，"1 = 完全不符合""5 = 完全符合"，各项目总分为问卷总分，分数越高，表示勤奋水平越高，具有良好的信度和效度。

学习策略：采用 Somuncuoglu 等人编制、蒋京川修订的学习策略问卷，包括浅表策略、深加工策略和元认知策略三个分量表，共 17 题，采用五点计分，"1 = 完全不符合""5 = 完全符合"，得分越高表明学习策略的使用能力越强。

成就目标取向：采用由刘惠军和郭德俊以 Elliot（1999）提出的四分成就目标取向框架为基础编制而成，包括掌握趋近目标、掌握回避目标、成绩趋近目标和成绩回避目标四个分量表，共 29 题，采用五点计分，"完全不符合"记 1 分，"完全符合"记 5 分，总量表的 α 系数为 0.87，四个分量表的 α 系数分别是 0.84、0.77、0.83、0.70，分半信度为 0.88，各分量表得分越高代表此种成就目标类型越强（刘惠军、郭德俊，2003：64~68）。该问卷在中学生群体中信效度良好（刘惠军等，2006：254~261）。

学业成就：使用学生期中考试的语文、数学、英语单科成绩的合成成绩。具体合成方法是：将上述三科成绩转化为标准分进行主成分分析，根据下列公式计算得到合成分数：学业成就 =（$\beta1 \times Z$ 语文 + $\beta2 \times Z$ 数学 + $\beta3 \times Z$ 英语）/$\varepsilon f$。其中，$\beta1$、$\beta2$、$\beta3$ 为因子负荷，$\varepsilon f$ 为第一个因子的特征根（任春荣，2010：77~82）。合成分数越高，表示学业成就越高。

### （三）分析策略

首先，对各变量进行相关分析。在此基础上，使用 Hayes（2013）开发的 PROCESS 程序对勤奋与学业成就关系的有调节的中介模型进行检验，并采用偏差校正的百分位 Bootstrap 法检验（本研究共构造 5000 个样本，每个样本容量均为 531 人）这一模型的显著性。

为了克服自我报告的方法收集数据可能导致的共同方法偏差效应，根据相关建议对收集的数据使用 Harman 单因子检验法进行共同方法偏差检验（周浩、龙立荣，2004：942~950）。结果表明，特征值大于 1 的因子共有 14 个，多于所有变量的总因子数，且第一个因子解释变异量为

23.49%,小于40%的临界标准(Ashford & Tsui,1991:251 - 280),说明共同方法偏差不明显。

### (四)分析结果

第一步:将性别、年级、留守类型均虚拟化处理后进行简单相关分析。结果发现:性别与勤奋、学习策略各维度、掌握趋近目标、掌握回避目标、学业成就均呈显著正相关;年级、留守类型与所有变量均无显著相关。因此,以下部分将不再单独针对留守儿童进行分析。

相关结果表明,各变量间相关模式与预期假设相符合:勤奋与学习策略各维度呈显著正相关($r = 0.58 \sim 0.67$)与成绩回避目标呈显著负相关,与其他成就目标取向显著正相关($r = 0.24 \sim 0.74$);勤奋及其各维度与学业成就呈显著正相关($r = 0.15 \sim 0.45$);学习策略各维度与掌握趋近目标、掌握回避目标、成绩趋近目标呈显著正相关($r = 0.28 \sim 0.70$);学习策略各维度与学业成就呈显著正相关($r = 0.20 \sim 0.39$);成绩回避目标与学业成就呈显著负相关,掌握趋近目标、掌握回避目标、成绩趋近目标与学业成就呈显著正相关,相关性在$0.19 \sim 0.40$。

第二步:为了考察勤奋及各维度对学业成就的预测作用,将性别的虚拟变量作为控制变量,进行回归分析。结果显示:勤奋及其各维度均正向预测学业成就。其中,勤奋总分对学业成绩的整体预测率为23.4%。各维度对学业成绩的预测率大小依次为:动机、责任、坚持、专注和自制,解释率在$10.3\% \sim 20.6\%$(见表3 - 17)。

学业成就对勤奋及其各维度的回归分析见表3 - 18。

由此,勤奋与学业成就关系的路径如图3 - 6所示。

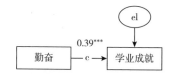

**图3 - 6 勤奋对学业成就影响的直接效应路径**

说明:＊＊＊为$p < 0.001$。

表 3 – 17 各变量的平均数、标准差及相关矩阵 （M ± SD）

| | M | SD | 1 | 2 | 3 | 4 | 5 | 6 | 7 | 8 | 9 | 10 | 11 | 12 | 13 | 14 | 15 | 16 | 17 |
|---|---|---|---|---|---|---|---|---|---|---|---|---|---|---|---|---|---|---|---|
| 1 | 0.51 | 0.50 | 1 | | | | | | | | | | | | | | | | |
| 2 | 3.76 | 4.55 | -0.02 | 1 | | | | | | | | | | | | | | | |
| 3 | 0.36 | 0.48 | 0.02 | 0.04 | 1 | | | | | | | | | | | | | | |
| 4 | 80.61 | 14.12 | 0.25** | -0.02 | 0.01 | 1 | | | | | | | | | | | | | |
| 5 | 25.39 | 5.26 | 0.29** | -0.03 | 0.02 | 0.83** | 1 | | | | | | | | | | | | |
| 6 | 12.59 | 3.39 | 0.13** | -0.06 | -0.02 | 0.81** | 0.58** | 1 | | | | | | | | | | | |
| 7 | 12.05 | 3.45 | 0.20** | -0.02 | -0.02 | 0.74** | 0.48** | 0.54** | 1 | | | | | | | | | | |
| 8 | 17.41 | 4.03 | 0.15** | 0.05 | 0.07 | 0.68** | 0.46** | 0.45** | 0.43** | 1 | | | | | | | | | |
| 9 | 13.17 | 3.26 | 0.08 | -0.02 | -0.05 | 0.53** | 0.30** | 0.42** | 0.27** | 0.18 | 1 | | | | | | | | |
| 10 | 23.81 | 5.42 | 0.28** | 0.01 | 0.01 | 0.67** | 0.59** | 0.54** | 0.53** | 0.55** | 0.15 | 1 | | | | | | | |
| 11 | 14.55 | 4.00 | 0.19** | 0.05 | 0.03 | 0.58** | 0.41** | 0.50** | 0.58** | 0.41** | 0.19** | 0.69** | 1 | | | | | | |
| 12 | 15.85 | 3.90 | 0.16** | -0.02 | 0.02 | 0.67** | 0.51** | 0.60** | 0.58** | 0.47** | 0.25** | 0.74** | 0.66** | 1 | | | | | |
| 13 | 28.95 | 6.67 | 0.19** | -0.12 | 0.01 | 0.74** | 0.55** | 0.69** | 0.64** | 0.51** | 0.30** | 0.70** | 0.64** | 0.67** | 1 | | | | |
| 14 | 17.62 | 4.38 | 0.20** | 0.01 | 0.02 | 0.37** | 0.37** | 0.27** | 0.27** | 0.37** | -0.02 | 0.49** | 0.29** | 0.40** | 0.46** | 1 | | | |
| 15 | 27.12 | 6.61 | -0.03 | -0.01 | 0.04 | 0.24** | 0.17** | 0.22** | 0.28** | 0.30** | -0.12** | 0.37** | 0.28** | 0.31** | 0.39** | 0.36** | 1 | | |
| 16 | 14.99 | 5.53 | -0.01 | -0.01 | -0.01* | -0.21** | -0.07 | -0.22** | -0.08 | -0.09* | -0.38** | -0.05 | -0.01 | -0.09* | -0.16** | 0.22** | 0.30** | 1 | |
| 17 | 0.00 | 1.00 | 0.30** | 0.00 | 0.05 | 0.45** | 0.42** | 0.30** | 0.26** | 0.42** | 0.15** | 0.45** | 0.20** | 0.39** | 0.40** | 0.36** | 0.19** | -0.18** | 1 |

注: 表中 1 代表性别、2 代表年级、3 代表留守类型、4 代表勤奋、5 代表努力、6 代表坚持、7 代表专注、8 代表责任、9 代表自制、10 代表浅层策略、11 代表深加工策略、12 代表元认知策略、13 代表掌握趋近目标、14 代表掌握回避目标、15 代表成绩趋近目标、16 代表成绩回避目标、17 代表学业成就。n = 531。相关系数采用 Bootstrap 方法得到。性别为虚拟变量（女生 = 0, 男生 = 1）。年级为虚拟编码（七年级 = 00, 八年级 = 10, 九年级 = 01）；留守类型为虚拟编码（留守 = 0, 非留守 = 1）。*** 为 p < 0.01, ** 为 p < 0.05。

表 3 - 18　学业成就对勤奋及其各维度的回归分析

| 预测变量 | $B$ | $SE$ | $F$ | $R^2$ |
|---|---|---|---|---|
| 勤奋总分 | 0.396 | 0.040 | 81.75*** | 0.234 |
| 动　　机 | 0.361 | 0.040 | 69.63*** | 0.206 |
| 坚　　持 | 0.266 | 0.040 | 49.69*** | 0.155 |
| 专　　注 | 0.209 | 0.041 | 39.79*** | 0.128 |
| 责　　任 | 0.381 | 0.038 | 79.47*** | 0.228 |
| 自　　制 | 0.131 | 0.041 | 31.28*** | 0.103 |

注：***为 $p < 0.001$。

第三步：检验学习策略在勤奋与学业成就中的中介效应。鉴于勤奋与学习策略各维度、学业成就之间的关系符合进行中介效应检验的要求，这里采用偏差校正的百分位 Bootstrap 法，抽取 5000 个样本估计中介效应的 95% 置信区间，在控制性别的条件下，对学习策略各维度在勤奋与学业成就关系中的中介效应量及置信区间进行估计。

首先，分析浅表策略的中介效应。结果表明：勤奋对学业成就（$B = 0.39$，$p < 0.001$）和浅表策略（$B = 0.64$，$p < 0.00$）具有显著正向预测作用，将勤奋与浅表策略一起放入回归方程后，勤奋（$B = 0.24$，$p < 0.001$）对学业成就的正向预测作用降低（见表 3 - 19、图 3 - 7）。

表 3 - 19　浅表策略中介效应中的回归分析

| 回归方程 | | 整体拟合指标 | | | 回归系数显著性 | |
|---|---|---|---|---|---|---|
| 结果变量 | 预测变量 | $R$ | $R^2$ | $F$ | $B$ | $t$ |
| 学业成就 | 性　　别 | 0.49 | 0.24 | 81.75*** | 0.40 | 5.10*** |
| | 勤　　奋 | | | | 0.39 | 10.10*** |
| 浅表策略 | 性　　别 | 0.68 | 0.46 | 224.01*** | 0.25 | 3.75*** |
| | 勤　　奋 | | | | 0.64 | 19.26*** |
| 学业成就 | 性　　别 | 0.52 | 0.27 | 64.17*** | 0.34 | 4.37*** |
| | 浅层策略 | | | | 0.24 | 4.73*** |
| | 勤　　奋 | | | | 0.24 | 4.86*** |

注：***为 $p < 0.001$。模型中各变量均经过标准化处理之后带入回归方程。

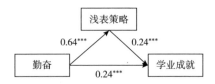

**图 3 - 7　浅层策略在勤奋与学业成就影响中的中介效应的路径**

说明：＊＊＊为 $p < 0.001$。

其次，分析深加工策略的中介效应。结果表明：勤奋正向显著预测深加工策略（$B = 0.56$，$p < 0.001$）；当将勤奋与深加工策略一起放入回归方程后，勤奋对学业成就具有正向预测作用（$B = 0.45$，$p < 0.001$），而深加工策略对学业成就具有负向预测作用（$B = -0.10$，$p < 0.05$）（见表 3 - 20、图 3 - 8）。

**表 3 - 20　深加工策略中介效应中的回归分析**

| 回归方程 | | 整体拟合指标 | | | 回归系数显著性 | |
|---|---|---|---|---|---|---|
| 结果变量 | 预测变量 | $R$ | $R^2$ | $F$ | $B$ | $t$ |
| 学业成就 | 性　别 | 0.49 | 0.24 | 81.75＊＊＊ | 0.40 | 5.10＊＊＊ |
| | 勤　奋 | | | | 0.39 | 10.10＊＊＊ |
| 深加工策略 | 性　别 | 0.58 | 0.33 | 131.98＊＊＊ | 0.10 | 1.33 |
| | 勤　奋 | | | | 0.56 | 15.36＊＊＊ |
| 学业成就 | 性　别 | 0.49 | 0.24 | 56.50＊＊＊ | 0.41 | 5.24＊＊＊ |
| | 深层策略 | | | | -0.10 | -2.20＊ |
| | 勤　奋 | | | | 0.45 | 9.65＊＊＊ |

注：＊为 $p < 0.05$，＊＊＊为 $p < 0.001$。

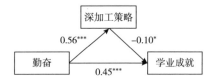

**图 3 - 8　深加工策略在勤奋与学业成就影响中的中介效应的路径**

说明：＊为 $p < 0.05$，＊＊＊为 $p < 0.001$。

最后，分析元认知策略的中介效应（结果见表 3 - 21、图 3 - 9）。勤奋正向预测元认知策略（$B = 0.67$，$p < 0.001$），将勤奋与元认知策略一起放入回归方程后，勤奋对学业成就的正向预测作用（$B = 0.29$，$p < 0.001$）降低。

表 3 - 21　元认知策略中介效应中的回归分析

| 回归方程 | | 整体拟合指标 | | | 回归系数显著性 | |
|---|---|---|---|---|---|---|
| 结果变量 | 预测变量 | $R$ | $R^2$ | $F$ | $B$ | $t$ |
| 学业成就 | 性　　别 | 0.49 | 0.24 | 81.75*** | 0.40 | 5.10*** |
| | 勤　　奋 | | | | 0.39 | 10.10*** |
| 元认知策略 | 性　　别 | 0.67 | 0.45 | 212.62*** | -0.01 | -0.08 |
| | 勤　　奋 | | | | 0.67 | 20.00*** |
| 学业成就 | 性　　别 | 0.50 | 0.25 | 58.78*** | 0.40 | 5.16*** |
| | 浅层策略 | | | | 0.16 | 3.17** |
| | 勤　　奋 | | | | 0.29 | 5.60*** |

注：** 为 $p<0.01$，*** 为 $p<0.001$。模型中各变量均经过标准化处理之后带入回归方程。

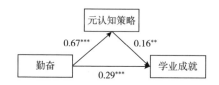

图 3 - 9　元认知策略在勤奋与学业成就影响中的中介效应的路径

说明：** 为 $p<0.01$，*** 为 $p<0.001$。

　　为了考察中介效应量的大小，进一步对学习策略的中介效应量及置信区间进行分析。结果表明：浅表策略、深加工策略、元认知策略在勤奋对学业成就的间接影响效应值分别为 0.15、-0.06、0.11，Bootstrap 95% 置信区间都不包括 0，表明学习策略的中介效应显著，且相对中介效应占总效应的比值分别为 38.49%、12.64%、37.14%（见表 3 - 22）。

表 3 - 22　学习策略各维度在勤奋与学业成就关系中的中介效应

| 中介变量 | | 间接效应值 | Boot 标准误 | 95% CI | 相对中介效应（%） |
|---|---|---|---|---|---|
| 学习策略 | 浅表策略 | 0.15 | 0.03 | [0.08, 0.22] | 38.49 |
| | 深加工策略 | -0.06 | 0.03 | [-0.11, -0.01] | 12.64 |
| | 元认知策略 | 0.11 | 0.04 | [0.03, 0.18] | 37.14 |

注：Boot 标准误、95%CI 分别指通过偏差矫正的百分位 Bootstrap 法估计间接效应的标准误差、95% 置信区间；所有数值都是四舍五入后保留小数点后两位。

　　第四步：检验勤奋影响学业成就的有调节的中介模型。根据 Hayes

(2013)、Muller 等人（2005）、温忠麟和叶宝娟（2014）的观点，检验有调节的中介模型需要对三个回归方程的参数进行估计。

方程 1 估计成就目标取向对勤奋与学业成就之间关系的调节效应；方程 2 估计成就目标取向对勤奋与学习策略之间关系的调节效应；方程 3 估计成就目标取向对学习策略与学业成就之间关系的调节效应以及勤奋对学业成就残余效应的调节效应。

遵循学者的建议（Dearing & Hamilton, 2006：88 – 104；陈武等，2015：611 ~ 623），对每个方程中的预测变量都进行了标准化处理，并对性别变量进行了控制。所有预测变量方差膨胀因子（Variance Inflation Factor, VIF）均不高于 3.22，因此不存在多重共线性问题。

判断有调节的中介效应存在，需要模型估计满足以下两个条件（鲍振宙等，2013：61 ~ 70；Muller, Judd & Yzerbyt, 2005：852）。

（a）方程 1 中，勤奋的总效应显著，该效应的大小不取决于成就目标取向。

（b）方程 2 和方程 3 中，勤奋对学习策略的效应显著，学习策略与成就目标取向对学业成就的交互效应显著，和/或勤奋与成就目标取向对学习策略的交互效应显著，学习策略对学业成就的效应显著。

按照上述条件依次进行系列有调节的中介效应分析。由于篇幅限制，这里仅呈现主要分析结果。

掌握回避目标的调节作用分析结果如表 3 – 23 所示。方程 1 整体上显著，$F_{(4,526)} = 48.87$，$p < 0.001$，$R^2 = 0.27$。其中，勤奋和掌握回避目标均正向预测学业成就，二者的交互项预测作用不显著，表明掌握回避目标不具有直接的调节效应。

表 3 – 23　勤奋、掌握回避目标预测学业成就的回归分析

| 预测变量 | $B$ | $SE$ | $p$ | 95% CI |
|---|---|---|---|---|
| 性别 | 0.36 | 0.08 | < 0.001 | [0.21, 0.51] |
| 勤奋 | 0.32 | 0.04 | < 0.001 | [0.24, 0.41] |
| 掌握回避目标 | 0.20 | 0.04 | < 0.001 | [0.12, 0.28] |
| 勤奋 × 掌握回避目标 | − 0.02 | 0.03 | 0.504 | [− 0.09, 0.04] |

方程 2 整体上显著(见表 3 – 24),$F_{(4,526)} = 146.37$,$p < 0.001$,$R^2 = 0.53$。其中,勤奋和掌握回避目标均正向预测浅表策略,二者交互项对浅表策略的预测作用也显著,说明掌握回避目标对前半段的调节效应成立。

表 3 – 24  勤奋、掌握回避目标预测浅表策略的回归分析

| 预测变量 | B | SE | p | 95% CI |
|---|---|---|---|---|
| 性别 | 0.20 | 0.06 | 0.001 | [ – 0.12, – 0.02] |
| 勤奋 | 0.52 | 0.03 | < 0.001 | [0.45, 0.59] |
| 掌握回避目标 | 0.27 | 0.03 | < 0.001 | [0.20, 0.33] |
| 勤奋 × 掌握回避目标 | – 0.07 | 0.03 | 0.011 < 0.05 | [ – 0.12, – 0.02] |

为了更清楚地揭示该交互效应的实质,我们计算出掌握回避目标为平均数正负一个标准差时,勤奋对浅表策略的效应值(即简单斜率检验),并根据回归方程分别取勤奋和掌握回避目标平均数正负一个标准差的值绘制了简单效应分析图,见图 3 – 10。

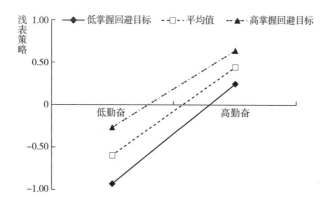

图 3 – 10  掌握回避目标对勤奋与浅层策略之间关系的调节作用

结果可见:当掌握回避目标水平较低时,勤奋对浅表策略的正向预测作用显著($B$simple $= 0.60$,$SE = 0.04$,$p < 0.001$);当掌握回避目标水平较高时,勤奋对学习策略的正向预测作用减弱($B$simple $= 0.48$,$SE = 0.05$,$p < 0.001$;$B$simple $= 0.60$ 减弱为 $B$simple $= 0.48$)。

因此，该交互模式符合"保护因子－保护因子模型"的排除假说而非促进假说，即勤奋对学习策略的影响随着掌握回避目标增加而降低，勤奋通过浅表策略对学业成就的间接影响随着掌握回避目标增加而减弱。简言之，越是持掌握回避目标的勤奋者，越不可能采用浅表学习策略。

方程 3 整体上显著（见表 3 - 25），$F_{(6,524)} = 35.21$，$p < 0.001$，$R^2 = 0.29$。其中，浅表策略对学业成就有显著影响，但交互作用不显著，说明掌握回避目标对后半段不存在调节效应。

表 3 - 25　勤奋、掌握回避目标、浅表策略预测学业成就的回归分析

| 预测变量 | B | SE | p | 95% CI |
|---|---|---|---|---|
| 性别 | 0.32 | 0.08 | < 0.001 | [0.17, 0.48] |
| 勤奋 | 0.23 | 0.05 | < 0.001 | [0.13, 0.33] |
| 掌握回避目标 | 0.15 | 0.04 | < 0.001 | [0.06, 0.23] |
| 勤奋×掌握回避目标 | -0.05 | 0.05 | 0.267 | [-0.14, 0.04] |
| 浅表策略 | 0.18 | 0.05 | < 0.001 | [0.08, 0.29] |
| 学习策略×掌握回避目标 | 0.06 | 0.05 | 0.211 | [-0.03, 0.15] |

采用同样的方法检验了掌握趋近目标的调节作用。如表 3 - 26 所示，方程 1 整体上显著，$F_{(4,526)} = 43.56$，$p < 0.001$，$R^2 = 0.25$。其中，勤奋和掌握趋近目标均正向预测学业成就，交互项对学业成就的预测作用不显著，说明不存在直接调节作用。

方程 2 整体上显著（见表 3 - 27），$F_{(4,526)} = 143.75$，$p < 0.001$，$R^2 = 0.52$。其中，勤奋正向预测元认知策略，掌握趋近目标正向预测元认知策略，二者的调节项对元认知策略的预测作用也显著。

表 3 - 26　勤奋、掌握趋近目标预测学业成就的回归分析

| 预测变量 | B | SE | p | 95% CI |
|---|---|---|---|---|
| 性别 | 0.40 | 0.08 | < 0.001 | [0.24, 0.55] |
| 勤奋 | 0.29 | 0.06 | < 0.001 | [0.17, 0.40] |
| 掌握趋近目标 | 0.16 | 0.06 | < 0.01 | [0.05, 0.27] |
| 勤奋×掌握趋近目标 | 0.03 | 0.03 | 0.312 | [-0.03, 0.09] |

表 3 – 27　勤奋、掌握趋近目标预测元认知策略的回归分析

| 预测变量 | B | SE | p | 95% CI |
|---|---|---|---|---|
| 性别 | − 0.01 | 0.06 | 0.827 | [ − 0.14, 0.11] |
| 勤奋 | 0.39 | 0.05 | < 0.001 | [0.30, 0.48] |
| 掌握趋近目标 | 0.40 | 0.04 | < 0.001 | [0.31, 0.48] |
| 勤奋 × 掌握趋近目标 | 0.06 | 0.03 | 0.009 < 0.01 | [0.02, 0.11] |

　　为了更清楚地揭示该交互效应的实质，计算出掌握趋近目标为平均数正负一个标准差时，勤奋对元认知策略的效应值（即简单斜率检验），并根据回归方程分别取勤奋和掌握趋近目标平均数正负一个标准差的值绘制了简单效应分析图（见图 3 – 11）。

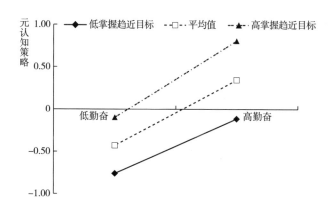

图 3 – 11　掌握趋近目标对勤奋与元认知策略之间关系的调节作用

　　结果表明：当掌握趋近目标水平较低时，勤奋对元认知策略的正向预测作用显著（$B$simple = 0.32, $SE$ = 0.05, $p$ < 0.001）；当掌握趋近目标水平较高时，勤奋对元认知策略的正向预测作用增强（$B$simple = 0.45, $SE$ = 0.05, $p$ < 0.001；$B$simple = 0.32 增强为 $B$simple = 0.45）。

　　因此，该交互模式符合"保护因子 – 保护因子模型"的促进假说，即勤奋对元认知策略的影响，随着掌握趋近目标增加而增强，勤奋通过元认知策略对学业成就的间接影响随着掌握回避目标增加而增强。换言之，越是掌握趋近目标的勤奋者，越有可能采用元认知策略进行学习。

方程 3 整体上显著（见表 3 – 28），$F_{(6,524)} = 30.42$，$p < 0.001$，$R^2 = 0.26$。其中，元认知策略对学业成就有显著影响，但与掌握趋近目标的交互作用不显著。

表 3 – 28　勤奋、掌握趋近目标、元认知策略预测学业成就的回归分析

| 预测变量 | $B$ | $SE$ | $p$ | 95% CI |
|---|---|---|---|---|
| 性别 | 0.40 | 0.08 | < 0.001 | [0.24, 0.55] |
| 勤奋 | 0.23 | 0.06 | < 0.001 | [0.11, 0.35] |
| 掌握趋近目标 | 0.11 | 0.06 | 0.073 | [-0.01, 0.23] |
| 勤奋 × 掌握趋近目标 | -0.02 | 0.05 | 0.616 | [-0.12, 0.07] |
| 元认知策略 | 0.13 | 0.05 | 0.017 < 0.05 | [0.02, 0.24] |
| 学习策略 × 掌握趋近目标 | 0.06 | 0.05 | 0.197 | [-0.03, 0.16] |

另外，由于本研究发现初中生学业成就存在显著的性别差异（尽管变量均值的亚群体差异并不必然意味着变量之间的关系也存在亚群体差异），因此对这种可能性进行了检验（陈武等，2015：611 ~ 623）。用 PROCESS 程序中对性别与所有变量的交互项进行检验，发现交互作用都不显著。因此，总体而言，本研究所建构的有调节的中介模型在不同性别亚群体中表现出更多的相似性而不是差异性。

## 四　简要小结

本研究结果显示：勤奋与学业成就的关系存在有调节的中介模型，其中学习策略是中介变量，成就目标取向对此中介效应发挥调节作用。具体而言，掌握回避目标调节了勤奋通过浅层策略对学业成就的影响，高掌握回避目标的勤奋者，倾向于采用浅层策略提高学业成就；掌握趋近目标对元认知策略在勤奋影响学业成就的中介效应中起调节作用，高掌握趋近目标的勤奋者倾向于使用元认知策略提高学业成就。

综合而言，成就目标取向在学习策略对勤奋与学业成就关系的中介效应中起调节作用，具体的调节点在中介链条的前半段（勤奋到学习策略），即不同成就目标的勤奋者会选择与之相适应的学习策略从而取得更好的学

业成就，包括两条路径。

第一，掌握回避目标的勤奋者倾向于选择浅层策略以取得更好的学业成就，掌握回避目标会抑制勤奋对浅层策略的促进作用，与掌握回避目标较低时相比，掌握回避目标较高时，勤奋对浅层策略的偏好会减弱。在这种情况下，勤奋水平相对较高者，其浅层策略仍有显著增加。

第二，掌握趋近目标的勤奋者会倾向于选择元认知策略以取得更好的学业成就，高水平掌握趋近目标会增强勤奋对元认知策略的促进作用。在相同勤奋水平下，高掌握趋近目标个体会使用更多的元认知策略，更有利于提高学业成绩。

总之，本研究发现的关于勤奋影响学业成就的有调节的中介模型表明，不同成就目标的勤奋者会选择与之相适应的学习策略从而取得更好的学业成就，初步揭示了农村初中生勤奋与学业成就之间的作用机制，不仅初步阐释了勤奋如何影响学业成就，还阐明了产生作用的条件。在核心变量上留守儿童与非留守儿童均无显著差异，说明这一结果对于理解和开展留守儿童的勤奋教育也具有实践意义。

## 第五节　教育建议

勤奋作为中华民族的传统美德和积极心理品质，对学生取得学业成功有重要作用。已有研究发现，无论是优等生还是后进学生，只要养成了勤奋品质，其学业成绩都会得到提高（雷浩等，2011：42～44）。由于农村地区尤其是偏远山区教育资源紧缺，学生取得良好的学业成就必须付出更多的努力，但如何让自身的努力更有质量尤为重要。农村留守初中生作为特殊的群体，更有必要对其开展勤奋教育。然而，在日常教学实践中也发现，并不是所有勤奋的学生都可以取得良好的学业成绩。根据实证研究结果，对勤奋教育提出如下建议。

## 一　科学理解勤奋的含义，做聪明的勤奋者

受功利主义思想影响，在部分学校，学业勤奋已成为被污名化的词。勤奋有很多种类型。从稳定性上看，可以分为服务于短期目标的状态勤奋和相对持久的、稳定的特质勤奋。从勤奋的结果看，可以分为有效勤奋和无效勤奋。前者的目标清晰、有策略和弹性，富有成效；后者无序、慌乱而倦怠。从勤奋发挥作用的方式看，将勤奋与能力相结合，可形成高勤奋 - 高能力、高勤奋 - 低能力、低勤奋 - 高能力，以及低勤奋 - 低能力四种类型。因此，家长和教师需要全面理解学生的学习行为，引导儿童成为科学的勤奋者。

## 二　从勤奋的内在结构着手，有针对性地培养勤奋品质

本研究提醒我们，真正的勤奋包括动机、坚持、专注、责任及自制力五个方面。勤奋品质的培养可以据此进行课程设计与干预，主题包括动机（目标设定、持久性）、责任（参与行为、同辈压力）、专注（记忆技巧、应对考试的能力、兴趣稳定性）、自制力（压力管理）等。虽然农村初中生的勤奋处于中等偏上水平，但专注与同化水平很低。据此，可优先考虑以专注和同化要素为主题进行课程设计并教学。

## 三　营造有利于促进勤奋的良好环境

如前文所述，影响学生勤奋的因素是多样化的。除了培养学生内在的学业效能感、合理的成败归因外，还需多方合作，以学生、家庭、学校、社区四方为平台，建立学生为主、学校重视、家长参与、社区辅助的勤奋品质培养协调管理机制。比如，加强入学准备教育，帮助学生对即将开始的学习任务、要求和目标有清晰而充分的认识；加强学生学习能力的培养，如执行控制、学习策略、学业复原力、学业情绪控制等；增进课程、班级和学校层面的改革，建立课外辅导学习、在线自主学习、学习工具包等（Fekih，2017：114）。

## 四　提高勤奋教育的针对性和实效性

本研究发现，勤奋品质对学业成就的影响路径是多样化的，不同成就目标的勤奋者会选择与之相适应的学习策略从而取得更好的学业成就，相同勤奋水平的学生会因成就目标取向水平高低、学习策略使用的类型而取得不同的学业成就。在教学实践中，当面临同样勤奋但学业成绩不同的学生时，需全面分析学生的情况"对症下药"，精准地帮助学生取得学业进步。可以借助心理测量工具，了解学生勤奋的具体类型、偏好的学习策略，根据学习内容设定恰当的成就目标，从而提高勤奋的学习成效。

"功并非一日所成"。勤奋作为一种相对稳定且可塑的积极心理品质，也非一朝一夕而成，勤奋的培养是一个循序渐进的过程。

# 第四章
# 共情：追求人际和谐的内在能力

> 具备共情的人比较能够适应一些微妙的社会性信号，而这些
> 信号其实就是代表了他人的意图和需要。
>
> ——丹尼尔·高曼

## ◦◦ 本章导读 ◦◦

共情（empathy）是个体理解和分享他人感受并对他人的处境做出适当反应的能力。共情不仅是个体适应社会的重要心理能力，也被视为人际和谐的黏合剂，对人类个体自身及其社会生活都有重要影响。高共情的个体通常在人际互动中有更多的亲社会行为，更少的攻击行为或退缩行为，表现出更好的社会适应性；共情损伤则会对个体的社会交往产生负面影响。比如，孤独症个体有明显的共情损伤，他们在理解他人情绪上有困难，对他人不利处境的反应性降低。情感共情损伤也被确认为以持续进展的人格和社会行为损害为主要特征的行为变异型额颞叶痴呆（behavioural variant frontotemporal dementia，bvFTD）的五项诊断标准之一（Carr & Mendez, 2018: 1 - 8）。

共情作为人类和动物都有的一种特殊情感，与合作行为密切相关，然而也是容易被忽视的一个方面。2005 年 Pennisi 教授为 *Science* 杂志撰写

《合作行为是如何进化的》这一世纪科学问题时评论道，科学家解决这个问题的模型并不完美，"至少没有充分考虑到，比如情感，对合作行为的作用"（Pennisi，2005：93）。很显然，共情能力是搭建合作行为的基础，也是构建人类命运共同体的情感基础。这也是在发展、演化和神经科学甚至国际关系学等众多领域中，共情仍然是一个非常热门的研究主题的原因之一。

共情的早期发展与家庭密切相关。心理学的依恋理论、社会学习理论及大量实证研究揭示了父母养育的重要性。令人担忧的是，早期高质量家庭养育经验的缺乏正是农村留守儿童积极发展所面临的重大挑战，已得到政府、社会和学界的高度重视。然而，截至目前国内还没有关于农村留守儿童共情能力发展与干预的研究成果发表。2018 年 7 月，国家社会基金重大招标项目首次将"留守儿童共情能力的评估与完善研究"列入其中，这从一个侧面反映了此项研究的前瞻性。

作为国内较早开展的探索性研究，本部分在对共情内涵和测量工具进行梳理的基础上，侧重对留守儿童共情发展的特点、共情能力与心理社会适应的关系以及训练干预进行探讨，得出了若干比较有趣且令人深思的结论。

# 第一节　共情的内涵

"共情"（也称为"同理心"）一词最早出现在哲学和美学领域。在德语中，"Einfuhlung"指的是个体将自己的切身感受投射到他物及他人的一种现象，由德国哲学家费肖尔首次使用。在心理学中，铁钦纳首创并运用了"empathy"一词，认为共情是一个使客体人性化的过程，通过想象感觉体验，个体能够使心灵活动进入客体的情境中，感知到客体的情感体验。

具体而言，目前学术界对共情比较一致的理解是将共情区分为"认知共情"和"情感共情"两部分。其中认知共情主要用于表达"从认知上采纳另一个人的观点，进入另一个角色"；情感共情用于表达"以同一种感情对另一个人做出反应"。然而，在共情更具体的内涵方面还略有分歧。比如 Davis 在其编制的《多维共情量表人际反应指数（IRI）》中，将共情分为四个维度，其中包括隶属于认知共情的"观点采择"维度和情感共情的"共情关注"维度。Feshbach 认为共情包括两种认知成分和一种情感成分，认知成分是感知、辨别和命名他人情感状态的能力，以及观点/角色采择的能力，情感成分是指情感反应能力。Decety 和 Jackson（2006：54 - 58）则认为共情是在不混淆自己与他人情感体验的基础上，理解并体验他人情感和感受的一种能力，具体分为一种认知共情（观点采择）和两种情感共情（情绪共享、情绪调节）。

在普遍意义上，情感共情主要指个体体察到他人的情境及情绪线索后，所产生的对他人情绪的一种替代性情绪反应，这种情绪反应与他人情绪相同或相似。从现代脑成像实验研究结果来看，他人的情绪可以激发个体自身与这种情绪或感觉相关的脑区活动，从而将他人的情感表征转化为自身的情感表征，使个体能够"感同身受"他人的情绪。

认知共情，是共情中的认知成分，主要指个体对他人情绪的意图、想法及其情绪状态的理解，对其内在情绪状态的认知觉察，明了其情绪产生的原因。共情能力的发展首先需要个体在认知上能够区分自我和他人的表征，并抑制自我中心化偏差（张慧、苏彦捷，2008：480 ~ 485）。其中，观点采择是认知共情的重要组成部分。

从进化心理学角度来看，最早和最基本的共情是人类的一种本能反应，并非建立在认知基础上。比如，刚出生几个小时的婴儿就会对其他婴儿的哭声感到不安或哭泣（Martin & Clark，1982：3 - 9）。因此，从个体发展角度看，认知共情的发展要晚于情感共情。基于"认知上区分自我和他人的表征"这一基本思想，霍夫曼提出了共情发展的阶段模型，将个体共情发展划分为物我不分的共情阶段（0 ~ 1 岁）、自我中心的共情阶段（1 ~ 2 岁）、认知的共情阶段（从两三岁开始）和超越直接情境的共情阶段（童年晚期以后）四个阶段。

# 第二节　共情的测量

共情的测量和评估方法有多种，大体可以分为生理指标测量、观察法、自我报告的问卷法等。

在行为实验研究中，常用的生理指标有皮肤导电率、血管收缩程度、脑部镜像神经元活跃程度、眼动活动等；在观察研究中，通常是训练有素的研究主试对儿童的面部表情或特定行为动作频率进行的行为观察记录。行为神经科学方法（Decety et al.，2017：3）主要有磁共振成像（MRI）、功能性核磁共振成像（fMRI）、面部肌电图（EMG）、脑电图（EEG）、事件相关电位（ERPs）等（Neumann et al.，2015：257 – 289）。

自我报告的问卷法是目前共情测量的最常用方法。早期，主要针对共情的认知成分，如 Hogan（1969：307）的共情量表（the Hogan Empathy Scale，HES）或情感成分，Mehrabian 和 Epstein（1972：525 – 543）的情感共情问卷（Questionnaire Measure of Emotional Empathy，QMEE）。随着共情概念的发展，目前的评估工具大体上包含认知和情感两大部分，只是在具体维度的划分上有所不同。粗略估计，也有几十种（Chlopan et al.，1985：635 –653）。下面对目前流行的主要测量工具及其优缺点进行梳理。

## 一　人际反应指数

Davis（1983）编制的人际反应指数（Interpersonal Reactivity Index，IRI），综合了认知和情感成分，包括观点采择、想象力、共情关注与个人痛苦四个维度，共 28 个项目分，采用五级评分，内部一致性系数为 0.71 ~ 0.77，重测信度为 0.62 ~ 0.71。尽管该量表被公认为共情测量中最经典的工具之一，但后来研究者对其进行的验证性分析，却未能重复四维度结构。比如，在中国高中生和大学生样本中，该量表仅获得了三因子结构，其中观点采择（认知成分）和共情关注（情感成分）两个维度合并成了一个"共情"因子。这表明,在中国文化背景下青少年共情的情感和认知成分可能无法分离（Siu & Shek,2005:118 - 126）。2018 年有研究者采用德国青少年大数据样本进行网络分析,发现采用 Spinglass 算法得到的结果与四因素基本吻合,而 Walktrap 算法则得到五个因子（Briganti et al.,2018:87 - 92）。这表明,该量表的结构效度还有待确认。

## 二 儿童和青少年共情指数

该量表由 Bryant（1982）针对不同情感内涵情境下的共情编制而成。儿童和青少年共情指数（Index of Empathy for Children and Adolescents,IECA）采用是非题型,共 22 个题项,测量认知和情感共情,其中包括 4 项女性偏好,4 项男性偏好和 14 项无性别偏好。其内部一致性系数 $\alpha$,在一年级学生样本中为 0.54,在七年级学生样本中为 0.79,$\alpha$ 值会随年龄增加而提高,两星期后的重测信度,一年级为 0.74,七年级为 0.86,成人版具有良好的聚合效度。

## 三 基本共情量表

Jollife 和 Farrington（2006）编制的基本共情量表（Basic Empathy Scale,BES）,共 20 个项目测量认知和情感共情。该量表基于 Cohen 和 Strayer 对共情的定义——共情是对他人情绪、情感状态或内容的识别、理解与共同体验——编制而成,采用五级评分,信效度较为可靠。该量表具有项目少、比较简洁、施测对象为儿童及青少年等多项优点,在法国、意大利等多国使用均表明具有较好的信效度。在中国大学生样本中显示,内部一致性信度系数为 0.72 ~ 0.78（李晨枫等,2011:163 ~ 166）。

# 第三节 共情的发展

共情能力的发展,受到多种因素的共同影响。目前的研究主要集中在不同性别、年龄和受教育程度等基本人口统计学变量方面。相对一致的结论如下。

（1）情绪共情和认知共情的发展并不是同步的。情绪共情是一种与生俱来的能力，从婴儿期直到成年期呈现下降趋势，到老年阶段有所上升，呈现 U 形发展轨迹；认知共情发展相对较晚，从出生直到成年期呈现上升趋势，在老年阶段逐渐下降，呈现倒 U 形的发展轨迹（见图 4 - 1）。

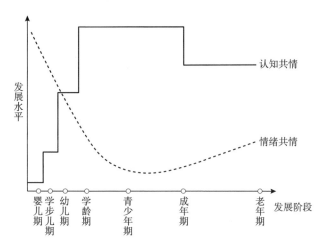

**图 4 - 1　认知共情和情感共情的不同发展轨迹**
资料来源：黄翯青、苏彦捷（2012）。

（2）青少年共情水平和性别有关，同龄女生高于男生（Allemand，Steiger & Fend，2015：229 - 241）。一项元分析表明，共情概念偏向情绪方面的问卷更容易出现性别差异（颜志强、苏彦捷，2018：129 ~ 136）。在学前阶段没有性别差异，随着儿童进入中小学阶段，共情的性别差异开始显现，表现出女性共情的优势。这种性别差异可能与个体自身的生理成熟和性别角色倾向有关（陈武英，2014：1423 ~ 1434）。

（3）儿童共情能力发展的影响因素是非常复杂的。共情的遗传 - 环境 - 内分泌 - 大脑理论框架（见图 4 - 2）对于深入理解共情能力发展相关因素的相互作用以及早期家庭养育与儿童共情发展的关系具有重要的启发意义（杨业等，2017：3729 ~ 3742）。比如，一项对 12 ~ 60 个月儿童的追踪研究发现，开放、情感性亲子沟通显著影响儿童的共情能力（Stone，2015）。一项长达 26 年的追踪研究发现，儿童 5 岁时的父母养育特征显著

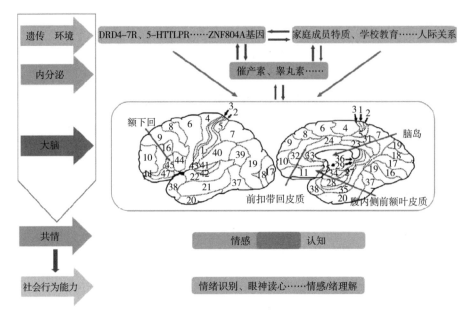

图 4 – 2　共情的遗传－环境－内分泌－大脑理论框架

预测 26 年后（31 岁）的共情能力。其中，最重要的养育特征是：父母参
与儿童照料、母亲对儿童独立行为的忍耐、母亲对儿童攻击行为的抑制、
母亲对自己角色的满意等（Koestner，Franz & Weinberger，1990：709 –
717）。针对高中生为期三年的短期研究也发现，父母支持与共情之间互为
因果关系，且存在父/母支持与子/女共情的领域特异性（Miklikowska，
Duriez & Soenens，2011：1342 – 1352）。

　　除此之外，在中国经济高速发展与城乡社会重大变迁的背景下，微观
家庭环境及宏观社会环境均对共情发展产生重要影响。比如，研究者采用
横断历史元分析发现，共情水平与国家经济发展水平呈现显著的正相关，
大学生的共情水平在 2009 ~ 2015 年呈逐年升高的趋势（颜志强、苏金龙、
苏彦捷，2018：578 ~ 585）。然而，截至目前还没有研究对城镇化进程中
农村留守儿童这个特殊群体进行研究。

　　本部分将对农村留守儿童共情发展的总体状况及个体差异进行探索性
研究，揭示影响留守儿童共情能力发展的相关因素。研究对象和研究工具
如下。

研究对象为福建省 3 所乡村小学（乡镇中心小学 2 所，村办小学 1 所）四至六年级学生。由经过训练的研究生担任主试进行班级团体施测，共发放问卷 528 份，回收问卷 524 份，回收率 99.24%。

在本研究中，将留守儿童界定为：因父母双方外出务工或一方外出务工而不能与父母双方共同生活的家庭结构完整且不满 18 周岁的未成年人。样本剔除标准为：家庭离异（26 份）；不认真作答（19 份），获得有效样本 479 份。另外，在本研究中由于母亲单独外出人数较少（20 人，占总回收样本的 4.18%），参照前人研究（赵景欣等，2016）予以删除，最终获得正式分析样本 459 份（见表 4 - 1），样本的年龄范围在 8 ~ 15 岁，平均年龄为 11.23 ± 1.19 岁。

表 4 - 1　正式分析样本的基本人口学变量情况

| 变　　量 | | 留守类型 | | $\chi^2$ | $p$ |
|---|---|---|---|---|---|
| | | 农村留守儿童 | 农村非留守儿童 | | |
| 学　　校 | 乡镇中心小学 | 186（40.9%） | 185（40.7%） | 0.048 | 0.826 |
| | 村办小学 | 41（9.0%） | 43（9.5%） | | |
| 年　　级 | 四年级 | 79（17.4%） | 75（16.5%） | 0.729 | 0.695 |
| | 五年级 | 74（16.3%） | 70（15.4%） | | |
| | 六年级 | 74（16.3%） | 83（18.3%） | | |
| 性　　别 | 男 | 133（29.2%） | 133（29.2%） | 0.003 | 0.956 |
| | 女 | 94（20.7%） | 95（20.9%） | | |
| 留守经历 | 有 | 123（37.6%） | 93（28.4%） | 69.821*** | 0.000 |
| | 没有 | 10（3.1%） | 101（30.9%） | | |

注：***为 $p < 0.001$。表中一些变量存在数据缺失，故与正文有出入。

将夏丹（2011）修订、Jollife 和 Farrington 编制的基本共情量表（Basic Empathy Scale，BES）作为测量工具。原版英文量表分为认知共情和情感共情两个维度，包括 20 个项目，采用五点评分，将量表各项目得分相加为项目总分，认知和情感分维度所含项目得分相加为各分维度分，分数越高表示共情能力越好。在中文修订版过程中，原修正者删除了四个项目（2，3，4，15）后，最终保留 16 个项目，其整体内部一致性系数为 0.77，认知共情为 0.72，情感共情为 0.73，四星期后的重测信度整体为 0.70，认知共情为 0.60，情感共情为 0.71，分半信度整体为 0.77，认知共情为 0.69，情感共情为 0.73。

在本研究中，总量表及其各维度的内部一致性系数见表 4-2。可见，该量表在农村小学生样本中的信度基本可以接受，但是在留守儿童群体中不太理想，在对结果解释时需谨慎。

表 4-2　不同类型留守儿童共情量表的信度检验（α 系数）

| 留守类型 | 共　情 | 认知共情 | 情感共情 |
|---|---|---|---|
| 留守儿童 | 0.58 | 0.54 | 0.43 |
| 非留守儿童 | 0.72 | 0.70 | 0.62 |
| 总　体 | 0.66 | 0.64 | 0.54 |

## 一　总体状况

不同留守类型（留守与非留守）儿童的共情问卷得分见表 4-3。由数据可知，小学中高年级不同留守类型儿童的共情项目总均分为 3.31，认知共情项目均分为 3.56，情感共情项目均分为 3.06。共情及其分维度得分的项目总均分均超过量表中值 3。这说明，在理论上，共情及其分维度得分均处于中等偏上水平。

表 4-3　不同留守类型儿童在各研究中的变量得分（$M \pm SD$）

|  | 总样本 | 农村留守儿童 | 农村非留守儿童 | $t$ | $p$ |
|---|---|---|---|---|---|
| 共情总分 | 52.93±8.32 | 52.76±7.56 | 53.05±9.02 | -0.38 | 0.707 |
| 认知共情 | 28.45±5.26 | 28.13±4.80 | 28.80±5.65 | -1.369 | 0.172 |
| 情感共情 | 24.47±5.20 | 24.63±4.73 | 24.25±5.63 | 0.78 | 0.437 |

采用独立样本 $t$ 检验，对农村留守与非留守儿童类型的共情能力、情感共情和认知共情的差异进行比较，结果均未发现显著差异。这似乎与以往研究和日常经验有所不符。结合实地调研和前期访谈，可能的解释有两个。一是整体上农村家庭的教育观念更加传统，对子女"跃农门"的期望

和"严师出高徒"观念根深蒂固，对子女更为严厉和苛刻，教养方式中的情感温暖与理解要显著低于城市父母，对子女的情感理解水平较低。有研究表明，父母情感温暖这一教养方式对于儿童情绪表达技能以及非言语情绪表达能力的发展具有促进作用（王明忠、周宗奎、陈武，2013：118～121）。农村家庭整体上因情感温暖教养方式水平较低，特别是母亲情感温暖方面留守与非留守儿童之间无显著差异（周春燕等，2014：893～896）。二是与调查样本特征有关。样本来自福建省某省级贫困县，该县以种植蜜柚为主产业。那些非留守儿童家庭主要在本地从事蜜柚产业，父母或外出卖蜜柚或田中劳作，与子女的沟通交流较少，与父母外出务工的留守儿童并无显著差异。这也说明，我国农村留守儿童群体发展水平具有地域文化特征。

## 二　性别效应

以留守类型与性别为分组变量，以共情总分为结果变量，进行 $2 \times 2$ 的方差分析（见表 4 - 4）。结果显示，性别主效应显著，$F_{(1, 455)} = 9.42$，$p = 0.002$，留守类型主效应及其与性别的交互作用均不显著，$F_{(1, 455)} = 0.24$，$p = 0.625$，$F_{(1, 455)} = 0.526$，$p = 0.469$。这说明，无论留守还是非留守儿童，小学女生共情得分均显著高于男生。

表 4 - 4　不同留守类型与性别的儿童的共情总分及其分维度得分（$M \pm SD$）

| 留守类型 | 性　别 | 共情总分 | 认知共情 | 情感共情 |
|---|---|---|---|---|
| 留 守 儿 童 | 男（$n = 133$） | $52.00 \pm 7.79$ | $27.87 \pm 4.84$ | $24.12 \pm 5.05$ |
| | 女（$n = 94$） | $53.84 \pm 7.14$ | $28.49 \pm 4.74$ | $25.35 \pm 4.16$ |
| 非留守儿童 | 男（$n = 133$） | $51.81 \pm 9.10$ | $28.46 \pm 5.78$ | $23.35 \pm 5.73$ |
| | 女（$n = 95$） | $54.79 \pm 8.65$ | $29.27 \pm 5.45$ | $25.52 \pm 5.26$ |

进一步以留守类型与性别为分组变量，分别以认知共情为结果变量，进行 $2 \times 2$ 的方差分析。结果显示，性别主效应（$F_{(1, 455)} = 2.04$，$p = 0.154$）、留守类型主效应（$F_{(1, 455)} = 1.90$，$p = 0.169$）、留守类型与性别的交互作用（$F_{(1, 455)} = 1.05$，$p = 0.845$）均不显著，农村儿童在认知共情或情感共情方面均不存在性别差异。

同样，以留守类型与性别为分组变量，以情感共情为结果变量，进行 $2 \times 2$ 的方差分析。结果显示，儿童情感共情的性别主效应显著，$F_{(1,455)} = 12.06$，$p = 0.001$，留守类型主效应以及留守类型与性别的交互作用均不显著，$F_{(1,455)} = 0.39$，$p = 0.535$，$F_{(1,455)} = 0.93$，$p = 0.335$，说明农村小学女生情感共情得分显著高于男生。

可见，在农村小学生群体中，男生和女生在共情能力（尤其是情感共情）的发展上存在差异，小学生女生共情能力高于男生，说明在农村小学中高年级学生中情感共情的性别差异已开始显现。

### 三 年龄效应

以留守类型与年级为分组变量，以共情为结果变量，进行 $2 \times 3$ 的方差分析，对不同留守类型（留守与非留守）与年级的儿童在共情及其分维度认知共情和情感共情方面的得分进行比较（见表 4-5）。

表 4-5 不同留守类别与年级儿童在共情及其分维度的得分 $(M \pm SD)$

| 留守类型 | 年 级 | 共 情 | 认知共情 | 情感共情 |
|---|---|---|---|---|
| 留守儿童 | 四年级 $(n = 79)$ | $50.94 \pm 7.47$ | $27.26 \pm 5.03$ | $23.69 \pm 4.46$ |
| | 五年级 $(n = 74)$ | $53.88 \pm 8.31$ | $28.60 \pm 5.13$ | $25.28 \pm 5.16$ |
| | 六年级 $(n = 74)$ | $53.58 \pm 6.55$ | $28.59 \pm 4.08$ | $24.99 \pm 4.46$ |
| 非留守儿童 | 四年级 $(n = 75)$ | $51.08 \pm 7.01$ | $27.76 \pm 4.21$ | $23.32 \pm 4.90$ |
| | 五年级 $(n = 70)$ | $52.99 \pm 8.36$ | $28.94 \pm 5.52$ | $24.05 \pm 5.69$ |
| | 六年级 $(n = 83)$ | $54.89 \pm 10.73$ | $29.63 \pm 6.70$ | $25.27 \pm 6.08$ |

结果显示，儿童共情的年级主效应显著，$F_{(2,455)} = 6.42$，$p = 0.002$，留守类型主效应和留守类型与年级的交互作用均不显著，$F_{(1,455)} = 0.06$，$p = 0.810$，$F_{(2,455)} = 0.67$，$p = 0.510$。事后检验表明，六年级和五年级的共情能力显著高于四年级。

以留守类型与年级为分组变量，以认知共情为结果变量，进行 $2 \times 3$ 的方差分析，结果显示，儿童认知共情的年级主效应显著，$F_{(2,455)} = 4.03$，$p = 0.018$，留守类型主效应和留守类型与年级的交互作用均不显著，

$F_{(1,455)} = 1.64$，$p = 0.201$，$F_{(2,455)} = 0.19$；$p = 0.831$。事后检验表明，六年级和五年级的认知共情能力显著高于四年级。

以留守类型与年级为分组变量，以情感共情为结果变量，进行 $2 \times 3$ 的方差分析，结果显示，儿童情感共情的年级主效应显著，$F_{(2,455)} = 4.05$，$p = 0.018$，留守类型主效应和留守类型与年级的交互作用均不显著，$F_{(1,455)} = 0.83$，$p = 0.364$，$F_{(2,455)} = 0.80$，$p = 0.448$。事后检验表明，六年级的情感共情能力显著高于四年级。

总之，本研究发现农村小学四年级学生的共情能力及其认知或情感维度均显著低于五年级和六年级学生。有研究对不同青少年群体进行了分析，结果表明无不良行为的青少年的共情能力是随着年龄的增加而增长的，有不良行为的青少年则无共情的年龄差异（Ellis，1982：123 – 133）。这提示我们，包括农村留守儿童在内的农村儿童的共情能力发展可能并未严重损伤。目前还没有研究从发展趋势（模式）上对共情发育障碍的早期诊断进行研究，这是一个非常有潜力的研究课题。

## 四　影响因素

如前所述，个体共情能力发展受多种因素的影响。个体早期建立的依恋关系能够为个体后期共情能力的发展奠定良好的基础（Johnson，Filliter & Murphy，2009：1706 – 1714）。善于表达并交流自己的情绪情感是产生共情的必备条件（Cassidy，1994：228），回避型依恋关系的儿童的共情能力较为缺乏（Burnette et al.，2009：276 – 280）。就农村留守儿童而言，家庭功能不良是关键的潜在危险因子。父亲单方外出成为新时期留守儿童家庭监护的主要模式，加上中国传统家庭文化中，父亲更不善于表达情感，因此留守儿童的共情能力可能因父教缺失或隔代教育而受到影响。研究发现，早期父母情感温暖和理解可以正向预测成年初期的共情能力，且父亲的积极养育预测效应更大（胡文彬等，2009：1050 ~ 1055）。另外，父亲外出加大了留守妇女的养育压力，从而减少了对子女消极情绪的觉察和回应。那些能够接纳且对自己孩子的消极情绪进行回应的母亲，子女的共情能力发展相对较好（吴丽芸等，2016：1071～1075）。鉴于到目前为止，还没有研究对影响留守儿童共情能力的亲子互动过程进行研究，这里采用调查数据进行描述。

采用自编的农村学生基本信息调查表搜集被试基本资料，包括：学校、年级、性别、出生年月、家庭结构、留守类型、留守经历、亲子沟通满意度、亲子沟通内容、家庭经济状况、父母受教育程度。

采用"你的爸妈是否离婚？A. 是，他们离婚了；B. 不，他们没有离婚"题目考察家庭完整性。

采用"你的爸爸或妈妈现在是否在外地工作？A. 现在爸爸在外地；B. 现在妈妈在外地；C. 现在爸妈都在外地；D. 现在爸妈都在家里"考察留守类型。

采用"你的爸爸或妈妈过去是否去外地工作过？A. 曾有过，爸爸在外地；B. 曾有过，妈妈在外地；C. 曾有过，爸妈都在外地；D. 曾有过，爸妈和我都在外地；E. 爸妈从来没有去外地工作过"测量曾留守状态。

采用父亲和母亲两个项目分别测量主观亲子沟通的满意程度，如"你对自己和爸爸之间的沟通，满意程度是几分？"和"你对自己和妈妈之间的沟通，满意程度是几分？"，采用七点评分（1 = 最不满意，7 = 最满意）进行评估。

采用多选项目"你和父母经常交流的内容包括：A. 学习情况；B. 吃穿住行等日常生活情况；C. 安全问题；D. 身体健康状况；E. 为人处事的道理；F. 异性交往；G. 花钱；H. 违纪行为"考察亲子沟通广度，将所选交流内容项目数相加，即为亲子沟通广度得分，得分在1～8分。

家庭经济状况用于测量样本主观和客观上的家庭经济状况。主观家庭经济状况运用"你觉得你家的生活水平在当地是？A. 贫困；B. 不太富裕；C. 一般；D. 比较富裕；E. 很富裕"测量，分别赋予1，2，3，4，5分。客观家庭经济状况运用多选项目"现在你家有什么电器？A. 冰箱；B. 电

视机；C. 洗衣机；D. 空调；E. 家用电脑"测量，将所选电器的个数相
加，即为客观家庭经济状况得分，总分在 1~5 分。

父母受教育程度用于测量样本双亲接受教育的程度，采用父亲和母
亲两个项目，运用"你爸爸的受教育程度是什么？"和"你妈妈的受教
育程度是什么？"进行测量，项目选项有"A. 没有上过学；B. 小学；
C. 初中；D. 高中或中专/职高/技校；E. 大学（专科或本科）；F. 硕士
研究生及以上"，后根据作答情况，将 A 项和 B 项归为"未完成九年义
务教育"，将 C 项、D 项、E 项和 F 项归为"完成九年义务教育"，分别记 0
分和 1 分。

### （一）留守状态

不同留守类型（留守与非留守）与有无留守经历的儿童在共情及其分
维度上的得分平均数与标准差见表 4 - 6。

表 4 - 6　不同留守类型与有无留守经历儿童在共情及其分维度上的得分 （$M \pm SD$）

| 留守类型 | 留守经历 | 共　　情 | 认知共情 | 情感共情 |
|---|---|---|---|---|
| 留 守 儿 童 | 有（$n = 123$） | $52.69 \pm 7.78$ | $28.00 \pm 4.65$ | $24.69 \pm 5.06$ |
| | 无（$n = 10$） | $51.50 \pm 8.75$ | $26.30 \pm 4.83$ | $25.20 \pm 4.18$ |
| 非留守儿童 | 有（$n = 93$） | $52.89 \pm 8.65$ | $28.92 \pm 5.48$ | $23.96 \pm 5.31$ |
| | 无（$n = 101$） | $53.35 \pm 9.15$ | $28.78 \pm 5.94$ | $24.57 \pm 5.79$ |
| 总　　体 | 有（$n = 216$） | $52.77 \pm 8.15$ | $28.40 \pm 5.04$ | $24.38 \pm 5.17$ |
| | 无（$n = 111$） | $53.18 \pm 9.09$ | $28.55 \pm 5.87$ | $24.63 \pm 5.65$ |

以留守类型与有无留守经历为分组变量，以共情为结果变量，进
行 2×2 的方差分析，结果显示，儿童共情的留守经历主效应（$F_{(1,327)}$
$= 0.06$，$p = 0.812$）、留守类型主效应（$F_{(1,327)} = 0.45$，$p = 0.502$）
和留守类型与留守经历的交互作用（$F_{(1,327)} = 0.29$，$p = 0.590$）均不
显著。

以留守类型与有无留守经历为分组变量，以认知共情为结果变量，进行
2×2 的方差分析，结果显示，儿童认知共情的留守经历主效应（$F_{(1,327)} =$

0.93，$p = 0.335$）、留守类型主效应（$F_{(1,327)} = 3.18$，$p = 0.076$）和留守类型与留守经历的交互作用（$F_{(1,327)} = 0.66$，$p = 0.418$）均不显著。

以留守类型与有无留守经历为分组变量，以情感共情为结果变量，进行 $2 \times 2$ 的方差分析，结果显示，儿童情感共情的留守经历主效应（$F_{(1,327)} = 0.34$，$p = 0.560$）、留守类型主效应（$F_{(1,327)} = 0.50$，$p = 0.480$）和留守类型与留守经历的交互作用（$F_{(1,327)} = 0.00$，$p = 0.960$）均不显著。

### （二）亲子沟通

这里从亲子沟通满意度和亲子沟通内容广度两个角度考察亲子沟通对共情发展的影响。

根据作答情况，将七点评分项目"你对自己和爸爸（或妈妈）之间的沟通，满意程度是几分？"中，作答为 1~4 分的样本记为"父（母）子沟通满意度低组"，作答为 5~7 分的样本记为"父（母）子沟通满意度高组"。

不同留守类型（留守与非留守）与父子沟通满意度高低组的儿童在共情及其分维度上的得分平均数与标准差见表 4 - 7。

表 4 - 7　不同留守类型与父子沟通满意度儿童在共情
及其分维度上的平均数（标准差）

| 留守类型 | 父子沟通满意度 | 共　　情 | 认知共情 | 情感共情 |
|---|---|---|---|---|
| 留守儿童 | 低（$n = 38$） | 52.22（7.02） | 27.19（4.51） | 25.03（3.88） |
| | 高（$n = 189$） | 52.87（7.68） | 28.32（4.84） | 24.55（4.89） |
| 非留守儿童 | 低（$n = 41$） | 53.92（8.36） | 29.85（5.67） | 24.07（5.55） |
| | 高（$n = 185$） | 52.87（9.22） | 28.59（5.66） | 24.29（5.69） |
| 总　　体 | 低（$n = 80$） | 53.23（7.77） | 28.64（5.28） | 24.59（4.81） |
| | 高（$n = 377$） | 52.86（8.46） | 28.41（5.27） | 24.44（5.30） |

注：表中一些变量数据缺失，故与正文有出入。

不同留守类型（留守与非留守）与母子沟通满意度高低组的儿童在共情及其分维度上的得分平均数与标准差见表 4 - 8。

**表4-8 不同留守类型与母子沟通满意度儿童在共情及其分维度上的平均数(标准差)**

| 留守类型 | 母子沟通满意度 | 共 情 | 认知共情 | 情感共情 |
|---|---|---|---|---|
| 留守儿童 | 低 ($n=27$) | 54.45 (7.74) | 28.52 (4.84) | 25.93 (5.47) |
|  | 高 ($n=198$) | 52.53 (7.54) | 28.06 (4.82) | 24.47 (4.60) |
| 非留守儿童 | 低 ($n=32$) | 52.07 (9.49) | 28.16 (6.67) | 23.91 (6.15) |
|  | 高 ($n=193$) | 53.27 (9.00) | 28.88 (5.49) | 24.38 (5.53) |
| 总 体 | 低 ($n=61$) | 53.20 (8.74) | 28.35 (5.83) | 24.86 (5.82) |
|  | 高 ($n=392$) | 52.87 (8.29) | 28.44 (5.19) | 24.43 (5.07) |

注:表中一些变量数据缺失,故与正文有出入。

采用多选项目"你和父母经常交流的内容包括:A 学习情况;B 吃穿住行等日常生活情况;C 安全问题;D 身体健康状况;E 为人处事的道理;F 异性交往;G 花钱;H 违纪行为"测量儿童与父母的亲子沟通广度,将所选交流内容的个数相加即为亲子沟通广度得分。根据作答情况,将作答为 1~3 分的样本记为"亲子沟通广度低组",将作答为 4~8 分的样本记为"亲子沟通广度高组"。

不同留守类型(留守与非留守)与亲子沟通广度高低组的儿童在共情及其分维度上的得分平均数与标准差见表4-9。以留守类型与亲子沟通广度高低为分组变量,以共情为结果变量,进行2×2的方差分析,结果显示,儿童共情的亲子沟通广度高低主效应显著 ($F_{(1, 449)} = 7.10$, $p = 0.008$),留守类型主效应 ($F_{(1, 449)} = 0.26$, $p = 0.611$)和留守类型与亲子沟通广度高低的交互作用 ($F_{(1, 449)} = 0.02$, $p = 0.902$)均不显著,亲子沟通广度高组儿童的共情能力显著高于亲子沟通广度低组儿童。

**表4-9 不同留守类型与亲子沟通广度儿童在共情及其分维度的平均数(标准差)**

| 留守类型 | 亲子沟通广度 | 共 情 | 认知共情 | 情感共情 |
|---|---|---|---|---|
| 留守儿童 | 低 ($n=126$) | 51.78 (7.57) | 27.69 (5.00) | 24.08 (5.00) |
|  | 高 ($n=100$) | 53.96 (7.44) | 28.61 (4.47) | 25.35 (4.96) |
| 非留守儿童 | 低 ($n=120$) | 52.27 (8.26) | 28.60 (5.13) | 23.67 (5.41) |
|  | 高 ($n=103$) | 54.26 (9.70) | 29.07 (6.16) | 25.19 (5.74) |

续表

| 留守类型 | 亲子沟通广度 | 共　　情 | 认知共情 | 情感共情 |
|---|---|---|---|---|
| 总　　体 | 低（n = 250） | 52.05（7.91） | 28.11（5.10） | 23.94（4.97） |
| | 高（n = 203） | 54.11（8.64） | 28.84（5.39） | 25.27（5.36） |

注：表中部分变量数据缺失，故与正文有出入。

以留守类型与亲子沟通广度高低为分组变量，以认知共情为结果变量，进行 2×2 的方差分析，结果显示，儿童认知共情的亲子沟通广度高低主效应（$F_{(1,449)} = 1.97$，$p = 0.161$）、留守类型主效应（$F_{(1,449)} = 1.93$，$p = 0.166$）和留守类型与亲子沟通广度高低的交互作用（$F_{(1,449)} = 0.20$，$p = 0.655$）均不显著。

以留守类型与亲子沟通广度高低为分组变量，以情感共情为结果变量，进行 2×2 的方差分析，结果显示，儿童情感共情的亲子沟通广度高低主效应显著（$F_{(1,449)} = 8.13$，$p = 0.005$），留守类型主效应（$F_{(1,449)} = 0.35$，$p = 0.556$）和留守类型与亲子沟通广度高低的交互作用（$F_{(1,449)} = 0.07$，$p = 0.798$）均不显著，亲子沟通广度高组儿童的情感共情能力显著高于亲子沟通广度低组儿童。

本研究发现：亲子沟通广度高的农村儿童，其共情能力要明显高于其他组儿童；亲子沟通满意度高组的农村儿童，其共情能力与其他农村儿童无明显差异。这一研究结果表明，亲子沟通内容丰富的农村儿童，其共情能力发展较好，而共情能力的发展并未受到亲子沟通满意度的影响。

随着社会的发展，代际沟通话题比以往丰富。父母不仅会关心孩子的学习生活、兴趣爱好，还会与孩子交流自己在工作和生活中的情感体悟，这与本研究中想要探讨的"亲子沟通广度"的内涵不谋而合。结果表明，亲子沟通广度高组的农村儿童，其共情能力要明显高于其他儿童。

本研究还发现，主观上对自己与父母之间沟通程度的满意度评价，与其共情能力关联并不大，这可能与农村家庭亲子沟通质量的天花板效应有关，即大部分儿童都很满意自己和父母之间的沟通，进而导致研究结果不具有区分意义。

### （三）家庭经济状况

这里从主观和客观两个方面考察家庭经济状况与共情发展的关系。主观家庭经济状况的测量项目为："你觉得你家的生活水平在当地是？"分为A、B、C、D、E五个选项，其中A表示"贫困"，B表示"不太富裕"，C表示"一般"，D表示"比较富裕"，E表示"很富裕"，选择A、B、C三个选项的被试标记为"低主观家庭经济组"，作答为D、E两个选项的被试标记为"高主观家庭经济组"。

不同留守类型（留守与非留守）与主观家庭经济高低组的儿童在共情及其分维度上的得分平均数与标准差见表4－10。

表4－10　不同留守类型与主观家庭经济高低组的儿童
在共情及其分维度上的得分（$M \pm SD$）

| 留守类型 | 主观家庭经济 | 共　情 | 认知共情 | 情感共情 |
|---|---|---|---|---|
| 留守儿童 | 低（$n=173$） | $53.10 \pm 7.35$ | $28.31 \pm 4.47$ | $24.79 \pm 4.85$ |
| | 高（$n=50$） | $51.87 \pm 8.44$ | $27.80 \pm 5.82$ | $24.07 \pm 4.49$ |
| 非留守儿童 | 低（$n=180$） | $52.88 \pm 9.02$ | $28.68 \pm 5.70$ | $24.21 \pm 5.48$ |
| | 高（$n=47$） | $53.84 \pm 9.13$ | $29.32 \pm 5.54$ | $24.52 \pm 6.25$ |
| 总　体 | 低（$n=355$） | $53.04 \pm 8.24$ | $28.51 \pm 5.12$ | $24.53 \pm 5.19$ |
| | 高（$n=98$） | $52.76 \pm 8.78$ | $28.49 \pm 5.69$ | $24.27 \pm 5.37$ |

注：表中部分数据缺失，故与正文有出入。

以留守类型与主观家庭经济高低为分组变量，以共情为结果变量，进行 $2 \times 2$ 的方差分析，结果显示，儿童共情的主观家庭经济高低主效应（$F_{(1,450)}=0.02$，$p=0.886$）、留守类型主效应（$F_{(1,450)}=0.83$，$p=0.362$）和留守类型与主观家庭经济高低的交互作用（$F_{(1,450)}=1.31$，$p=0.253$）均不显著。

以留守类型与主观家庭经济高低为分组变量，以认知共情为结果变量，进行 $2 \times 2$ 的方差分析，结果显示，儿童认知共情的主观家庭经济高低主效应（$F_{(1,450)}=0.01$，$p=0.913$）、留守类型主效应（$F_{(1,450)}=2.44$，

$p = 0.119$）和留守类型与主观家庭经济高低的交互作用（$F_{(1,450)} = 0.92$，$p = 0.339$）均不显著。

以留守类型与主观家庭经济高低为分组变量，以情感共情为结果变量，进行 $2 \times 2$ 的方差分析，结果显示，儿童情感共情的主观家庭经济高低主效应（$F_{(1,450)} = 0.12$，$p = 0.735$）、留守类型主效应（$F_{(1,450)} = 0.01$，$p = 0.913$）和留守类型与主观家庭经济高低的交互作用（$F_{(1,450)} = 0.75$，$p = 0.386$）均不显著。

客观家庭经济状况测量采用多选项目"现在你家有什么电器？A 冰箱；B 电视机；C 洗衣机；D 空调；E 家用电脑"。所选电器个数相加即为客观家庭经济状况得分。根据作答情况，选择 A、B、C 三个选项的被试标记为"低客观家庭经济组"，作答为 D、E 两个选项的被试标记为"高客观家庭经济组"。

不同留守类型（留守与非留守）与客观家庭经济高低组的儿童在共情及其分维度上的得分平均数与标准差见表 4-11。以留守类型与客观家庭经济高低为分组变量，以共情为结果变量，进行 $2 \times 2$ 的方差分析，结果显示，儿童共情的客观家庭经济高低主效应（$F_{(1,453)} = 0.90$，$p = 0.344$）、留守类型主效应（$F_{(1,453)} = 0.06$，$p = 0.815$）和留守类型与客观家庭经济高低的交互作用（$F_{(1,453)} = 2.68$，$p = 0.102$）均不显著。

表 4-11　不同留守类型与客观家庭经济高低组的儿童在共情

及其分维度上的得分 （$M \pm SD$）

| 留守类型 | 客观家庭经济 | 共　　情 | 认知共情 | 情感共情 |
|---|---|---|---|---|
| 留守儿童 | 低（$n = 106$） | $53.83 \pm 7.88$ | $28.65 \pm 4.64$ | $25.18 \pm 4.78$ |
| | 高±（$n = 120$） | $51.73 \pm 7.14$ | $27.66 \pm 4.92$ | $24.07 \pm 4.58$ |
| 非留守儿童 | 低（$\pm n = 72$） | $52.69 \pm 8.72$ | $28.54 \pm 6.06$ | $24.15 \pm 5.47$ |
| | 高±（$n = 155$） | $53.25 \pm 9.20$ | $28.95 \pm 5.47$ | $24.30 \pm 5.74$ |
| 总　　体 | 低（$n = 179$） | $53.33 \pm 8.22$ | $28.58 \pm 5.24$ | $24.75 \pm 5.07$ |
| | 高（$n = 278$） | $52.63 \pm 8.39$ | $28.37 \pm 5.29$ | $24.26 \pm 5.27$ |

注：表中部分数据缺失，故与正文有出入。

以留守类型与客观家庭经济高低为分组变量，以认知共情为结果变量，进行 $2 \times 2$ 的方差分析，结果显示，儿童认知共情的客观家庭经济高低主效应（$F_{(1,453)} = 0.32$，$p = 0.569$）、留守类型主效应（$F_{(1,453)} = 1.32$，$p = 0.251$）和留守类型与客观家庭经济高低的交互作用（$F_{(1,453)} = 1.84$，$p = 0.176$）均不显著。

以留守类型与客观家庭经济高低为分组变量，以情感共情为结果变量，进行 $2 \times 2$ 的方差分析，结果显示，儿童情感共情的客观家庭经济高低主效应（$F_{(1,453)} = 0.89$，$p = 0.347$）、留守类型主效应（$F_{(1,453)} = 0.62$，$p = 0.431$）和留守类型与客观家庭经济高低的交互作用（$F_{(1,453)} = 1.57$，$p = 0.211$）均不显著。

### （四）父母受教育程度

根据作答情况，将双亲细分为父亲和母亲，双亲受教育水平分为"未完成九年义务教育"和"完成九年义务教育"。

不同留守类型（留守与非留守）与父亲受教育水平儿童在共情及其分维度上的得分平均数与标准差见表 4 - 12。

表 4 - 12 不同留守类型与父亲受教育水平儿童在共情
及其分维度上的得分（$M \pm SD$）

| 留守类型 | 完成九年义务教育 | 共 情 | 认知共情 | 情感共情 |
|---|---|---|---|---|
| 留 守 | 否（$n = 52$） | $53.71 \pm 8.03$ | $28.01 \pm 4.52$ | $25.70 \pm 4.95$ |
| | 是（$n = 156$） | $52.64 \pm 7.61$ | $28.20 \pm 4.86$ | $24.43 \pm 4.71$ |
| 非留守 | 否（$n = 63$） | $52.69 \pm 9.50$ | $28.41 \pm 5.59$ | $24.28 \pm 5.88$ |
| | 是（$n = 148$） | $53.51 \pm 9.07$ | $29.12 \pm 5.70$ | $24.39 \pm 5.76$ |
| 总 体 | 否（$n = 116$） | $53.09 \pm 8.83$ | $28.19 \pm 5.11$ | $24.90 \pm 5.48$ |
| | 是（$n = 307$） | $53.10 \pm 8.36$ | $28.63 \pm 5.32$ | $24.47 \pm 5.24$ |

注：表中部分数据缺失，故与正文有出入。

不同留守类型（留守与非留守）与母亲受教育水平儿童在共情及其分维度上的得分平均数与标准差见表 4 - 13。

表 4 – 13　不同留守类型与母亲受教育水平儿童在共情
及其分维度上的得分（$M \pm SD$）

| 留守类型 | 完成九年义务教育 | 共　　情 | 认知共情 | 情感共情 |
|---|---|---|---|---|
| 留　守 | 否（$n = 99$） | $52.52 \pm 7.13$ | $27.64 \pm 4.49$ | $24.88 \pm 4.72$ |
| | 是（$n = 115$） | $53.05 \pm 8.18$ | $28.56 \pm 5.16$ | $24.50 \pm 4.81$ |
| 非留守 | 否（$n = 93$） | $53.23 \pm 9.18$ | $28.42 \pm 5.91$ | $24.81 \pm 5.40$ |
| | 是（$n = 119$） | $53.28 \pm 9.28$ | $29.30 \pm 5.54$ | $23.98 \pm 6.04$ |
| 总　体 | 否（$n = 193$） | $52.83 \pm 8.17$ | $28.00 \pm 5.22$ | $24.83 \pm 5.04$ |
| | 是（$n = 236$） | $53.18 \pm 8.74$ | $28.91 \pm 5.39$ | $24.27 \pm 5.45$ |

注：表中部分数据缺失，故与正文有出入。

一系列方差分析发现，父亲或母亲的受教育程度并不影响留守儿童共情能力的发展，受篇幅限制，这里不再逐一呈现分析结果。

### （五）整体预测作用

在上述探索性分析的基础上，将性别、年级、留守经历、主观父母沟通、客观父母沟通、主观经济状况、客观经济状况以及父母受教育水平等人口学变量转化为虚拟变量，以留守类型作为分组变量，以共情及认知与情感维度分别作为结果变量，进行分层回归分析。

控制主效应显著的人口学虚拟变量，将其作为第一层变量，将留守类型作为第二层变量，以强迫进入法进行分析。

由表 4 – 14 中的数据可知，性别虚拟变量（$p = 0.001$）、年级虚拟变量（$p = 0.001$）和客观父母沟通虚拟变量（$p = 0.025$）对共情总分均具有显著的预测作用；留守类型（$p = 0.633$）对共情的预测作用不显著。

表 4 – 14　共情总分的预测因子

| 预测变量 | 第一层 | | | 第二层 | | |
|---|---|---|---|---|---|---|
| | $B$ | $SE$ | $Beta$ | $B$ | $SE$ | $Beta$ |
| 年级虚拟变量 | $-2.747$ | $0.808$ | $-0.157^{**}$ | $-2.743$ | $0.808$ | $-0.157^{**}$ |
| 性别虚拟变量 | $2.470$ | $0.772$ | $0.147^{**}$ | $2.468$ | $0.772$ | $0.147^{**}$ |
| 亲子沟通程度虚拟变量 | $1.739$ | $0.771$ | $0.104^{*}$ | $1.733$ | $0.771$ | $0.104^{*}$ |

续表

| 预测变量 | 第一层 | | | 第二层 | | |
|---|---|---|---|---|---|---|
| | B | SE | Beta | B | SE | Beta |
| 留守类型 | | | | 0.364 | 0.762 | 0.022 |
| F | 9.791*** | | | 7.387*** | | |
| $R^2$ | 0.062 | | | 0.062 | | |
| 调整后的 $R^2$ | 0.056 | | | 0.054 | | |

注：* 为 $p < 0.05$，** 为 $p < 0.01$，*** 为 $p < 0.001$。

由表 4 - 15 中的数据可知，以认知共情作为结果变量，回归分析的结果表明，年级虚拟变量（$p = 0.005$）对共情具有显著的预测作用；留守类型（$p = 0.187$）对认知共情不具有显著的预测作用。

表 4 - 15　认知共情的预测因子

| 预测变量 | 第一层 | | | 第二层 | | |
|---|---|---|---|---|---|---|
| | B | SE | Beta | B | SE | Beta |
| 年级虚拟变量 | − 1.458 | 0.516 | − 0.132** | − 1.444 | 0.515 | − 0.130** |
| 留守类型 | | | | 0.645 | 0.488 | 0.062 |
| F | 7.994** | | | 4.879** | | |
| $R^2$ | 0.017 | | | 0.021 | | |
| 调整后的 $R^2$ | 0.015 | | | 0.017 | | |

注：** 为 $p < 0.01$。

由表 4 - 16 中的数据可知，以情感共情作为结果变量，回归分析的结果表明，性别虚拟变量（$p = 0.001$）、年级虚拟变量（$p = 0.007$）和客观父母沟通虚拟变量（$p = 0.013$）对共情具有显著的预测作用；留守类型（$p = 0.498$）对共情不具有显著的预测作用。可见，在控制性别、年级和亲子沟通程度以后，留守类型对情感共情并不存在显著预测作用。

表 4 - 16　情感共情的预测因子

| 预测变量 | 第一层 | | | 第二层 | | |
|---|---|---|---|---|---|---|
| | B | SE | Beta | B | SE | Beta |
| 年级虚拟变量 | − 1.364 | 0.505 | − 0.125** | − 1.369 | 0.506 | − 0.125** |
| 性别虚拟变量 | 1.635 | 0.483 | 0.156** | 1.636 | 0.483 | 0.156** |

续表

| 预测变量 | 第一层 | | | 第二层 | | |
|---|---|---|---|---|---|---|
| | B | SE | Beta | B | SE | Beta |
| 亲子沟通程度虚拟变量 | 1.203 | 0.482 | 0.116* | 1.208 | 0.483 | 0.116* |
| 留守类型 | | | | -0.324 | 0.477 | -0.031 |
| F | 9.061*** | | | 6.903*** | | |
| R² | 0.058 | | | 0.059 | | |
| 调整后的 R² | 0.051 | | | 0.050 | | |

注：* 为 $p < 0.05$，** 为 $p < 0.01$，*** 为 $p < 0.001$。

### （六）简要小结

本研究数据表明，父母受教育水平和主客观家庭经济状况这两大类家庭因素对不同留守类型的农村儿童共情能力的发展均不具影响，留守类型对共情也不具有显著的预测作用。

这可能与研究样本取自福建省某贫困县有关。

笔者在调研中了解到该县大多数中青年在城市从事经营性工作，对于"留守""外出务工"习以为常，没有太多类似于"家里太穷才去打工"的歧视，留守儿童和非留守儿童在学校和社会中并未受到太多区别对待。留守儿童产生的原因并非解决家庭温饱问题，而是家庭发展或处于移民过渡的中间状态。在访谈中教师也普遍反映"这里的留守儿童并不穷"。这是非典型的经济不发达地区农村留守儿童问题研究需要关注的新现象，它需要新的理论视角和方法，重新评估亲子分离所带来的风险和获益的平衡问题。

## 第四节  共情的功能

### 一  文献分析

共情是在人类进化过程中出现较早的一种古老且特殊的情感，是人类利他行为的直接动机，对人类的基本生存和繁荣发展均有非常重要的价值。当今世界比任何时候都呼唤开放、包容、共享、理解的利他主义，同时也面临出于自身利益的考虑而产生的精致的利己主义和对利益集团外成员的偏见和冷漠（Hein et al.，2010：149 - 160）。然而，共情可能产生消极后果，过低与过度的共情或许都会损伤日常创造活动（Form & Kaernbach，2018：54 - 65），成为当今世界所倡导的创造、革新活动的社会心理阻力。

作为个体内部的心理保护性因素，共情与亲社会行为、攻击性、心理弹性、幸福感、人际关系等社会化因素密切相关。医学研究表明，抑郁会限制个体共情能力的发展（张燕贞等，2016：570～573）。具体而言，共情关注和观点采择维度与抑郁情绪显著负相关，个人痛苦则与抑郁显著正相关（于哲等，2016：1666～1668）。观点采择维度与社交焦虑显著负相关，个人痛苦维度与社交焦虑显著正相关（孙炳海等，2010：251～257）。这表示，不同维度的共情对个体心理适应功能的作用可能有所不同。

共情还具有社会适应功能，是有效人际互动的基础。通过认知共情，个体能够在人际交往情境中理解他人的行为意图，预测其行为倾向，进而提高人际互动的有效性，有助于人际交往和人际问题的解决。有研究发现，共情能力能显著预测个体的同伴关系和人际关系水平（肖凤秋、郑志伟、陈英和，2014：208～215）。然而，人们对于共情能力开始分化的小学生中的高年级学生还缺乏了解。

值得注意的是，共情能力不同成分的心理社会功能各有不同，认知共情、情感共情以及共情关切不同成分与某些病人群体、亚临床特征及认知神经机制有关（Oliver，2017）。

前述研究表明，对于留守儿童而言，共情能力也许并未受到严重损伤。既然如此，其是否对农村留守儿童心理社会适应具备更有意义的保护作用，还有待探讨。

## 二 研究工具

这里采用心理社会适应变量作为衡量共情品质的功能性指标，主要包括人际适应和心理适应两类指标，采用人际关系能力问卷和社交焦虑量表得分作为人际适应指标，采用抑郁量表得分作为心理适应指标。

人际关系能力：采用 Buhrmester 等人（1988）编制，王英春、邹泓和屈志勇（2006）修订的人际关系能力问卷（Interpersonal Competence Questionnaire，ICQ）。原问卷分为发起交往、提供情感支持、施加影响、自我袒露和冲突解决五个维度，共 40 个项目，采用五点评分，问卷各项目得分相加为项目总分，各维度所含项目得分相加为各维度分，各维度得分越高表明个体的人际关系能力越强。中文修订版删除了原量表的五个项目（4，8，19，26，31），最终保留 35 个项目，具有较好的结构效度，其整体内部一致性系数为 0.93，各维度的内部一致性系数在 0.70~0.81，分半信度为 0.89，三周后的重测信度为 0.63~0.82。该修订版在普通初中生群体（张野、卢笛，2011：391~395）和流动儿童群体（孔艳赟、王英春、后玉良，2015：72~78）中均有较好的信度。在本研究中，问卷及其分维度的内部一致性系数见表 4-17。

表 4-17　人际关系能力问卷的信度检验（α系数）

| 留守类型 | 人际关系能力 | 发起交往 | 提供情感支持 | 施加影响 | 自我袒露 | 冲突解决 |
| --- | --- | --- | --- | --- | --- | --- |
| 留守儿童 | 0.89 | 0.59 | 0.69 | 0.57 | 0.69 | 0.75 |
| 非留守儿童 | 0.89 | 0.63 | 0.76 | 0.63 | 0.64 | 0.71 |
| 总　　体 | 0.89 | 0.61 | 0.73 | 0.61 | 0.66 | 0.73 |

社交焦虑量表：采用 La Greca 等人编制，汪向东、王希林和马弘修订的儿童社交焦虑量表（Social Anxiety Scale for Children，SASC）。原量表分为害怕否定评价和社交回避及苦恼两个维度，包括 10 个项目，采用三点评分，量表各项目得分相加为项目总分，各维度所含项目得分相加为分维度得分。该量表涉及社交焦虑所引发的情感、认知及行为，适用于 7~16 岁儿童社交焦虑症状的筛查，量表项目总分越高，表明儿童社交焦虑症状越严重，中国城市常模建立于 2006 年（李飞等，2006：335~337）。该量表的内部一致性系数为 0.76，两周后的重测信度为 0.67。在本研究中，量表及其分维度的内部一致性系数见表 4-18。

表 4 - 18　不同留守类型儿童社交焦虑量表的信度检验（α 系数）

| 留守类型 | 社交焦虑 | 害怕否定评价 | 社交回避及苦恼 |
|---|---|---|---|
| 留守儿童 | 0.65 | 0.64 | 0.40 |
| 非留守儿童 | 0.72 | 0.67 | 0.51 |
| 总　体 | 0.68 | 0.65 | 0.47 |

抑郁量表：采用由 Kovacs 根据成人贝克抑郁量表（Beck's Depression Inventory，BDI）改编而成的儿童抑郁量表（Children's Depression Inventory，CDI），俞大维和李旭（2000）对其进行了修订。原量表分为快感缺乏、负面情绪、负性自尊、低效感、人际问题五大部分，包括 27 个项目，采用三点评分（0~2 分），量表各项目得分相加为项目总分。该量表由多种典型的抑郁症状描述构成，用于测量 7~17 岁儿童和青少年的抑郁情绪，量表项目总分越高表示抑郁程度越重，根据原量表常模，将 19 分为确定抑郁症状的划界分。在本研究中，量表内部一致性系数见表 4 - 19。

表 4 - 19　抑郁量表的信度检验（α 系数）

| 留守类型 | 抑郁 |
|---|---|
| 留守儿童 | 0.77 |
| 非留守儿童 | 0.81 |
| 总　体 | 0.79 |

## 三　研究程序

以班级为单位进行团体施测。问卷试测开始时，主试向被试解释问卷的作答要求及保密原则，主要向被试解释问卷第一部分"基本信息"中多选题的含义，避免被试漏选。另外考虑到四至六年级学生的发育特点，会对一些特定的字眼，如"爱""自杀"进行解释，避免被试的理解具有歧义。问卷施测期间，主试在教室内巡视，随时回答学生的提问。

使用 EpiData 3.1 建立编码文件和数据库，进行问卷数据录入。采用 SPSS 20.0 进行数据分析。

首先，对留守儿童和非留守儿童两类群体的共情得分进行描述性统计；其次，以不同留守类型和人口学类别作为分组变量，以共情总分及其分维度得分作为结果变量进行多因素方差分析；再次，在控制基本人口学变量的前提下，对留守类型和共情进行回归分析；最后，分别对留守儿童和非留守儿童群体进行共情和心理社会适应的相关分析，在控制基本人口学变量的前提下，对留守类型、共情和心理社会适应进行逐步回归分析。

## 四　相关分析

对不同留守类型（留守与非留守）的儿童群体进行共情与心理社会适应各指标（人际交往能力、社交焦虑和抑郁）的相关分析，结果见表 4 - 20。结果表明：共情与社交能力及社交焦虑的关联性受留守状态的调节，普通儿童的共情与社会能力关联性高于留守儿童。共情与留守儿童社交焦虑无显著相关，与人际关系能力（提供情感支持、冲突解决及自我袒露）显著相关。因此，共情能力对于留守儿童社会功能的促进作用可能较普通儿童更有限。

表 4 - 20　共情与社会功能的相关矩阵

|  | 人际关系能力 | 发起交往 | 提供情感支持 | 施加影响 | 冲突解决 | 自我袒露 | 社交焦虑 |
|---|---|---|---|---|---|---|---|
| 共情 | 0.397 ** | 0.192 ** | 0.375 ** | 0.298 ** | 0.268 ** | 0.414 ** | 0.134 ** |
|  | (0.189 **) | (0.044) | (0.225 **) | (0.129) | (0.139 *) | (0.202 **) | (0.052) |
| 情感共情 | 0.218 ** | 0.115 | 0.186 ** | 0.113 | 0.133 * | 0.314 ** | 0.198 ** |
|  | (0.046) | (0.033) | (0.071) | (0.016) | (-0.037) | (0.114) | (0.174) |
| 认知共情 | 0.416 ** | 0.193 ** | 0.414 ** | 0.364 ** | 0.296 ** | 0.348 ** | 0.016 |
|  | (0.253 **) | (0.037) | (0.285 **) | (0.188 **) | (0.256 **) | (0.207 **) | (-0.089) |

注：* 为 $p < 0.05$，** 为 $p < 0.01$。括号内为留守儿童样本数据。

同样的模式也出现在共情与心理适应的关联性中（见表 4 - 21）。对于留守儿童而言，共情能力与生活满意度和抑郁均无显著相关，但情感共情与抑郁显著正相关，认知共情与抑郁显著负相关。这表明，共情的不同维度对留守儿童情绪适应出现了功能分离：认知共情对抑郁具有正向抑制作用，而情感共情则具有强化作用。

表 4 - 21　共情与社会功能的相关矩阵

| | 生活满意度 | 抑　郁 |
|---|---|---|
| 共　情 | 0.121（0.071） | - 0.107（- 0.080） |
| 情感共情 | 0.026（0.018） | 0.011（0.142 *） |
| 认知共情 | 0.167 *（0.094） | - 0.182 **（- 0.266 **） |

注：* 为 $p < 0.05$，** 为 $p < 0.01$。括号内为留守儿童样本数据。

本研究的相关分析结果表明，不论是农村留守儿童群体还是非留守儿童群体，共情与人际关系能力都存在显著正相关。

本研究还发现，情感共情对留守儿童抑郁具有增强效应，认知共情则对抑郁具有抑制效应。以往研究表明，抑郁对共情能力整体的发展会造成限制，即抑郁水平越高，共情能力越低；反过来，个体的共情能力高则负面情绪少，患抑郁症的概率也就更小（Grühn et al.，2008：753 - 765）。个体在感受他人情绪的过程中，通常处于高水平的生理唤醒状态，而这种高能量的消耗对于心理健康是不利的（Farrow，2007：581）。高个人痛苦的个体更容易因他人的悲惨境遇而产生焦虑、紧张、愤怒的情绪，这些情绪反应虽有助于引发共情之后的亲社会行为，但其中也会有部分延续到个人的生活中，转化为个体的抑郁情绪。当个体认知共情发展尚未充分时，过度的情感卷入也不利于个人心理健康。

## 五　回归分析

为了进一步澄清认知共情和情感共情对共情总分的增益效应，这里采用分层回归方法进行检验：留守状态作为第一层，共情总分作为第二层，认知和情感共情作为第三层，采用逐步回归法进入变量，侧重考察当考虑第二层变量后，第三层认知或情感共情的增益解释率，结果见表4 - 22、表 4 - 23、表 4 - 24、表 4 - 25。

表 4 - 22    人际关系能力的预测因子

| | $B$ | $Beta$ | $t$ | $p$ | $R^2$ |
|---|---|---|---|---|---|
| 第一层 | | | | | 0 |
| 留守状态 | - 0.915 | - 0.022 | - 0.467 | 0.641 | |
| 第二层 | | | | | 0.092 |
| 留守状态 | - 0.693 | - 0.017 | - 0.370 | 0.711 | |
| 共情 | 0.758 | 0.302 | 6.735 | 0.000 | |
| 第三层 | | | | | 0.119 |
| 留守状态 | - 0.115 | - 0.003 | - 0.062 | 0.950 | |
| 共情 | 1.305 | 0.520 | 7.124 | 0.000 | |
| 情感共情 | - 1.100 | - 0.274 | - 3.753 | 0.000 | |

表 4 - 23    社交焦虑的预测因子

| | $B$ | $Beta$ | $t$ | $p$ | $R^2$ |
|---|---|---|---|---|---|
| 第一层 | | | | | 0.006 |
| 留守状态 | 0.554 | 0.076 | 1.621 | 0.106 | |
| 第二层 | | | | | 0.015 |
| 留守状态 | 0.566 | 0.078 | 1.664 | 0.097 | |
| 共情 | 0.043 | 0.098 | 2.106 | 0.036 | |
| 第三层 | | | | | 0.048 |
| 留守状态 | 0.457 | 0.063 | 1.359 | 0.175 | |
| 共情 | - 0.061 | - 0.138 | - 1.818 | 0.070 | |
| 情感共情 | 0.208 | 0.297 | 3.914 | 0.000 | |

表 4 - 24    生活满意度的预测因子

| | $B$ | $Beta$ | $t$ | $p$ | $R^2$ |
|---|---|---|---|---|---|
| 第一层 | | | | | 0.014 |
| 留守状态 | - 0.256 | - 0.119 | - 2.550 | 0.011 | |
| 第二层 | | | | | 0.023 |
| 留守状态 | - 0.253 | - 0.117 | - 2.523 | 0.012 | |
| 共情 | 0.012 | 0.096 | 2.063 | 0.040 | |
| 第三层 | | | | | 0.031 |
| 留守状态 | - 0.237 | - 0.110 | - 2.360 | 0.019 | |
| 共情 | 0.028 | 0.214 | 2.793 | 0.005 | |
| 情感共情 | - 0.031 | - 0.148 | - 1.935 | 0.054 | |

表 4 – 25　抑郁的预测因子

|  | $B$ | $Beta$ | $t$ | $p$ | $R^2$ |
|---|---|---|---|---|---|
| 第一层 |  |  |  |  | 0.003 |
| 留守状态 | 0.797 | 0.057 | 1.210 | 0.227 |  |
| 第二层 |  |  |  |  | 0.012 |
| 留守状态 | 0.773 | 0.055 | 1.178 | 0.239 |  |
| 共情 | - 0.080 | - 0.095 | - 2.033 | 0.043 |  |
| 第三层 |  |  |  |  | 0.068 |
| 留守状态 | 0.496 | 0.035 | 0.774 | 0.439 |  |
| 共情 | - 0.343 | - 0.406 | - 5.410 | 0.000 |  |
| 情感共情 | 0.528 | 0.391 | 5.208 | 0.000 |  |

综合上述结果，当控制留守状态和总体共情水平后，情感共情对农村小学生心理社会适应具有负向增强作用。情感共情水平对农村小学生的人际关系能力和生活满意度呈抑制作用，而对社交焦虑和抑郁呈增强效应，增强效应在 2% ~ 3% 。因此，在对留守儿童共情能力干预时，要考虑情感共情能力可能给留守儿童心理社会适应带来的消极后果，同时发挥认知共情的正面作用。

# 第五节　共情的培养

国外关于共情能力的训练，起初多集中于护士、精神科医生等医护领域。随后逐渐发展到教育领域，训练对象从儿童、青少年及大学生，拓展到家长、教师、辅导员等，近年来，特殊儿童群体如聋哑儿童、未成年犯也成为共情训练的对象。在我国，共情相关研究已经成为热点课题，但训练研究刚刚起步。研究者大多以国外较为成熟的共情训练方案为基础，结合我国实际情况进行实践创新。

## 一　文献评述

大量研究表明，共情训练不仅直接提高接受训练者的共情能力，还通过影响训练内容所涉及的分享行为、助人倾向、利他行为等亲社会行为，欺负行为、网络霸凌等攻击性行为，亲子依恋、同伴交往、师生关系等人际关系，以及情绪调节、人际沟通等社会行为，间接影响个体的社会适应和心理健康。目前，代表性的干预方案有如下几种。

### （一）学会关心方案

美国加利福尼亚大学 Feshbach（1983）是最早尝试共情干预的学者，他提出的"学会关心：共情训练方案（Learning To Care：the Empathy Training Program，LTC）"也是早期较为成熟的共情培养方案之一，旨在通过共情技能训练来促进 7~11 岁儿童的亲社会行为，同时抑制其攻击行为。

Feshbach 认为，共情包括感知、辨别和命名他人情感状态的能力，观点采择的能力以及情感反应的能力。前两者为共情的认知成分，后者为共情的情感成分，分别针对这三者进行训练即可提高儿童的共情能力。目前，该训练方案已形成一整套可供教师使用的课程，具体训练内容分为三部分。

第一部分提高儿童感知、辨别和命名他人情感状态的能力，这一部分需要儿童使用有关信息命名和区分情绪，学会识别不同的人脸情绪图像。

第二部分提高儿童的观点采择能力，这一部分是理解别人对某种情景可能产生的看法和解释，体验别人观点的能力。比如，通过向儿童讲述一系列故事，让儿童感受故事中不同人物的情绪情感或设想不同人物可能的行为。

第三部分提高儿童的情感反应能力，要求儿童体验并觉察到自己的情绪，由此希望儿童能够积极主动地形成教育期待的合适行为。比如，通过儿童在具体的情境中进行角色扮演，体验不同的角色感受并做出恰当的行为反应，进而提高情感反应能力。

具体训练内容和方法包括：做游戏、讲故事、收听或制作录音、简单写作练习、小组讨论，以及需要更主动参与的任务，如参与者通过角色扮演来造词、造句等。如，帮助学生识别和区分不同的人脸情绪图像，讲角色故事提高观点采择能力，角色扮演提高情绪反应能力，小组讨论改变学生对事物的认知和情感。

LTC 适用于小学三至五年级学生，训练时间共 10 周，每周 3 次，每次 30 ~ 45 分钟。研究发现，该培养方案不仅有助于提升儿童亲社会行为、降低攻击行为风险，对于提升自我概念也有好处。王赛东（2012）以 Feshbach 的"学会关心，共情训练方案"和 Erera 的认知指向共情培训模式为基础，设计共情团体辅导方案，该方案使实验组初中生共情能力和人际关系得到了显著改善。

### （二）认知/情感共情训练

该计划由 Pecukonis 等人（1990）开发，将共情理解为一个受认知和情感成分调节的心理结构，认知和情感成分以系统化的方式相互作用，促进个体情感理解能力的提升。该目标群体为具有攻击性的女性青少年，分为四个部分，各 90 分钟。

第一部分为情绪识别，包括识别幻灯片播放的各种与面部表情相关的图片，听一些含有情绪色彩的录音对话，并进行一些具有社交互动的游戏，如字谜游戏和你画我猜。

第二部分为角色扮演，包括协助女性青少年从不同的视角看待世界，如"假如我是祖母"，并询问女性青少年与重要人际关系问题相关的一些隐喻性问题，如"假如你是一个训狮员，但狮子都不听你的话，你的生活将会是什么样子"，女性青少年还需要参与建构法庭心理剧，心理剧的内容为一名年轻女孩被指控攻击和商店行窃，女性青少年需要扮演其中的各类角色。

第三部分为情感匹配，包括女性青少年通过情感辨别和角色扮演来匹配他人的情绪反应，她们需要比较自己和他人的情绪反应。

第四部分为事件分析，女性青少年使用前三次训练所学习的技能，观察事件并推断个体呈现出的行为和情感状态的可能原因，这些原因的错误推断会被不断地质疑并获得修正。

颜玉平（2013）以 Pecukonis 的共情训练计划为基础设计团辅方案，使初一学生的共情能力和人际交往能力获得提升。

### （三）"第二步"课程

"第二步"课程（Second Step）来源于美国的社会情绪学习课程。该课程以社会信息加工模型和班杜拉的社会学习理论为基础，学生通过学习社会技巧和情绪技能，提升共情能力和社会问题解决能力（魏华林、朱安安，2012：22～25；Frey et al.，2005：171-200）。该课程分为两个部分：基础部分为共情训练，应用部分为冲动控制和愤怒管理训练。学生只有在共情训练部分学习良好之后，才能在冲动控制和愤怒管理部分取得较好的学习效果。

"第二步"课程的核心是将共情理解为一种广泛的社会能力，包括"理解自我和他人的情感""观点采择""间接体验他人情感""在情感上对他人做出回应"四个部分。在训练内容上，包括根据不同线索确定自我和他人的情感，换位思考，理解不同个体对同一事件会持有不同的情感，合理表达自己的情绪感受和想法态度，对他人关心并积极回应。在冲动控制/愤怒管理部分，学生需要先使用共情技术发现自身及周围情境中的各类线索，然后使用冷静策略或头脑风暴去解决问题。训练方法主要有情绪识别、故事阅读和课堂讨论、特定情境下的角色扮演、自我指导、头脑风暴等。授课对象主要为小学生，根据授课学校的实际情况，课程的设计会有所改动，授课时间的长短也会受其影响，短期授课时间一般在 14 周左右，长期授课时间为 1～3 年。

### （四）Dina Dinosaur 儿童训练计划

该计划由 Webster-Stratton 和 Jamila Reid（2003）针对 4～8 岁具有行为问题的儿童设计，全称为 Dina Dinosaur 儿童社会、情绪和问题解决训练方案。该计划采用符合儿童发展特点的方法进行教学训练，重点训练儿童的情绪素养、观点采择、友谊与沟通、愤怒管理、人际问题解决、学校规则以及适应学校等技能，以便形成包括家长和教师在内的、跨情境可迁移的适宜行为和长期效应。

针对行为问题儿童常见的自我中心化，且面部线索或社会线索识别困难等情况，该训练计划分为两部分：第一部分帮助儿童认识自己的情绪，了解情绪是如何产生的，以及如何向他人正确地表达情绪；第二部分帮助儿童认识情绪的面部表情、肢体语言、语音语调等线索，帮助儿童识别他人的情绪并认识到这些情绪产生的原因。该治疗计划常用的方法包括：创设情境唤醒儿童的情绪，引导儿童多角度思考情绪产生的原因，保持冷静的策略，呈现情绪照片和录像，组织共情游戏。综合全球范围内的独立研究报告，该项目具有广泛的有效性（Pidano & Allen，2014：1 - 19）。

### （五）其他训练计划

除前述方案外，还有一些单一维度的共情训练方案也取得了良好的效果。

Erera（1997：245 - 260）开发的认知性共情培训方案（The Empathy Training Program，ETP），其受训目标人群为心理咨询师，采用受训者与来访者的真实咨询材料进行培训，通过假设、推理来提高受训人员的认知共情能力。具体过程包括四个阶段：一是被试记录求助者谈话；二是假设求助者的心理状态；三是被试假设自己的心理状态；四是验证假设。研究发现，实验组的共情分数有显著提高。

Greenberg 等人（1995：117 - 136）开发的以培养换位思考策略为内容的共情培训课程（the Promoting Alternative Thinking Strategies Project，PATHS），由经过系统培训的学校教师负责实施，用于提高常规课堂上的具有特殊需求儿童的自我控制、情绪理解和人际问题解决的能力。该课程在 2 ~ 3 年级小学生群体中使用后发现，无论对是否有特殊需求儿童均是有效的，他们在讨论情绪体验的词汇量和表达流畅性、情绪管理的效能感，以及对情绪特性的理解方面均取得了良好成效。

媒体英雄计划（Media Heroes Program）旨在通过向具有网络欺负行为

的学生提供网络欺负行为后果的相关法律和网络欺负对受害者影响的相关信息，促进具有网络攻击倾向的学生对受害者产生共情，以改变其态度和信念（Schultze-Krumbholz et al.，2016：147－156）。使用的材料包括与网络欺负行为相关的故事、新闻、视频和戏剧，并鼓励他们在进行角色扮演后说出对所扮演的角色的想法、动机和情绪感受。

综上所述，共情训练课程的开发一般分为共情的基础部分和共情的应用部分，结合特定群体干预的目标行为进行应用，以提升小学中高年级学生的共情能力和心理社会适应水平。在具体方法上，主要有角色扮演、情境故事讨论、观看视频、情绪识别等。

角色扮演是共情训练中广泛使用的一种方法。参与角色扮演的个体需要在团体中扮演不同的社会角色，按照他人的行为方式进行活动，以此加深对不同角色及自身的认识理解（McAllister & Irvine，2002：433－443）。通过扮演不同角色，个体能够站在他人立场上进行思考，体验并理解不同角色的内心情感世界，有利于降低自我中心倾向，提高观点采择能力，进而促使共情能力提升。

情境故事讨论是在呈现一个情境故事后，引导学生就该情境故事中不同人物的情绪和行为进行讨论，鼓励学生进行换位思考。

情绪识别和观看视频则是从静态和动态两方面锻炼学生的共情技巧。情绪识别通常是向学生呈现一系列的面部表情图片，训练学生需要掌握各种情绪的面部表情特征。观看视频则是情绪识别的深化，包括情绪的面部表情、肢体语言甚至其出现的具体情境，使学生加深对具体情绪及其线索的把握。

另外，国内关于共情的训练大多以团辅形式进行，针对性强，但受众面窄，且单次训练持续时间长，一般为60~90分钟，难以在课堂推广。鉴于共情能力对于个体情绪社会性发展的关键作用，共情训练方案将趋向于由补救性训练转变为预防性和发展性训练，成为中小学生校本综合课程的一部分。

基于此，我们设计一套面向农村小学中高年级留守儿童的共情培训课程，实施并验证该课程在提高农村留守儿童共情能力、提升其心理社会适应方面的效果，为大面积开展农村留守儿童共情教育与干预奠定基础。

## 二　研究设计

### （一）总体思路

参考国内外共情训练的理论和实践经验，参考 Feshbach 教授的"学会关心，共情训练方案"和"第二步"课程以及 Dina Dinosaur 的儿童训练计划和 Pecukonis 的认知/情感共情训练模式，结合农村小学生，特别是农村留守儿童共情及心理社会适应的特点进行共情训练方案设计。

采用实验组控制组前后测教育实验设计（见表 4 - 26）。实验班开展为期 2 个月共 8 周的课程教学，每周授课 2 次，每次授课 40 分钟；控制班学生不参加课程教学活动。在课程教学活动前后，对实验班和控制班进行前后测。另外，实验结束后对实验班学生进行抽样访谈和数据编码。从定性和定量的角度分析课堂干预的效果。

表 4 - 26　共情课程干预设计方案

| 组　　别 | 前　　测 | 处　　理 | 后　　测 |
|---|---|---|---|
| 实验组 | $O_{11}$ | $X_1$ | $O_{12}$ |
| 控制组 | $O_{01}$ | $X_0$ | $O_{02}$ |

### （二）研究工具

采用基本共情量表、人际关系能力问卷、儿童社交焦虑问卷和儿童抑郁量表，详细介绍见"共情功能"部分。各量表的内部一致性系数见表 4 - 27。

表 4 - 27　各量表 α 信度系数

| 量　　表 | 维　　度 | 留守儿童 | 非留守儿童 | 总　　体 |
|---|---|---|---|---|
| 基本共情量表 | | 0.68 | 0.71 | 0.69 |
| | 情感共情 | 0.58 | 0.62 | 0.59 |
| | 认知共情 | 0.65 | 0.66 | 0.66 |

| 量　表 | 维　度 | 留守儿童 | 非留守儿童 | 总　体 |
|---|---|---|---|---|
| 人际关系能力问卷 | | 0.89 | 0.90 | 0.89 |
| | 发起交往 | 0.61 | 0.58 | 0.60 |
| | 提供情感支持 | 0.73 | 0.78 | 0.76 |
| | 施加影响 | 0.58 | 0.70 | 0.64 |
| | 自我袒露 | 0.66 | 0.64 | 0.65 |
| | 冲突解决 | 0.70 | 0.74 | 0.73 |
| 儿童社交焦虑量表 | | 0.70 | 0.70 | 0.71 |
| | 害怕否定评价 | 0.61 | 0.62 | 0.63 |
| | 社交回避及苦恼 | 0.41 | 0.60 | 0.50 |
| 儿童抑郁量表 | | 0.84 | 0.85 | 0.85 |

另外，为有效测量实验班学生在课程教学活动后，对课程知识的内化程度以及共情和心理社会适应上的变化，自编访谈提纲，包括四个问题：①在这个学期的心理课中，你学习到了哪些知识和方法？②你会在日常生活中使用心理课中学习到的这些知识方法吗？③通过心理课的学习，你是否改变了以往在学校的某些行为？④你谈论过心理课上学到的学习内容吗？关于哪方面？

每个被试访谈时间为 8~15 分钟，访谈地点为学校的心理健康活动室，访谈时间为上午课间操休息时间和下午放学后自由活动时间。访谈期间心理健康活动室内仅有受访者和访问者，环境安静，气氛平和。

### （三）研究对象

采用方便取样方法，从前期调查的某所乡镇中心小学抽取四年级和六年级各 2 个班，分别作为实验班和控制班。因实验班和控制班儿童的父母外出务工的情况可能会随着时间的改变而发生变化，班级儿童将处于一种"留守"与"非留守"之间的动态流动状态，这里确定剔除标准为：①家庭离异（8 份）；②前测与后测留守状态不一致（由留守转为非留守或由非留守转为留守，15 份）；③未参与前测仅参与后测（前测时因校外活动未能参加测试，5 份）；④参与前测未参与后测（后测时请假未能参加测试，3份）；⑤不认真作答（8份）。最终获得有效样本141份，人数分布见表4-28。

**表4-28 实验班和控制班前测人数**

| 年 级 | | 留守儿童 | 非留守儿童 | 总 体 |
|---|---|---|---|---|
| 四年级 | 实验班 | 17 | 13 | 30 |
| | 控制班 | 21 | 14 | 35 |
| | 总 体 | 38 | 27 | 65 |
| 六年级 | 实验班 | 18 | 22 | 40 |
| | 控制班 | 23 | 13 | 36 |
| | 总 体 | 41 | 35 | 76 |

### （四）统计策略

使用 EpiData 3.1 建立编码文件和数据库，进行数据录入，使用 SPSS 20.0 进行分析。

首先，对实验班和控制班的前测得分进行独立样本 $t$ 检验，并对不同年级的实验班和控制班的问卷后测得分进行协方差分析，以检验共情课程干预的有效性。

其次，将实验班人群细分为农村留守儿童和非留守儿童，对不同年级实验班显著的问卷维度进行非参数检验。在此基础上分析课程干预对实验班农村留守儿童和非留守儿童相对效应的影响大小。

## 三 共情课程开发

### （一）对象分析

选择4~6年级小学生作为实验对象。根据共情能力发展曲线，4~6年级既是童年期向青少年期转变的过渡阶段，也是共情能力快速发展时期。中高年级小学儿童已经基本具备了观点采择能力，能够根据相关信息推断他人的情绪态度以及观点，能够理解情绪概念，能够通过表情、言语和身体动作等情绪线索识别他人的情绪情感（寇彧，2006：976~979）。

此时开展共情能力干预,能有效促进共情能力的发展,从而敏感地表现出更多的亲社会行为,建立良好的人际关系,降低儿童的孤独感、抑郁和焦虑感,获得同伴陪伴以及友谊。

### (二)课程框架

从共情的基础部分和应用部分进行共情课程设计。前述研究发现:农村留守儿童的共情能力与农村非留守儿童无显著差异,但农村留守儿童在社交焦虑和抑郁方面的检出率均高出城市儿童和农村非留守儿童,人际交往也较为羞怯,且缺乏交往技巧。综合上述考虑,选择从共情技术入手,在认知、情感和行为层面帮助农村留守儿童辨别他人情绪,理解他人行为,学会对他人做出积极回应;同时,从心理社会适应入手,帮助农村留守儿童缓解社交焦虑和抑郁情绪,学会控制不良情绪,掌握问题有效解决的技能,塑造阳光积极的心态。其中,共情的基础部分包括认知共情、情感共情及其适应性的共情行为表现,具体包括情绪识别、情境线索、角色扮演、换位思考以及情绪控制和积极回应;共情应用部分包括共情技术以及人际交往技能,在掌握共情基本技术的前提下,使儿童能够正确认识人际交往,降低焦虑情绪,掌握主动交往、表达关心、处理冲突和解决问题等社交技能。课程主要框架如图 4 - 3 所示。

共情课程的基础课程和应用课程都从认知、情感和行为层面进行了课程设计。在基础课程中,认知层面包括第二单元、第三单元和第四单元,主要内容为情绪识别和情境线索识别,锻炼儿童的认知共情能力;情感层面包括第一单元和第五单元,主要内容为换位思考和角色扮演,锻炼儿童的情感共情能力;行为层面包括第六单元和第七单元,主要内容为情绪控制和积极回应,教导儿童如何表现共情行为。在应用课程中,认知层面包括第八单元,主要内容为正确认识人际交往,用以端正儿童对人际交往的态度;情感层面包括第九单元,主要内容为降低焦虑情绪,用以减轻儿童对社交的恐惧害怕以及焦虑的情绪;行为层面包括第十单元至第十四单元,主要内容为一系列的社交技能,教导儿童主动交往、表达关心、自我

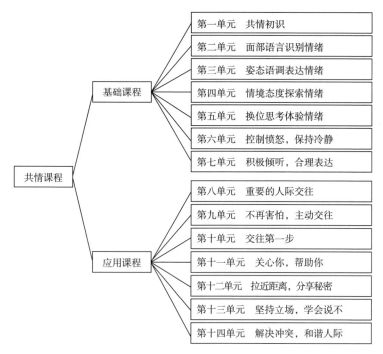

**图 4 - 3 共情课程实施框架**

坦露、坚定立场，掌握处理冲突和解决问题的技巧方法。

## （三）目标设定

本课程目标设定为：通过共情课程的培养帮助农村留守儿童增强共情能力，正确认识人际交往，学会人际交往的技巧以及减轻与人交往时的焦虑情绪，表现为三维目标体系（见表 4 - 29）。

知识与技能目标：通过共情课程学习，学生能够了解共情的概念，能够在与人交往时，通过自身以及周围的情境线索识别他人的情绪，换位思考理解他人，关心他人并进行积极的回应；掌握人际交往技能，能够主动与他人交往，进行自我介绍并展开对话，能够有分寸地与朋友分享自己对学习、生活的想法与态度，在遇到不合理的要求时能够委婉拒绝，遇到冲突时能够控制自己的情绪，保持冷静，能够倾听他人的想法，并初步处理矛盾冲突。

表 4 – 29   共情课程三维目标体系

| 单元主题 | 单元三维目标 |
| --- | --- |
| 第一单元<br>共情初识 | 知识与技能目标：建立课堂规范，学生掌握共情的相关概念，理解被人接纳时的情绪体验<br>过程与方法目标：通过师生互动，学生能够认识课堂规范的建立过程；通过游戏"滚雪球"，学生能够认识被他人接纳时情绪情感演变过程；通过回答教师提问"拥有许多朋友的人是怎样的"和观看视频，学生理解共情的概念及其发生发展过程；学生学会小组互动合作的方法<br>情感态度与价值观目标：激发学生对共情的兴趣 |
| 第二单元<br>面部语言<br>识别情绪 | 知识与技能目标：学生掌握基本的情绪词汇和具体情绪的面部表情特点，能够根据面部表情来分辨自己和他人的情绪<br>过程与方法目标：通过小组竞赛，学生能够认识情绪含义的分析比较过程；通过展示情绪表情图片，学生小组讨论总结情绪表情特点，以及学生表演情绪，掌握面部表情如何表现内心情绪；学生学会自主学习，小组合作和识别面部表情的方法<br>情感态度与价值观目标：激发学生对面部表情表达的兴趣，萌发人际交往中注意他人面部表情的意识 |
| 第三单元<br>姿态语调<br>表达情绪 | 知识与技能目标：掌握具体情绪的姿态和语调特点，能够根据姿态和语调特点判断自己和他人的情绪状态<br>过程与方法目标：复习回顾上节课学习的内容，观看电影片段以及学生小组讨论，初步认识姿态和语调表达情绪的过程；通过教师引导，游戏"你画我猜"以及学生提出的更好表达情绪的游戏建议，掌握姿态和语调表达情绪特点。学生学会观察，小组合作和识别姿态语调的方法<br>情感态度与价值观目标：激发学生对姿态和语调表达情绪的兴趣，在人际交往过程中能够有意识注意到自己和他人非言语行为表达的情绪特点 |
| 第四单元<br>情境态度<br>探索情绪 | 知识与技能目标：学生认识到不同的情境会产生不同的情绪，对事件的不同态度和看法也会影响情绪，能够初步进行情绪推测和换位思考<br>过程与方法目标：通过教师列举简单情境示例，学生初步认识情境对情绪的影响过程；通过复杂情境故事，以及换位思考进行故事角色情绪推测，学生掌握情境对情绪的影响过程；通过"半杯水"的故事，学生认识到态度积极乐观和态度消极不良者的情绪产生过程；通过角色扮演，学生深入了解角色人物的情绪和感受的发生和发展过程。学生学会思维发散和识别情境线索的方法<br>情感态度与价值观目标：通过情境故事和角色扮演，激发学生对学习情绪、识别他人情绪的兴趣和动力 |

续表

| 单元主题 | 单元三维目标 |
|---|---|
| 第五单元<br>换位思考<br>体验情绪 | 知识与技能目标：学生能够进行换位思考，初步掌握观点采择能力，并在观点采择和换位思考后，体验他人的情绪感受，进行共情体验<br>过程与方法目标：通过视频和趣味小故事，学生认识换位思考的基本过程，以及如何避免思维自我中心化的方法；通过游戏"如果你是他（她）"和角色扮演，学生深刻认识换位思考的发生和发展过程，同时认识无换位思考和有换位思考时，情绪发生和发展的差异。学生学会观察，合作交流和换位思考的方法<br>情感态度与价值观目标：在学生体验过共情后，激发他们对共情的兴趣。引导他们在日后的学习生活中产生共情的意识 |
| 第六单元<br>控制愤怒<br>保持冷静 | 知识与技能目标：学生正确认识愤怒情绪并掌握冷静策略，在遇到偶发或具有威胁性事件，并产生愤怒情绪后，能够发现自己的愤怒情绪，并使用策略使自己冷静下来，进而解决问题<br>过程与方法目标：通过故事"踢猫效应"，学生了解人际交往中愤怒情绪传染的过程；通过教师引导和回顾之前的课堂内容，学生认识到自己情绪激动愤怒时，想法和身体反应的发生发展过程；通过小组讨论和教师引导，学生理解愤怒情绪的产生原因及其不同的发展过程；通过小组讨论和教师引导，学生掌握不同冷静策略的作用原理及不同的作用过程。学生学会合作交流和保持冷静的方法<br>情感态度与价值观目标：通过学习，学生能够认识到在解决问题前需要控制自己的愤怒，使自己冷静下来，在以后的学习生活中，有冷静平静的心态 |
| 第七单元<br>积极倾听<br>合理表达 | 知识与技能目标：学生掌握倾听中的共情技巧，以及恰当的情绪表达方式，学会用恰当的方式表达不同的感受<br>过程与方法目标：通过趣味故事和游戏"鸡同鸭讲"，学生认识到不良沟通对人际交往的挫伤作用过程；通过提问"如何才能更好地倾听"以及比较不良倾听行为和良好倾听行为，学生认识到良好倾听行为对人际交往的促进作用；通过教师引导学生学习使用包含"我"的语句（"我"的语句也属于共情技巧）来进行倾听交流，并进行合理表达以表示关心和理解，学生深刻认识到倾听中共情技巧对人际关系的促进作用。学生学会合作交流和积极倾听的方法<br>情感态度与价值观目标：通过学习，学生产生人际交往沟通过程中积极倾听的动机，能够对倾听和表达中的共情技巧产生兴趣 |
| 第八单元<br>重要的人<br>际交往 | 知识与技能目标：帮助学生认识到人际交往对象的多样性，以及人际交往的重要性，加深对人际交往意义的认识<br>过程与方法目标：通过视频"好朋友戒指"以及图片故事解说，学生认识到朋友在人际互动中起作用的过程；通过教师讲解和学生朗读《清扫烟囱的孩子》，学生深刻认识到人际交往在日常生活中起作用的过程。学生学会观察的方法<br>情感态度与价值观目标：帮助学生树立正确的社交认知观念，激发学生积极社交的动机 |

续表

| 单元主题 | 单元三维目标 |
|---|---|
| 第九单元<br>不再害怕<br>主动交往 | 知识与技能目标：针对学生害怕否定评价的情况，帮助学生对自己进行正确的认识和评价，克服自己的恐惧和回避苦恼心理，有勇气主动与人交往<br>过程与方法目标：通过游戏"优点大轰炸"，学生认识到他人对自己的评价与自己对自己的评价的不同；通过文本故事，学生了解到信心和勇气使人际交往成功的过程；最后通过教师总结和图片展示，学生认识到一些克服胆怯害羞心理的方法的作用过程。学生学会思维发散和解决人际交往中害羞问题的方法<br>情感态度与价值观目标：学生能够减少胆怯、拥有积极进行人际交往的心态，对否定评价也能保持平静态度 |
| 第十单元<br>走出交往<br>第一步 | 知识与技能目标：学生能够认识到在和他人初次交往的过程中"第一印象"的重要性，掌握塑造自己特点的第一印象的技巧，能够和同龄人相识之后主动真诚地迈出友谊的第一步<br>过程与方法目标：通过视频短片，学生理解第一印象在人际交往中的作用过程；通过提问"我们通过什么来决定是否要和陌生人或不熟悉的人交朋友？"以及列举负面交友例子，学生认识到第一印象的局限性在人际交往中的作用过程；通过自我介绍的写作和练习，学生认识到和陌生人建立初步联系的过程；通过提问"如果想要进一步成为朋友，我们应该如何做？"以及教师介绍建立良好第一印象的九条方法，学生认识到换位思考，多为对方考虑的共情能力在交朋友中的作用过程。学生学会观察，思维发散和与人交往的方法<br>情感态度与价值观目标：激发学生对第一印象的兴趣和思考，降低自身与人交往时的焦虑情绪，产生人际交往中需要主动的意识 |
| 第十一单元<br>关心你<br>帮助你 | 知识与技能目标：帮助学生体验他人的情感，使学生认识到在他人心情不好或遇到问题时，我们需要给予安慰和支持，帮助解决问题，同时掌握一些帮助他人的共情技巧<br>过程与方法目标：通过视频故事，学生认识到人与人之间互相帮助的发生与发展的过程；通过设立"遇到困难，心情不好，需要帮助"的情境和角色扮演，学生认识到在遇到困难时，无助的心情及需要人帮助的迫切愿望的产生和发展的过程；通过提问"有人需要帮助时，我会怎样做？"以及教师总结，学生认识到不同助人方法以及共情技巧在帮助他人时的作用过程。学生学会观察，思维发散和关心帮助他人的方法<br>情感态度与价值观目标：激发学生帮助他人，能够倾听他人的难处、安慰关心他人、帮助他人解决问题的动机，树立互相帮助的观念 |

| 单元主题 | 单元三维目标 |
|---|---|
| 第十二单元<br>拉近距离<br>分享秘密 | 知识与技能目标：学生认识到在信任的前提下，自我袒露在人际交往中的重要性，并掌握一些恰当、有分寸且真诚的表达方法来进行自我袒露<br>过程与方法目标：通过故事和事例，学生认识到和朋友多沟通，自己对人对事的态度、观点和思考，以及爱好、经历和小秘密，在平衡自我心态、获得理解、支持或劝解，增进彼此的信任和友谊中起作用的过程；通过列举不良自我袒露的例子和小组讨论，学生深刻认识到恰当、有分寸且真诚的自我袒露在人际交往中的作用过程。学生学会合作交流，思维发散和自我坦露的方法<br>情感态度与价值观目标：学生产生与朋友分享自己情感的动机，并能够把握分寸，不伤害到自己和朋友 |
| 第十三单元<br>坚持立场<br>学会说不 | 知识与技能目标：学生认识到在交友过程中，也要有自己的主见和立场，当朋友的请求自己做不到或很为难时，不必为了讨好或顺从朋友而同意朋友的请求，能够合理委婉拒绝，学会说不<br>过程与方法目标：通过视频，学生明白学会拒绝在人际交往中的作用过程；通过情境小故事，学生认识到不合理的拒绝他人请求在人际交往中不良后果的作用过程；通过提问"日常生活中，有哪些情况我们可以理直气壮，勇敢说不？"以及小组讨论"如何合理委婉地拒绝他人"，学生认识到各种合理委婉拒绝的方法在人际交往中的作用过程；通过角色扮演，学生深刻掌握委婉拒绝他人的方法。学生学会合作交流，思维发散和委婉拒绝他人的方法<br>情感态度与价值观目标：学生能够树立正确的交往观念，当朋友的请求或要求不合理或超出自己的范围时，能够委婉拒绝，且不会有心理负担 |
| 第十四单元<br>解决冲突<br>和谐人际 | 知识与技能目标：学生掌握一些处理冲突的方法，能够以合理的方式，迅速处理冲突，安抚冲突双方。当冲突发生在自己身上时，学生能够持有正确冷静的态度，在发现自己错误后能放弃自己的主张<br>过程与方法目标：通过文本故事，学生认识到冲突产生的过程，以及不良处理导致不良冲突后果产生的过程；通过五个实例，学生认识五种冲突产生的过程；教师引导学生回忆"换位思考""避免愤怒，使自己冷静"的方法，学生认识到这些方法在解决冲突中的作用过程。学生学会思维发散和解决冲突的方法<br>情感态度与价值观目标：学生能够树立正确的社交冲突观念，面对冲突时，态度要冷静 |

过程与方法目标：通过共情课程学习，学生能够认识到共情在某个具体事件中的发生和发展过程，理解他人情绪和行为发生和转变的过程，学会与人交往的互动过程；能够学会自主学习的方法，小组合作交流的方

法，实践应用讨论的方法，思维发散的方法。

情感态度与价值观目标：通过共情课程学习，激发学生对共情的好奇心和行动的热情，正确认识人际交往的重要性，端正交往态度，减轻在与人交往时的焦虑情绪，在交往中能表现出替人着想、宽容的心态，快乐交往。

## 四 课程训练结果

### （一）基线比较

为了检验各研究变量得分在不同实验组别（实验班/控制班）、年级（四年级/六年级）和留守类型（留守儿童/非留守儿童）间是否存在显著差异，采用 Univariate 线性饱和模型方差分析。分别以 D1 ~ D13 变量为结果变量，以组别、年级和类型为固定因子，检验各固定因子的主效应及其交互效应。如果主效应不显著，表明该变量的前测得分是同质的。结果发现：除了社交焦虑的年级主效应（$F = 4.08$，$p = 0.045$）、害怕否定得分的年级主效应（$F = 9.46$，$p = 0.003$）、类型主效应（$F = 4.74$，$p = 0.031$）和生活满意度的班级类型主效应（$F = 4.32$，$p = 0.04$）显著外，其他 10 个变量得分在三组因子内部之间均无显著差异。更重要的是，除了生活满意度外，实验班和控制班在各变量上均是同质的。因篇幅限制，这里不再呈现分析过程。

### （二）实验班/控制班效果比较

采用协方差分析检验实验班和控制班在共情能力以及心理社会适应水平上的后测得分是否存在显著差异。

在对两个年级的实验班和控制班的共情以及心理社会适应结果进行协方差分析之前，需对控制变量（班级：实验班与控制班）与协变量（共情和心理社会适应的前测分数）是否影响后测结果进行检验，结果见表 4 - 30。

表 4 - 30　共情课程与各变量前测分数的交互作用

| 班级×维度 | 四年级 | | 六年级 | |
|---|---|---|---|---|
| | F | p | F | p |
| 班级×共情总分 | 0.13 | 0.722 | 0.01 | 0.937 |
| 班级×认知共情 | 0.13 | 0.718 | 1.52 | 0.222 |
| 班级×情感共情 | 0.12 | 0.729 | 4.27* | 0.042 |
| 班级×人际关系能力总分 | 6.48* | 0.013 | 0.20 | 0.660 |
| 班级×发起交往 | 1.02 | 0.317 | 0.52 | 0.473 |
| 班级×提供情感支持 | 5.02* | 0.029 | 0.19 | 0.661 |
| 班级×施加影响 | 1.98 | 0.165 | 6.15* | 0.015 |
| 班级×冲突解决 | 1.99 | 0.164 | 2.96 | 0.090 |
| 班级×自我袒露 | 0.07 | 0.789 | 0.81 | 0.371 |
| 班级×社交焦虑总分 | 0.25 | 0.621 | 0.61 | 0.438 |
| 班级×害怕否定评价 | 2.34 | 0.131 | 0.58 | 0.449 |
| 班级×社交回避及苦恼 | 0.09 | 0.769 | 0.14 | 0.713 |
| 班级×抑郁总分 | 0.32 | 0.572 | 0.17 | 0.685 |

注：* 为 $p < 0.05$。

由表 4 - 30 可知，四年级中除共情课程与人际关系能力、提供情感支持的交互作用显著，六年级中除共情课程与情感共情、施加影响的交互作用显著外，共情课程与前测分数之间的交互作用均不显著。

根据共情课程与共情、心理社会适应前测分数的交互作用检验结果，对交互作用不显著符合前提条件"斜率同质"的各维度进行协方差分析。将共情课程作为控制变量，共情与心理社会适应前测分数作为协变量，共情与心理社会适应后测分数作为结果变量进行协方差分析，结果见表 4 - 31。

表 4 - 31　四年级两组儿童后测分数的协方差分析（$M \pm SD$）

| | 实验班 | 控制班 | F | p |
|---|---|---|---|---|
| 共情总分 | 54.76 ± 8.60 | 51.77 ± 7.76 | 6.42* | 0.014 |
| 认知共情 | 28.96 ± 5.34 | 26.86 ± 5.25 | 7.54** | 0.008 |
| 情感共情 | 25.80 ± 5.47 | 24.91 ± 5.01 | 0.22 | 0.641 |

续表

| | 实验班 | 控制班 | $F$ | $p$ |
|---|---|---|---|---|
| 发起交往 | $19.97 \pm 4.44$ | $17.00 \pm 4.54$ | $6.33^*$ | 0.014 |
| 施加影响 | $26.30 \pm 4.91$ | $22.51 \pm 4.71$ | $10.56^{**}$ | 0.002 |
| 冲突解决 | $26.13 \pm 6.99$ | $23.43 \pm 4.93$ | $4.04^*$ | 0.049 |
| 自我袒露 | $20.33 \pm 5.62$ | $16.89 \pm 4.80$ | $5.73^*$ | 0.020 |
| 社交焦虑总分 | $7.40 \pm 4.12$ | $7.40 \pm 3.51$ | 0.19 | 0.662 |
| 害怕否定评价 | $4.63 \pm 2.54$ | $4.43 \pm 2.52$ | 0.00 | 0.974 |
| 社交回避及苦恼 | $2.77 \pm 1.85$ | $2.97 \pm 1.60$ | 0.45 | 0.504 |
| 抑郁总分 | $11.89 \pm 8.67$ | $17.31 \pm 6.71$ | $9.72^{**}$ | 0.003 |

注：$*$ 为 $p < 0.05$，$**$ 为 $p < 0.01$。

由表4-32可知，共情课程对六年级实验班的共情、认知共情、发起交往、施加影响、冲突解决、自我袒露和抑郁的效应是显著的，对提供情感支持、社交焦虑、害怕否定评价、社交回避及苦恼的效应不显著。

表4-32　六年级两组儿童后测分数协方差分析（$M \pm SD$）

| | 实验班 | 控制班 | $F$ | $p$ |
|---|---|---|---|---|
| 共情总分 | $56.93 \pm 9.62$ | $55.75 \pm 9.00$ | 0.14 | 0.707 |
| 认知共情 | $30.25 \pm 5.24$ | $28.33 \pm 5.60$ | 0.80 | 0.374 |
| 人际关系能力总分 | $116.83 \pm 22.63$ | $105.14 \pm 20.55$ | 3.53 | 0.064 |
| 发起交往 | $19.00 \pm 4.76$ | $17.28 \pm 4.39$ | $5.80^*$ | 0.019 |
| 提供情感支持 | $16.80 \pm 6.56$ | $23.72 \pm 6.59$ | 1.88 | 0.175 |
| 冲突解决 | $27.53 \pm 5.23$ | $22.50 \pm 6.14$ | $8.83^{**}$ | 0.004 |
| 自我袒露 | $19.03 \pm 4.67$ | $19.25 \pm 4.63$ | 0.13 | 0.723 |
| 社交焦虑总分 | $7.75 \pm 3.54$ | $8.19 \pm 3.58$ | 0.42 | 0.517 |
| 害怕否定评价 | $5.10 \pm 2.20$ | $5.00 \pm 2.57$ | 0.05 | 0.824 |
| 社交回避及苦恼 | $2.65 \pm 1.78$ | $3.19 \pm 2.05$ | 1.03 | 0.314 |
| 抑郁总分 | $11.37 \pm 6.11$ | $18.08 \pm 8.29$ | $6.42^*$ | 0.013 |

注：$*$ 为 $p < 0.05$，$**$ 为 $p < 0.01$。

结果表明，共情课程对六年级实验班的冲突解决和抑郁的效应显著，对共情、认知共情、人际关系能力、发起交往、提供情感支持、自我袒露、社交焦虑、害怕否定评价和社交回避及苦恼的效应均不显著。

由于四年级人际关系能力、提供情感支持的前测分数与共情课程的交互作用显著，六年级情感共情、施加影响的前测分数与共情课程的交互作用也显著，故为检验两个年级实验班和控制班在结束共情课程后在这几个维度上是否存在显著差异，将两个年级共情课程结束后的后测得分减去共情课程开始前的前测得分（即排除前测影响），对所得差值进行独立样本 $t$ 检验，结果见表 4-33。

表 4-33　两个年级共情及人际交往能力提高的独立样本 $t$ 检验

| 年　级 | 维　度 | 实验班（$M \pm SD$） | 控制班（$M \pm SD$） | $t$ | $p$ |
|---|---|---|---|---|---|
| 四年级 | 人际关系能力总分 | $13.96 \pm 30.22$ | $-2.64 \pm 14.97$ | $2.87**$ | 0.006 |
| | 提供情感支持 | $3.13 \pm 7.49$ | $-0.88 \pm 5.07$ | $2.56*$ | 0.013 |
| 六年级 | 情感共情 | $2.00 \pm 5.04$ | $1.83 \pm 5.75$ | 0.14 | 0.889 |
| | 施加影响 | $1.33 \pm 3.64$ | $0.78 \pm 5.07$ | 0.54 | 0.590 |

注：* 为 $p < 0.05$，** 为 $p < 0.01$。

由表 4-33 可知，共情课程对于四年级实验班的人际关系能力总分和提供情感支持的效应显著，对于六年级的情感共情和施加影响的效应不显著。

综合以上分析结果可以认为：共情课程对四年级实验班的共情能力、人际关系能力以及抑郁状态效果显著，对社交焦虑无显著影响；对六年级实验班人际关系能力中的发起交往、冲突解决和抑郁状态效果显著，对共情能力和社交焦虑状态的效果不显著。

### （三）留守/非留守儿童效果比较

为检验共情课程实施后，对不同年级留守与非留守儿童共情、人际关系能力和抑郁提升效果的差异，对后测得分减去前测得分的差值进行非参数检验中的秩和检验，对四年级不同留守类型儿童群体发起交往、冲突解决和抑郁的前后测差值分数进行非参数检验中的秩和检验，结果见表 4-34。

表 4 – 34    四年级不同留守类型儿童前后测差值检验

| | 留守儿童 | | | | 非留守儿童 | | | |
|---|---|---|---|---|---|---|---|---|
| | 实验班 | 控制班 | $Z$ | $p$ | 实验班 | 控制班 | $Z$ | $p$ |
| 共情总分 | 2.57 ± 3.08 | 2.57 ± 3.08 | – 1.09 | 0.277 | 3.08 ± 6.26 | – 1.77 ± 4.13 | – 1.92 | 0.055 |
| 认知共情 | 1.63 ± 5.16 | – 1.41 ± 4.38 | – 1.84 | 0.066 | 1.31 ± 4.77 | – 3.16 ± 4.52 | – 2.14* | 0.032 |
| 人际交往 | 10.65 ± 23.21 | – 3.42 ± 15.97 | – 2.04* | 0.041 | 18.28 ± 38.11 | – 1.46 ± 13.82 | – 2.43* | 0.015 |
| 发起交往 | 2.35 ± 5.71 | 0.46 ± 6.09 | – 1.30 | 0.195 | 2.59 ± 7.13 | 0.43 ± 5.14 | – 0.95 | 0.342 |
| 情感支持 | 2.71 ± 7.05 | – 0.36 ± 5.21 | – 2.05* | 0.041 | 3.69 ± 8.28 | – 1.66 ± 4.94 | – 2.36* | 0.018 |
| 施加影响 | 2.53 ± 5.64 | – 0.58 ± 3.78 | – 2.02* | 0.044 | 4.46 ± 8.59 | – 0.51 ± 6.74 | – 2.02* | 0.044 |
| 冲突解决 | 1.95 ± 6.50 | – 2.19 ± 6.11 | – 1.91 | 0.056 | 5.15 ± 12.06 | – 0.07 ± 7.05 | – 1.14 | 0.253 |
| 自我袒露 | 1.12 ± 6.36 | – 0.76 ± 5.35 | – 1.16 | 0.245 | 2.38 ± 6.68 | 0.36 ± 5.14 | – 1.31 | 0.189 |
| 抑郁总分 | – 4.06 ± 8.80 | – 0.12 ± 6.06 | – 1.72 | 0.085 | – 6.11 ± 8.73 | 0.12 ± 5.21 | – 1.99* | 0.046 |

注：* 为 $p < 0.05$。

由表 4 – 35 可知，对于六年级而言，课程干预对实验班非留守儿童群体的认知共情能力提高显著，抑郁降低显著；对两类农村儿童的人际交往能力、提供情感支持、施加影响维度均提高显著。

对于六年级而言，课程干预显著降低了实验班非留守儿童群体的抑郁水平（表 4 – 35）。

表 4 – 35    六年级不同留守类型儿童前后测差值检验

| | 留守儿童 | | | | 非留守儿童 | | | |
|---|---|---|---|---|---|---|---|---|
| | 实验班 | 控制班 | $Z$ | $p$ | 实验班 | 控制班 | $Z$ | $p$ |
| 发起交往 | 2.06 ± 3.39 | 0.42 ± 4.64 | – 1.56 | 0.120 | 4.45 ± 4.72 | 1.76 ± 4.60 | – 1.58 | 0.115 |
| 冲突解决 | 2.78 ± 5.66 | 1.79 ± 4.62 | – 0.20 | 0.843 | 2.82 ± 6.74 | 0.31 ± 5.65 | – 1.16 | 0.245 |

续表

| | 留守儿童 | | | | 非留守儿童 | | | |
|---|---|---|---|---|---|---|---|---|
| | 实验班 | 控制班 | $Z$ | $p$ | 实验班 | 控制班 | $Z$ | $p$ |
| 抑郁总分 | $-1.02 \pm 4.42$ | $-0.30 \pm 7.00$ | $-0.58$ | 0.562 | $-1.73 \pm 4.61$ | $2.92 \pm 5.79$ | $-2.19^*$ | 0.028 |

注：* 为 $p < 0.05$。

为避免作为基线的控制班中留守儿童和非留守儿童样本量差异过大，影响前后测差值分析的准确性，这里对两个年级中实验班的留守儿童群体和非留守儿童群体的前后测分数分别进行非参数检验中的符号等级检验，检验实验班中留守儿童群体和非留守儿童群体在共情课程前后测量的分数是否存在显著差异，结果见表 4-36、表 4-37。

表 4-36　四年级实验班不同留守类型儿童前后测符号等级检验

| | 留守儿童 | | | | 非留守儿童 | | | |
|---|---|---|---|---|---|---|---|---|
| | 前　测 | 后　测 | $Z$ | $p$ | 前　测 | 后　测 | $Z$ | $p$ |
| 共情 | $50.35 \pm 7.87$ | $52.93 \pm 7.74$ | $-1.19$ | 0.236 | $54.08 \pm 8.62$ | $57.15 \pm 9.37$ | $-1.74$ | 0.082 |
| 认知共情 | $26.76 \pm 4.62$ | $28.40 \pm 5.26$ | $-1.23$ | 0.220 | $28.38 \pm 4.39$ | $29.69 \pm 5.56$ | $-1.02$ | 0.306 |
| 人际能力 | $108.70 \pm 20.46$ | $119.35 \pm 20.13$ | $-1.99^*$ | 0.047 | $104.02 \pm 23.77$ | $122.31 \pm 23.86$ | $-1.99^*$ | 0.046 |
| 发起交往 | $17.76 \pm 4.51$ | $20.12 \pm 3.94$ | $-1.62$ | 0.106 | $17.18 \pm 4.67$ | $19.77 \pm 5.18$ | $-1.22$ | 0.223 |
| 情感支持 | $24.35 \pm 6.11$ | $27.06 \pm 5.44$ | $-1.69$ | 0.091 | $25.31 \pm 5.53$ | $29.00 \pm 4.85$ | $-1.75$ | 0.080 |
| 施加影响 | $24.18 \pm 4.99$ | $26.71 \pm 3.95$ | $-1.97^*$ | 0.049 | $21.31 \pm 5.62$ | $25.77 \pm 6.08$ | $-2.07^*$ | 0.039 |
| 冲突解决 | $23.23 \pm 5.01$ | $25.18 \pm 6.62$ | $-1.04$ | 0.297 | $22.23 \pm 6.89$ | $27.38 \pm 7.53$ | $-1.36$ | 0.173 |
| 自我袒露 | $19.18 \pm 6.02$ | $20.29 \pm 4.97$ | $-0.91$ | 0.365 | $18.00 \pm 5.66$ | $20.38 \pm 6.58$ | $-1.57$ | 0.116 |
| 抑郁 | $17.29 \pm 5.98$ | $13.24 \pm 9.20$ | $-1.94$ | 0.052 | $16.23 \pm 8.23$ | $10.12 \pm 7.92$ | $-2.22^*$ | 0.026 |

注：* 为 $p < 0.05$。

由表 4-36 可知，四年级实验班中留守儿童和非留守儿童群体的人际交往能力和施加影响均在共情课程后得到了显著提高，非留守儿童群体的抑郁在共情课程后得到了显著降低；表 4 - 37 显示六年级实验班中留守儿童和非留守儿童群体的发起交往均在共情课程后得到了显著提高。

表 4 - 37　六年级实验班不同留守类型儿童前后测符号等级检验

| | 留守儿童 | | | | 非留守儿童 | | | |
|---|---|---|---|---|---|---|---|---|
| | 前　测 | 后　测 | $Z$ | $p$ | 前　测 | 后　测 | $Z$ | $p$ |
| 发起交往 | 17.00 ± 4.70 | 19.06 ± 4.76 | - 2.12* | 0.034 | 14.50 ± 4.70 | 18.95 ± 4.87 | - 3.33** | 0.001 |
| 冲突解决 | 24.33 ± 6.33 | 27.11 ± 4.61 | - 1.80 | 0.071 | 25.05 ± 7.52 | 27.86 ± 5.78 | - 1.78 | 0.076 |
| 抑郁总分 | 14.28 ± 5.42 | 13.26 ± 6.12 | - 0.95 | 0.342 | 11.55 ± 4.95 | 9.82 ± 5.78 | - 1.52 | 0.129 |

注：* 为 $p < 0.05$，** 为 $p < 0.01$。

综合以上数据结果，四年级实验班中留守儿童和非留守儿童群体的人际交往能力和施加影响维度在共情课程中均获得了显著提升，非留守儿童群体的抑郁也有显著降低。

### （四）整体效果的质性分析

在四年级和六年级实验班中按照学号顺序各随机抽取 10 名学生进行访谈。根据课程干预内容分别列出课程单元的知识点进行统计分析，结果显示（见表 4 -38）：虽然四年级和六年级对知识点的掌握各有偏重，但在基

表 4 -38　不同年级实验班掌握心理健康课知识点的情况

单位:%

| 课　程 | 课程单元知识点 | 四年级 | 六年级 |
|---|---|---|---|
| 基础课程 | 情绪的面部表情和姿态特点 | 60 | 70 |
| | 换位思考 | 40 | 30 |
| | 共情 | 0 | 30 |
| | 控制愤怒、保持冷静的方法 | 60 | 40 |
| | 倾听 | 20 | 0 |
| 应用课程 | 委婉拒绝他人 | 60 | 40 |
| | 合理分享小秘密 | 20 | 50 |
| | 如何交朋友 | 30 | 60 |
| | 如何帮助他人 | 10 | 10 |
| | 如何避免冲突 | 20 | 40 |

础课程中，两个年级均对"情绪的面部表情和姿态特点"以及"控制愤怒、保持冷静的方法"掌握较好，这两个知识点主要对应于认知共情和共情行为，在应用课程中，四年级对"委婉拒绝他人"掌握较好，六年级对"如何交朋友"掌握较好。

## 五　训练成效分析

### （一）基本认识

到目前为止，还没有检索到关于农村留守儿童共情能力干预的正式期刊论文发表。本项研究通过探索性的课程干预训练，形成了在农村留守儿童群体开展共情课程干预的基本认识：共情课程的实际效果会受到共情认知/情感层面、年龄阶段或儿童自身特征等多种因素的调节。

首先，干预课程效果主要体现在认知共情方面，情感共情并未出现明显提升。这一研究结果在访谈中也得到验证：

> 通过课程训练，学生们表示：在生活中能够有意识地观察他人的面部表情、肢体动作等非言语线索，能够对他人进行换位思考，站在他人的角度想问题。这都表明共情课程促进了学生认知共情能力的发展。

一个重要原因可能是本次课程设计偏向认知操作。比如，共情基础课程更加偏向于认知层面，第二单元至第四单元均在教授学生如何收集线索识别他人情绪，第五单元虽有情感共情的内容，但换位思考仍属于认知共情的范畴。尽管在课程设计初期已考虑到要权衡共情训练的基础方面和应用方面的时间分配和教学方法的契合性，但通过调阅干预过程资料和课程干预督导记录发现，实际训练过程的内容和方法更适用于认知共情操作和技能方面。这表示，将来共情课程的设计，需要平衡认知共情和情感共情的知识点分布和技能活动难度，提出适用于共情情感训练的方法和策略，这是未来课程设计的重点和难点。

再次，情感共情的训练效果也可能受到儿童自身心理特征的影响。结合以往研究结果（洪淼，2015），情感共情训练效果不明显也可能与农村儿童群体社交焦虑水平整体偏高有关（$M = 6.90$，总分超过 8.0 即可检出社交焦虑）。本章在共情的心理社会功能部分曾提到，情感共情与社交焦虑和抑郁均显著正相关。通常情况下，社交焦虑水平较低的儿童和同学朋友之间的交流是恰当且适度的，他们能够在不同的情境中恰当而适宜地表露自己的情绪情感，正常进行人际交往、课外活动和学业合作。高社交焦虑儿童则出现更多的情绪抑制，较少自我表露，更多采用沉默或嬉闹方式掩饰自己的真实感受。参与共情课程的农村儿童整体社交焦虑水平偏高，即使他们已经学会并掌握了基本的共情认知技巧，由于自身社交焦虑限制，即使在短期课程训练过程中，也很难向他人自如流畅地表露并分享自己的内心感受，导致情感共情的总体效果未能达到预期。

除此之外，这一结果也可能与认知共情和情感共情自身特点及其改变特征有关。一般而言，个体的认知－行为层面的改变发生快，易于评定和观察；特质情感层面则改变慢，更加内隐，但一旦形成某种情感特质则相对稳定。从认知共情和情感共情的发展轨迹看，整个小学阶段都是情感共情逐渐下降而认知共情稳定上升阶段。

从这个角度，本研究结果是否可以理解为共情训练不仅在一定程度上促进了认知共情的提高，也抑制了情感共情下降的趋势？如果该解释成立，那么共情训练就可能面临抑制情感共情的正常发展还是促进情感共情水平提升的两难困境，这无论在学术还是现实意义方面都需要更多更深入的探讨。

共情训练的有效性是否存在年龄敏感性，这是本研究延伸出来的另一个关键问题。相对于六年级，本次共情课程干预对四年级小学生更有效。与控制班相比，四年级实验班学生的共情能力以及认知共情能力均得到了显著提升，六年级实验班学生的共情能力和认知共情能力虽有增长，但与控制班学生无显著差异。

这里仅结合本次课程干预实践进行简要分析。第一，由于年龄和生活

经验等因素，六年级小学生的人际交往水平相对于四年级学生更高，培训
出现了天花板效应。第二，课程培训难度过大，超过了六年级学生的接受
水平。在本次干预课程中，尽管使用的课程目标体系是相同的，但在知识
点的深度和活动的难度水平上有所区别，在六年级共情能力教学的知识点
和活动设置上加大了深度和难度，这使得六年级学生在接受理解上存在困
难，共情能力难以获得有效提升。比如，在讲解"共情概念"这一部分内
容时，培训师为四年级学生简单描述"共情"的概念并以"外国人打哈
欠"的视频作为辅助，帮助学生理解什么是共情；对六年级学生则播放视
频《同理心的力量》（*The Power of Empathy*），对"共情"概念的讲解仅作
为辅助。"同理心的力量"以动画的形式分析了同情和共情，虽画面生动
形象，但概念的复杂性却超出了六年级学生的理解范围。在后期访谈时有
学生也提到，他会和朋友讨论共情到底是怎样产生的，因为觉得这个概念
太难以理解。未来针对儿童青少年的干预培训，需要首先对受训对象的认
知能力、共情能力现状及其日常行为表现进行全面评估，吸纳具有丰富经
验的一线教师参与课程设计全程，以使课程内容和难度设计与学生认知水
平相匹配。

本研究得出的另一个重要观点就是：共情课程干预的成效并没有出现
留守儿童与非留守儿童的分离现象。简言之，尽管课程设计的初衷是促进
农村留守儿童共情功能的完善，然而留守儿童并非唯一受益者。

当单独对四年级实验班的留守儿童群体和非留守儿童群体进行分析
时，共情课程训练并未使两个群体的共情能力以及认知共情和情感共情能
力得到显著提升。但是，当将两种样本合并时，干预课程对共情能力具有
显著的提升效果。这说明，该课程采用自然教育实验设计，对不同类型农
村儿童的共情能力发展均具有促进作用。

从教育实验伦理的角度看，尽管国内外大量研究都部分支持了共情训
练的有效性，但不少研究者并未对未接受共情干预的控制组学生追加类似
教育福利。因此，未来研究需要从教育实验理论的角度考虑，完善实验设
计，优化实验流程，让包括农村留守儿童在内的更多儿童享受积极发展成

果，避免造成新的教育实验中的不公平现象。

## （二）对心理社会适应的效用

从研究结果来看，共情课程对于不同年级学生人际关系能力提升的效果不一，四年级实验班学生的人际关系能力得到了全面显著的提升，六年级实验班学生的人际关系能力仅在发起交往和冲突解决维度上得到了显著提高。分析比较农村留守与非留守儿童群体后发现，四年级留守儿童群体和非留守儿童群体的人际关系能力和施加影响维度的提升均达到显著水平，六年级留守儿童群体和非留守儿童群体的人际关系能力提升均未达到显著水平。

本研究的共情应用课程建立在共情基础课程的基础上，学生在掌握共情技能的前提下才能够较好地理解学习这些以共情为基础的人际交往技能。前述实验结果表明，四年级的共情训练效果要优于六年级。因此，四年级和六年级实验班在人际交往能力提升上的差异，也印证了共情课程设计的最初设想：如果学生没有完全掌握共情技能，则人际交往技能的学习也会存在一定的困难。因此，将共情训练划分为基础课程和应用课程是有必要的。

从研究结果来看，共情课程对不同年级学生社交焦虑未有显著影响。前述关于共情的功能研究发现，情感共情可单独预测社交焦虑和抑郁，而认知共情则不存在预测作用。本研究的共情课程仅显著提高了认知共情，情感共情无显著提升，这可能是共情课程未能对社交焦虑产生影响的原因之一。颜玉平的研究也表明共情训练对社交回避和苦恼的影响并不显著。

共情课程对于抑郁的影响效果是一致的，四年级实验班学生尤其是非留守儿童群体的抑郁状态显著下降，六年级实验班学生的抑郁状态也显著下降。具体原因可能在于，共情课程作为心理健康教育课程，本身就具有一定的心理辅导功能，课程实施过程中营造了一种关注心理健康的氛围，且仅实验班开设心理健康课，实验班学生接受了特殊训练。另外，也可能与"认知共情能够显著负向预测抑郁，情感共情能够显著正向预测抑郁"

这一前述结果有关。共情课程仅显著提高了认知共情，情感共情无显著提升，这也可能是共情课程降低抑郁状态的原因。当然，上述观点和推论仍需要更细致的检验。

需要特别指出的是，本研究均采用以往成熟的测量工具，大部分问卷并未形成城乡样本常模，部分量表的信度偏低也提醒我们该问卷是否适用于农村小学生还有待检验，其研究结果的解释还需谨慎。因此，开发一份适用于农村中小学生群体和日常生活经验的共情评估工具也更显得迫切和必要。

# 第五章
## 生命意义：努力活下去的理由

当我们没有能力改变所处的环境时，我们就要去挑战改变自己。

——维克多·弗兰克

### ⤚ 本章导读 ⤛

2015 年 6 月 11 日深夜，新华网推出新华视点特别调查文章《贵州毕节 4 名儿童集体喝农药自杀事件调查》，对 2 天前（6 月 9 日深夜）发生的 4 名留守儿童在家自杀身亡的悲剧事件进行调查。尽管该文提出了"家暴和孤独""缺爱之殇"两个观点，但正如记者在文中所写到的：警方的初步调查结论是疑似集体喝农药自杀，这起悲剧究竟是如何发生的？生命意义的缺乏，也许是导致这起恶性事件的一个重要心理原因。

农村留守儿童的生存状况，特别是接连发生的极端事件，严重冲击着社会道德底线，刺痛着人们的神经。2016 年 1 月 27 日，李克强总理在国务院常务会议上语重心长地对与会者说："决不能让留守儿童成为家庭之痛、社会之殇！"这是我国政府高层再次发出的关爱农村留守儿童、促进阳光成长的积极信号。2017 年《人民日报》发表吕晓勋撰写的人民时评，提出以更加高效、专业、恒定的方式，将各方面的爱心有效整合，让祖国的每一朵花儿都能在社会大家庭的温暖中尽情绽放。

生命意义已成为积极心理学的一个重要研究主题。2014 年世界卫生组织（WHO）发布的全球首份报告《预防自杀：全球要务》显示，2012 年全球约有 80.4 万人自杀身亡，经年龄标准化后的全球年自杀率为 11.4/10 万。相对于自杀死亡，每年自杀未遂的人更多。其中，75.5% 的自杀发生在中低收入的 WHO 成员方。[①]

生命意义的培育是预防自杀的重要保护因素（Kleiman & Beaver，2013：934－939）。早在 2010 年开始实施的《国家中长期教育改革和发展规划纲要》就提出要"重视安全教育、生命教育、国防教育、可持续发展教育。促进德育、智育、体育、美育有机融合，提高学生综合素质，使学生成为德智体美全面发展的社会主义建设者和接班人"。这是在国家层面首次将"生命教育"纳入教育改革内容，生命教育成为国家教育发展的战略决策。贵州毕节留守儿童极端事件再次提醒我们：开展留守儿童生命关怀教育，迫在眉睫，势在必行。

那么，个体的生命意义从何而来？留守儿童的生命意义是否异于同龄儿童？生命意义体悟对于提升留守儿童个体心理社会适应有何种价值？本部分将对此开展探索性实证研究，以期引发学界对这一问题的深入思考并有所行动。

# 第一节　生命意义的内涵

生命意义（meaning in life）又称人生意义，是一个非常宏大的哲学命题。关于生命意义的研究，长期以来都游走在主流心理学研究的边缘。其原因，不仅在于这一抽象概念难以概念化和定量测量，还在于它最初所指的是"人类为何存在"这一形而上的哲学问题，而非心理学问题

---

① 参见 http：//iris. wpro. who. int/bitstream/handle/10665. 1/12828/9789290617488 ＿ chi. pdf? ua＝1。

（Battista & Almond，1973：409 - 427）。维克多·弗兰克尔（Viktor E. Frankl）根据自己二战时在纳粹集中营的经历出版了《活出意义来》一书，被研究者视为将生命意义这一哲学概念引入社会科学领域的标志，是生命意义成为心理学研究主题的里程碑事件（程明明、樊富珉，2010：431 ~ 437）。

关于生命意义的内涵，存在心理学、动机与人格、相对主义以及积极心理学等不同理论取向论者，分别从生命存在的目的和价值、意义获得的动力、意义产生的过程等不同角度进行阐释。

弗兰克尔认为，个体对于获得意义的愿望是一种重要的、普遍的人类动机，意义的缺失则会使人变得倦怠、没有希望、抑郁以及失去活下去的勇气。他认为，生命的意义因人而异、因时而异，在生命历程中每个人都有自己特殊的使命或天职，每个人都是独特的。简言之，生命意义就是个体感受、领会或理解自身鲜活生命的存在，以及觉察到自己生命的目的、使命或者首要目标的程度（维克多·弗兰克尔，2010：431 ~ 437）。

欧文·亚隆（Irvin D. Yalom，2005）拓展了弗兰克尔关于生命意义的含义，他认为生命意义是个体对于生命中的无意义感的一种创造性反应。他认为，宇宙没有一个终极的目的存在，只有人类自己才能创造意义，意义不存在于个体之外。因此，生命意义是一种在无意义宇宙中需求生存的内在需要。

雷克（Reker，2000）将生命意义定义为个体对自己存在的认知，激励个体追寻有价值的目标，并伴随实现感。施耐德等人（Lopez & Snyder，2013）认为，生命意义是人的一种存在性和价值性的信念，它是人行为的缘由，影响人的行为选择，并赋予其价值感和归属感。学者的观点尽管不尽相同，但基本都认可生命意义反映了个人存在价值和生活目标，具有动机性功能，体现在人的具体行动之中。

在前人研究基础上，Steger（2012）从积极心理学的角度出发将生命意义界定为"个体存在的意义和对自我重要性的感知"，具体划分为拥有意义和追寻意义两个维度。其中，拥有意义是指个体对自己活得是否有意义的感受，对当下所拥有的生命意义或生活目标的认知，是生命意义的认知维度和主观表现，可能形成于社会学习和观察中，也可能通过意义追求而获得，它具有导向和动机作用。追寻意义指个体主动建立或增加对意义和目标的理解，对意义的积极寻找和主动探索，以及对自己生命意义的扩展，它是生命意义的行动维度，体现在人的认知活动和身体行动方面。意义拥有和意义追寻二者不可分割，既相互依赖又相对独立，代表着生命意义的两个不同侧面。有人对二者的关系进行了形象的比喻：意义就像名人，意义拥有代表了名人令人羡慕的光鲜亮丽的一面，而意义追求则体现了名人背后不为人知的努力与艰辛（杨慊等，2016：1496～1503）。

就具体个体的生命历程而言，意义拥有、意义追寻或其相互作用，都可以成为提升或推动个体生命质量的重要因素。同样，任何一种意义缺失，都可能导致个体生命体的自我丧失：无论是认为自己无法拥有意义，还是苦苦追寻终究未能找到意义。

# 第二节  生命意义的测量

生命意义研究的难点在于其难以操作化。据了解，目前生命意义的研究方法主要有自我报告法、他人报告法、访谈法、准则群体（criterion group）以及作品取样（writing samples）等方法，也有研究涉及日常经验取样、实验操作、行为观察和长期跟踪研究等。由于生命意义的测量侧重于个体的主观评价，自我报告的问卷法具有独特优势。本部分将在对目前具有代表性的测量工具进行简要介绍的基础上，修订适合农村小学生使用的生命意义测量工具。

## 一  文献述评

Steger 等人（2006）编制的生命意义问卷（Meaningin Life Questionnaire，MLQ）是到目前为止使用最广泛的测量工作。据不完全统计，截至目前该量表编制的论文被引高达 980 次，成为受到广泛应用的生命意义测量工具之一。该问卷共由 10 个条目组成，第 1、4、5、6 和 9 题组成意义拥有（presence）维度，第 2、3、7、8 和 10 组成意义追寻（search）维度。采用七级评分方法，1 代表"完全不符合"，7 代表"完全符合"，将各维度所含项目得分相加即为该维度分数，得分越高表示意义感越强。

然而，正如原作者所提出的，该问卷还存在以下不足，有待未来完善。一是研究样本的多样性。该问卷主要采用方便取样方法获取美国中西部大学生样本，对不同文化及高龄群体样本的适用性有待验证，特别是探索不同文化人群，比如阿拉伯和犹太人等的生命意义来源将会取得巨大收获。二是该问卷主要是自我报告的问卷法，其他更丰富、多样化方法的运用将有助于加深对生命意义的理解。三是研究者并不知晓被试究竟是如何对自己的生命意义做出判断的？比如，依赖相对稳定的人格特征、环境或社会文化背景、心境、近期的生活事件还是生命目标的进展情况？这些问题在随后的研究中均得到更深入的探讨。

在国内，不同研究者也先后翻译、修正并检验了 MLQ 在中国大学生（刘思斯、甘怡群，2013；王孟成、戴晓阳，2008）、初/高中学生（王鑫强，2013）、受灾高中生（张姝玥、许燕，2011）、农村初中生（陈维等，2017）等样本中的应用情况。总体而言，中国样本的研究结果支持了生命意义的双因子结构，但在诸如项目辨识度、二维因子的关系及其优先顺序乃至性别特征等方面均存在一定的分歧和矛盾，也得出了与中国文化相关联的信息。

除此之外，Crumbaugh（1968）编制的生命目的量表（Purpose in Life，PIL）、Battista 和 Almond（1973）编制的关注生命指标（Life Regard Index，LRI）、Antonovsky（1993）编制的一致感量表（Sense of Coherence，SOC）、Morgan 等人（2009）编制的生命意义问卷（Meaning in Life）也都有翻译修订成中文版本在华人样本（张利燕、谢佳、郭芳姣，2010；尹美琪，1988；肖蓉等，2009；包蕾萍、刘俊升，2005）中使用，由于维度结

构各有针对性，结果难以比较。

上述测量工具的适用对象多为青春期以上及成年群体，适用于儿童群体的生命意义测量工具还比较缺乏，原因如下。

一方面，可能在于研究者认为生命意义包含着复杂的心理过程，只有在发展相对成熟的人群中才会出现。事实上，考察儿童时期生命意义发展情况的研究也的确非常少见（Taylor & Ebersole，1993）。

另一方面，也可能与适用于儿童群体使用的测量工具缺乏有关。现有的测量青少年和成年人群的工具，也可能无法反映处于皮亚杰界定的具体运算阶段的 7 ~ 12 岁小学生。

2017 年 Anat Shoshani 和 Pninit Russo-Netzer（2017）研制了儿童生命意义问卷（Meaning in Life for Child Questionnaire，MIL - CQ），适合小学三至六年级儿童使用。该量表以弗兰克存在主义的意义三角理论（Frankl，1959）为框架，将创造、体验和态度作为儿童生命意义的主要来源。

创造反映了儿童从自身一致的动作、表现、日常行为习惯中获得的意义感，它可以体现为儿童实现自己重要的目标和计划，或通过帮助或给予他人而产生的生活目的感，关注儿童如何通过自认为与众不同的方式对周围的世界有所贡献。

体验则表达了另一个完全不同的意义来源：这个世界赋予儿童什么使他得以认为自己与众不同？该维度反映了儿童与家人、朋友、其他人以及与大自然、艺术、上帝等的积极联结体验，比如，儿童感受到大自然的神奇、来自上天的恩赐、人世间的一切美好事物等。

与上述两个意义来源不同，态度则与儿童如何感知世界上不好的事物有关，儿童是否接受不可改变的事物，以及是否对于可以改变的事物持积极态度。

据此编制儿童版生命意义问卷，共 21 个题项，采用五点计分，1 = 完全不符合，2 = 有些不符合，3 = 不确定，4 = 有些符合，5 = 完全符合，各分量表的项目均分为每个子量表的得分和问卷总均分。该量表的 Cronbach's Alpha 系数是 0.82，创造意义分量表为 0.73，体验意义分量为 0.74，态度价值分量表为 0.80。效度检验表明，小学女生在创造、体验和意义总分上显著高于男生；生命意义与主观幸福感得分正相关，与行为和情感问题呈负相关。这表明，该量表具有很好的信效度指标。

因此，本研究对该问卷进行修订并检验中文版问卷是否适用于中国城乡小学生群体，以便为研究农村留守儿童的生命意义提供有效的测评工具。

## 二 研究方法

### （一）修订过程

由研究者翻译为中文，再由 2 位心理学研究生和 5 位中小学英语老师进行对译与互校，在符合译文原意的基础上充分考虑中文理解和表达习惯，避免生硬地直译，译文遵循信、达、雅的原则。

首先，对题项内容进行文化适用性分析。一是删除不合国情的条目或内容。原量表共 21 个题目，其中 "I feel connected to God or a higher power that gives me guidance" 涉及宗教信仰，不适合中国国情，予以删除。二是寻找本土语言中有一定代表性的表达方式和用语。比如，"Being with my family gives me strength"，直译为"和家人在一起可以给我力量"，在采访学生时发现学生并不能理解"力量"，故用"鼓励和勇气"代替"力量"。

其次，邀请熟练掌握中英文的专家和中小学教师进行多轮互译，确保量表表达符合原义，且不易引起中小学生理解歧义。如，"I feel happiness and joy when I am with people who are close to me"，直译为"和亲密的人在一起时，我感到幸福和快乐。"英语老师认为"亲密"二字，可能会使学生局限于理解为亲密的身体接触，故用"关系好的人"代替"亲密的人"。

最后，请心理学专家提供修改意见，确定预测试量表。

已有研究表明，生命意义的三维结构在国内其他群体中是存在的，量表的因子结构已经明确，条目隶属关系也充分论证，可以直接选择做验证性因子分析（王孟成，2014：95）。

### （二）研究被试

根据儿童认知发展水平的规律，选择小学四到六年级学生进行测试。福建省某县城小学、山区乡镇小学和村办小学各 1 所，为研究样本。采取整班抽样方法，在 3 所学校 9 个班级总共发放问卷 350 份，回收有效问卷 320 份。

本研究中，留守儿童界定为：因父母双方外出务工或一方外出务工而不能与父母双方共同生活的家庭结构完整且不满 18 周岁的未成年人。据此，将单亲离异家庭、重组家庭的农村留守儿童及孤儿排除在外，排除家庭结构不完整的 25 名学生以及部分缺失值过多的问卷，获得 291 份有效问卷。鉴于农村留守儿童样本占比较少（$n=46$），农村普通儿童中父母曾经外出的比例也较小（$n=41$），因此主要进行城乡样本的比较分析（见表 5-1）。

表 5-1　预测试基本人口学变量情况

| | 人数（$n$） | 百分比（%） |
|---|---|---|
| 年级 | | |
| 　四年级 | 99 | 34.0 |
| 　五年级 | 94 | 32.3 |
| 　六年级 | 98 | 33.7 |
| 性别 | | |
| 　男 | 137 | 47.1 |
| 　女 | 154 | 52.9 |
| 儿童类型 | | |
| 　农村留守儿童 | 46 | 15.8 |
| 　农村普通儿童 | 101 | 34.9 |
| 　城市儿童 | 142 | 49.1 |
| 户口类型 | | |
| 　农村 | 149 | 51.2 |
| 　城市 | 142 | 48.8 |

## 三 研究结果

### (一)项目鉴别度

采用高低分组法进行项目鉴别度分析。计算生命意义量表部分,分别以最高27%和最低27%为高分组和低分组,进行独立样本 $t$ 检验。结果显示(见表5-2),各题项在高低分组的均值差异性检验均达到0.01的显著水平, $t$ 统计量绝对值大于3。另外,各题得分与总问卷得分相关性在0.447~0.672,题目的鉴别度良好。

表 5-2 各条目题总相关和决断值

| 条 目 | 全部样本 | | 农村样本 | | 城市样本 | |
|---|---|---|---|---|---|---|
| | r | CR | r | CR | r | CR |
| 条目 1 | 0.447 | 6.53** | 0.389 | 4.22** | 0.497 | 4.79** |
| 条目 2 | 0.447 | 6.54** | 0.481 | 4.81** | 0.451 | 3.66** |
| 条目 3 | 0.587 | 9.07** | 0.560 | 6.02** | 0.592 | 5.95** |
| 条目 4 | 0.534 | 7.91** | 0.501 | 5.60** | 0.567 | 5.19** |
| 条目 5 | 0.488 | 8.90** | 0.441 | 4.15** | 0.513 | 4.99** |
| 条目 6 | 0.462 | 7.21** | 0.355 | 7.96** | 0.555 | 4.88** |
| 条目 7 | 0.599 | 11.59** | 0.490 | 7.96** | 0.678 | 7.80** |
| 条目 8 | 0.516 | 10.18** | 0.493 | 7.81** | 0.528 | 6.55** |
| 条目 9 | 0.583 | 12.49** | 0.574 | 10.67** | 0.573 | 6.96** |
| 条目 10 | 0.525 | 9.51** | 0.530 | 8.09** | 0.517 | 5.46** |
| 条目 11 | 0.622 | 11.94** | 0.536 | 6.68** | 0.684 | 8.71** |
| 条目 12 | 0.627 | 10.58** | 0.630 | 9.72** | 0.621 | 5.74** |
| 条目 13 | 0.588 | 11.51** | 0.551 | 8.20** | 0.617 | 7.29** |
| 条目 14 | 0.563 | 9.30** | 0.536 | 6.70** | 0.593 | 6.11** |
| 条目 15 | 0.472 | 8.19** | 0.378 | 5.52** | 0.548 | 5.21** |
| 条目 16 | 0.612 | 10.79** | 0.602 | 8.10** | 0.602 | 6.57** |
| 条目 17 | 0.625 | 11.15** | 0.630 | 8.02** | 0.614 | 7.56** |
| 条目 18 | 0.672 | 11.78** | 0.646 | 8.53** | 0.676 | 7.18** |
| 条目 19 | 0.547 | 9.58** | 0.553 | 7.21** | 0.500 | 5.11** |
| 条目 20 | 0.628 | 12.75** | 0.625 | 9.13** | 0.609 | 7.55** |

注: ** 为 $p < 0.01$。

进一步计算量表各条目的均值和标准差以及偏态和峰态系数（见表5-3），可见各条目的偏态系数在 -0.348（M8）和 -2.078（M2）之间，峰态系数的绝对值在 0.046（M7）到 4.113（M2）之间。根据研究者建议，当偏态系数和峰态系数分别小于 2 和 7 时，采用 ML 估计是稳健的（West, Finch & Curran, 1995；Finney & Distefano, 2006）。

表 5 - 3 量表各项目得分分布

|  | 均 值 | 标准差 | 偏态系数 | 峰态系数 |
|---|---|---|---|---|
| M1 | 4.11 | 1.053 | -1.318 | 1.125 |
| M2 | 4.51 | 0.888 | -2.078 | 4.113 |
| M3 | 4.36 | 1.019 | -1.742 | 2.422 |
| M4 | 4.41 | 0.966 | -1.869 | 3.160 |
| M5 | 3.96 | 1.391 | -1.109 | -0.197 |
| M6 | 4.09 | 1.133 | -1.157 | 0.314 |
| M7 | 3.62 | 1.071 | -0.813 | 0.046 |
| M8 | 3.20 | 1.429 | -0.348 | -1.240 |
| M9 | 3.29 | 1.205 | -0.385 | -0.765 |
| M10 | 3.73 | 1.192 | -0.845 | -0.108 |
| M11 | 3.72 | 1.227 | -0.699 | -0.595 |
| M12 | 3.74 | 1.093 | -0.782 | -0.093 |
| M13 | 3.64 | 1.269 | -0.631 | -0.726 |
| M14 | 4.14 | 1.120 | -1.251 | 0.627 |
| M15 | 4.26 | 0.990 | -1.446 | 1.663 |
| M16 | 4.11 | 1.159 | -1.306 | 0.743 |
| M17 | 4.02 | 1.171 | -1.168 | 0.420 |
| M18 | 4.20 | 1.091 | -1.454 | 1.395 |
| M19 | 3.76 | 1.315 | -0.823 | -0.485 |
| M20 | 3.69 | 1.292 | -0.710 | -0.621 |

## （二）结构效度

采用验证性因素分析结果作为结构效度的指标。考虑到本问卷个别题项并非完全正态分布，采用专门处理非正态数据的估计法，以期获得该量表更精确的拟合指数和标准误，目前最常用和最有效的方法为 Satorra 和 Bentler 提出的校正法（简称 S-B 法）。这里比较了四个模型的拟合情况（见表 5 - 4）。模型一采用 ML 估计，设定三个因子均不相关；模型二采用 ML 估计，设定三个因子均相关；模型三采用 MLM，设定三个因子均不相关；模型四采用 MLM，设定三个因子均相关。采用模型拟合的卡方检验、CFI、SRMR 和 RMSEA 四个指标对模型拟合程度进行评价。结果表明，采用 S-B 法并设定因子之间相关的模型四获得了最好的模型拟合指数，表明该测量工具在本研究样本中结构效度良好。因子结构图见图 5 - 1。

表 5 - 4　生命意义问卷结构拟合指数比较

| 模　　型 | 卡　方 | 自由度 | 卡方/自由度 | *CFI* | *SRMR* | *RMSEA* |
|---|---|---|---|---|---|---|
| MIL - CQ - ML0 | 649.828 | 170 | 3.82 | 0.705 | 0.213 | 0.098 |
| MIL - CQ - ML1 | 312.144 | 167 | 1.87 | 0.911 | 0.047 | 0.055 |
| MIL - CQ - MLM0 | 481.214 | 170 | 2.83 | 0.730 | 0.213 | 0.079 |
| MIL - CQ - MLM1 | 228.689 | 167 | 1.37 | 0.946 | 0.047 | 0.036 |

因素 1 为态度价值，包括 6 个项目，如"当面临困难时，我相信我能够克服""虽然有时我会遇到不好的事情，我还是认为生活是美好的""发生过的事情就算是不好的，我还是可以从中学习并获益"等。

因素 2 为创造价值，包括 8 个项目，如"我经常做一些事情来帮助和贡献别人""我会思考并制作一些对别人有益的作品，比如编歌曲、故事、游戏""我做一些对别人很重要的事情"等。

因素 3 为体验价值，包括 6 个项目，如"在和同龄人的相处中，我感觉很开心""和关系很好的人在一起时，我感到幸福和快乐""和家人在一起可以给我鼓励和勇气"等。

## （三）内容效度

Tuker 曾提出，为了提供满意的信效度，项目的组间相关性应在 0.10～0.60（戴忠恒，1987）。各维度与总分的相关结果应高于各维度之

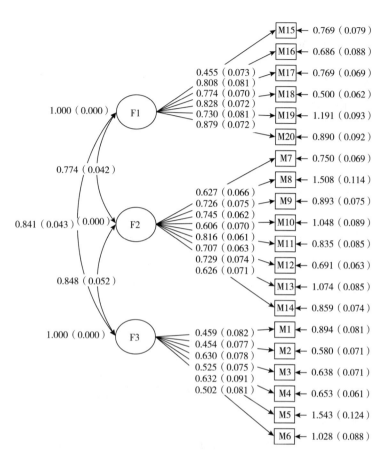

图 5 - 1　生命意义问卷因子结构

间的相关结果，以保证各维度间既相互独立又彼此关联。本研究结果表明
（见表 5 - 5），MIL - CQ 总分与三个维度相关性在 0.86～0.903，三个维度
间相关性为 0.609～0.637。

表 5 - 5　MIL - CQ 总分与三个维度的相关性

| | 1 | 2 | 3 | 4 |
|---|---|---|---|---|
| 态度价值 | 1 | 0.47*** | 0.22*** | 0.74*** |
| 创造价值 | 0.637** | 1 | 0.14*** | 0.81*** |
| 体验价值 | 0.609** | 0.633** | 1 | 0.59*** |
| 生命意义总分 | 0.861** | 0.903** | 0.829** | 1 |

注：右上三角相关系数来自原作者数据（$n = 1074$）；左下三角相关系数来自本研究数据（$n = 291$）。＊＊为 $p < 0.01$，＊＊＊为 $p < 0.001$。

## （四）信度分析

生命意义总量表的 Cronbach's Alpha 系数为 0.889，态度价值、创造价值和体验价值维度分别为 0.80、0.80 和 0.67。间隔两个月后，对 133 名四到六年级小学生进行重测，信度在 0.62~0.74，均达到了显著水平，表明问卷信度满足心理测量学基本要求。

## 四 简要结论

按照外文研究工具翻译的回译程序和信、达、雅要求，删除文化不适应的 1 个条目，修改文字表述习惯和语言水平，修订完成了生命意义问卷（儿童版），共 20 个条目，分为态度、创造和体验三个分量表，信效度符合心理测量学要求。

# 第三节 生命意义的发展

个体生命意义是随着年龄增长而逐渐发展起来的。然而，长期以来研究者倾向于认为，生命意义是一个非常复杂的心理过程，只有发展相对成熟的大学生或成年人才会出现。儿童真的缺乏生命意义体验和追求生命意义的行动吗？本部分将在分析生命意义获得机制和相关文献研究的基础上，对小学生生命意义的发展进行初步研究。

## 一 理论依据

人类个体的生命意义是何时以及如何获得的？这是非常有趣但长期被误解的问题。早期研究者倾向于认为，生命意义的概念是如此复杂，蕴含着非常复杂的哲学意蕴和心理过程，个体只有发展到一定阶段才会出现。在个体生命意义的获得机制方面，目前主要有社会控制视野和社会认知模型两种理论观点（程明明、樊富珉，2010：431~437）。

### （一）社会控制视野

该理论认为，生命意义的获得是个体参与社会互动过程的结果。生命意义的知觉和获得，是社会规范通过社会化过程内化为个体的内部心理觉知和心理建构的过程（贾林祥，2016：392～396）。社会秩序和规范是特定文化历史中人与人之间互动和协商的结果。个体内在的意识、情绪、认知、价值观念等都是社会文化、语言建构的结果。生命意义是个人内部各个要素的统合，它表现为实现什么样的社会目标以及如何实现这一目标。因此，生命意义的获得依赖于个体对社会活动的参与。

早期的人际关系和社交活动是儿童意义获得的源泉，它来自重要他人的内在心理模型。当积极的他人心理模型鼓励儿童融入社会时，儿童通过社会比较和参照，自我提升和自我增强，促进儿童自我理解和投入社会学习之中，这样儿童的个人意义就发展起来了。其中，父母支持、绝对化要求和敏感回应等家庭养育行为对儿童生命意义的获得具有重要作用。父母支持反映了儿童对父母的喜爱和鼓励的感受；绝对化要求体现了父母施加控制，要求儿童成熟懂事并且积极地监督孩子；回应指父母在多大程度上是温暖的、接纳自己的并且卷入儿童的生活中。在自我形成中，当儿童经历较大的认知与情绪起伏时，父母支持和回应可以提高儿童的自主性和真实的自我表达；绝对化的要求则可能因为父母对儿童施加心理控制和强加的行为期望，不接受儿童真诚的自我表达而削弱儿童自主探索。因此，父母支持和敏感回应有助于培养儿童的生命意义，绝对化的要求则可能起抑制作用。

### （二）社会认知模型

生命意义首要的概念是理解生命和有生命的目的。社会认知模型将认知因素和社会因素两个方面纳入其中，认为有三种社会认知因素在儿童的意义发展中起决定作用，分别是认知发展、自我和自我理解以及社会学习（Steger，Bundick & Yeager，2011）。

个体的生命意义源于儿童探索社会与自我调节资源，发展自主性的能力。生命意义与环境掌控的本质需要相关，它可以通过培养自我效能感与有效的自我调节来获得。自我效能是指个体对自己完成任务、实现目标的能力所持的积极信念，一般分为自我效能感和特殊领域自我效能感两类。由于生命目的更宽泛、复杂并且不局限于人生的某一方面，它与整体一般自我效能感关系更紧密，为努力实现人生目的建立了自信基础。自我调节指通过调整时间、注意或者应对资源等，有目的地把自己的努力分配在特定目标上，从而把注意力维持在能够帮助他们实现人生目标的事物上，并抵抗分心物和诱惑。自我效能和自我调节相互促进，共同自我建立和自我理解。

## 二 文献评述

关于儿童青少年是否拥有生命意义，在早期研究中的确是一个问题。早在 20 世纪 80 年代初，DeVogler 和 Ebersole（1983）便对此开展了一项挑战性研究，开启了对个体早期生命意义起源问题的探索。该研究发现，八年级学生对生命意义来源的描述与大学生非常相似。10 年后，Taylor 和 Ebersole（1993）再次将生命意义研究的年龄推进到一年级学生。研究发现，当研究者询问生命中什么最重要这个问题时，大部分一年级学生能够说出自己生命中最重要的方面，特别是与他们的人际关系、日常活动或行为习惯相关联的时候更是如此，他们的回答与成人的区别仅仅在于表达的准确性和语言复杂性。不可否认的是，对于童年阶段的小学生而言，受认知水平和生活经验的局限，他们对周围世界的认识还处于好奇阶段，缺乏对自己生命意义的深入思考，难以对意义追求与意义拥有进行区分。

从实证研究的角度看，已有研究揭示了个体生命意义的发展与个体成长环境密切相关。以发展生态系统理论为框架，参考生命意义获得的社会认知理论和社会控制理论，可以将影响儿童生命意义的因素归纳为家庭、学校和个体三个方面。其中，最广泛关注的家庭因素是亲子关系，尤其是亲子亲合关系；学校因素则是学校归属感；个体变量则是基本心理需要的满足程度。下面对这三个变量与生命意义的关联性进行阐述。

亲子亲合与生命意义。亲子亲合指的是父母与子女之间亲密的情感联系，亲子之间积极的互动以及父母与子女在心理上对彼此的亲密感受（Zhang & Fuligni，2006）。亲子亲合有利于促进儿童的心理社会适应，是农村留守儿童情绪适应的重要保护因素。研究表明，亲子亲合能够显著降低儿童的孤独感（赵景欣、刘霞、张文新，2013），正向预测青少年的积极情绪和生活满意度，同时负向预测其消极情绪（赵景欣，2017）。处于良好亲子关系中的儿童，更容易接受父母的影响而认可并内化传统的社会规则与价值观，这在一定程度上使儿童避免产生攻击与学业违纪等不良行为。

对于农村留守儿童而言，父子亲合与母子亲合的作用也各有不同。在传统社会，父亲主要承担家庭经济责任，母亲主要负责子女的衣食起居等生活照料。随着社会发展进步，父性意识开始觉醒，越来越多的父亲也开始意识到并积极增强与子女的情感联结。然而，在大部分农村地区，仍然保留着"男主外，女主内"的家庭分工。与城市儿童相比，农村儿童仍然缺乏与父亲的情感联结，特别是在留守儿童群体中，父亲外出务工占绝大多数，父亲与子女的关系较疏离。相对母子亲合而言，农村儿童更需要父子亲合。研究发现，父子亲合对留守儿童的积极成长有重要影响，父子亲合能够降低留守儿童的学业违纪和攻击，这是与社会规范内化有关的，从而影响儿童生命意义的获得。

学校归属感与生命意义。随着学习成为小学生的主要任务，学校成为儿童认知、情绪、心理社会性发展的重要环境。学校归属感是学生对于自己的学校，在认知上、情感上和心理上的认同和投入，并且主动承担作为学校一员的各项责任和义务，乐于参与学校活动的一种状态（包克冰、徐琴美，2006：51～54）。学校归属感是影响生命意义的重要因素。研究发现，学校归属感不仅显著预测生命意义（刘亚楠，2016：79～83，96），也与自我价值感有关（孙晨哲、武培博，2011：1352～1355）。

基本心理需要与生命意义。基本心理需要的概念源于自我决定理论，是由美国心理学家 Deci 和 Ryan 等人（1980）提出的一种关于人类自我决定行为的动机过程理论。该理论可分为四个分支理论，分别是基本心理需要理论、认知评价理论、有机整合理论和因果定向理论。其中，基本心理需要理论是自我决定理论最核心、最基础性的，它认为人类个体的基本心理需要包括三个部分。

能力需要（competence）指的是个体能够有效并熟练地完成某种活动，以体现自己的能力的需要。能力需要体现为在社会生活中去完成最佳的挑战，体会娴熟感与胜任感。

自主需要（autonomy）指的是个体在活动或行为上具有较高的自我决定水平，能够体验到自己主宰自己的行为的需要。自主需要体现为个体想要体验到自我选择、自由意志和掌控自己的行为的感觉。

关系需要（relatedness）指的是想要与他人建立密切的情感连接的需要，有学者译作归属需要，反映了在情感上与我们生活中重要人物联系的期望。关系需要体现为在行为或活动中想要寻找依恋，体会安全感、归属感和与他人的亲密感。

基本心理需要的满足程度对个体生命意义的发展至关重要。自我决定理论假设，基本心理需要的变化会直接预测幸福感的变化。基本心理需要的满足不仅会提高个体的幸福感（杨强、叶宝娟，2014），还正向预测个体的社会适应，有助于减少不良行为。个体的基本心理需要的满足程度，尤其是胜任需要的满足程度越高，越易于形成良好的自我概念。反之，基本需求的未满足则是导致学生产生学业倦怠的因素之一，从而间接地导致社会适应不良（谢梦怡，2014）。基本心理需要的满足程度会影响学生的自主调控水平。比如，父母的自主支持能够满足儿童的自主需要；教师的自主性教学支持水平能正向预测学生的三种基本心理需要，从而正向预测学习的自主调控水平（项明强，2014）。另有研究显示，教师的自主支持行为首先会促进学生基本心理需要的满足，而学生基本心理需要的满足程度能有效预测与学习有关的行为结果，如学业倦怠、学业表现等（罗云、赵鸣、王振宏，2014）。研究还发现，基本心理需要的满足与个体的自尊、生活满意度和幸福感存在积极关系（Deci & Ryan，2000），可以调节负性生活事件对自杀行为的影响（Rowe et al.，2013）。根据心理需要的动力特性，若环境未能满足个体的基本心理需要，个体将产生满足需要的强烈渴望，在某一环境中长期得不到满足，个体则会将目标转向其他环境（如网络）（喻承甫等，2012）。研究发现，基本心理需要的满足也能负向预测手机依赖、网络成瘾等不良行为。综上可见，基本心理需要对生命意义发展至关重要，因此满足个体的基本心理需要是提高个体人生意义的有效途径（商士杰、白宝玉、钟年，2016）。

### 三 研究方法

了解留守儿童生命意义的现状和个体差异，揭示学校归属感、亲子亲合、基本心理需要对生命意义的影响。

### （一）研究对象

被试取自福建省某县 5 所城乡小学，采取整班取样法，采集问卷数据450 份，剔除缺失数据、不认真作答等样本，回收有效问卷397 份，有效率88.2%（见表 5 - 6）。

表 5 - 6  正式施测基本人口学变量情况

| | 人数（n） | 百分比（%） |
|---|---|---|
| 年级 | | |
| 四年级 | 128 | 32.2 |
| 五年级 | 128 | 32.2 |
| 六年级 | 141 | 35.5 |
| 性别 | | |
| 男 | 185 | 46.6 |
| 女 | 212 | 53.4 |
| 儿童类型 | | |
| 城市普通儿童 | 137 | 34.8 |
| 农村普通儿童 | 148 | 37.6 |
| 农村留守儿童 | 109 | 27.7 |

注：表中个别变量存在缺失，故与正文有出入。

## （二）研究工具

除了采用本研究修订的生命意义问卷外，还包括基本人口学资料、自编家庭和学校社会经济地位问卷、学校归属感问卷、亲子亲合问卷和基本心理需要问卷。

采用 3 个项目评估家庭的社会经济地位。①你的家庭经济情况在当地算是？1 = 贫困，2 = 不太富裕，3 = 一般，4 = 比较富裕，5 = 富裕。②你的爸爸（或继父）的受教育程度？0 = 没有上过学，6 = 小学，9 = 初中，12 = 高中或中专/职高/技校，15 = 大学（专科或本科），18 = 硕士研究生及以上。③你的妈妈（继母）的受教育程度？0 = 没有上过学，6 = 小学，9 = 初中，12 = 高中或中专/职高/技校，15 = 大学（专科或本科），18 = 硕士研究生及以上。将 3 个项目得分相加作为家庭社会经济地位的观测指标。

采用 2 个项目评估家庭内的工具性和情感性照料资源。①留守状况，1 = 现在爸爸在外地，2 = 现在妈妈在外地，3 = 现在爸妈都在外地，4 = 现在爸妈都在家里。②家庭子女个数，分别记为 3 分（独生子女）、2 分（2个孩子）、1 分（3 个孩子及以上），分数越高，代表家庭工具性和情感性照料资源越高。

采用 3 个题目评估儿童在班级中的认知社会地位。①是不是班级干部？1 = 是，0 = 不是。②语文、数学两门主课的自评等级，4 = 优秀，3 = 良好，2 = 及格，1 = 待及格。

学校归属感：采用郭光胜（2009）编制的小学生学校归属感量表。该量表共 20 个项目，分为 4 个维度：学业专注（1、3、11）、人文环境（2、8、12、13、15、18、19）、同伴关系（4、6、9、14、20）和学校卷入（5、7、10、16、17）。学习专注是指学生对自己的学习的态度，包括自我控制学习与破坏行为；人文环境是学生对学校能否为自己提供支持、安全以及对学校精神的察觉；同伴关系是指学生在学校对自己与同学关系的感知；学校卷入是指学生觉得自己是学校的一分子而表现出来的对学校的非学习活动的态度。问卷采用 Linkert 五级计分，分别记为

1、2、3、4、5分，得分越高表明描述越符合自己的情况。将第11题反向计分后，所有项目得分相加为学校归属感总分，总分越高，说明学校归属感越强。原作者对量表信效度检验表明，该量表内部一致信度为0.881，分半信度为0.869。各维度α分别为0.576、0.787、0.765和0.745。分半信度系数分别为0.488、0.781、0.756和0.669。本研究中，总量表内部一致性信度为0.900，各分量表内部一致性信度在0.714至0.810之间。

亲子亲合：采用张文新等人修订、Olson等人编制的家庭适应和亲合评价问卷（FACES）的亲子亲合分量表，测量儿童与父母的情感联结或支持知觉。包括项目完全相同的父亲、母亲两个分问卷，各包括10个项目，采用五点计分，从1"从不"到5"总是"。计算所有项目的平均分代表被试的母子亲合水平和父子亲合水平，分数越高说明被试的亲子亲合水平越高。本研究中，考虑到本次调查样本小学生的语言文字理解能力，反向计分题文字太过拗口，容易导致理解错误，仅采用正向计分的6个题目进行分析。总量表内部一致性信度为0.887，父亲和母亲两个分量表内部一致性信度为0.833和0.852。

基本心理需要：采用Gagné编制的基本心理需要满足问卷，测量人们在日常生活中的自主、胜任、关系需要的满足情况，要求被试在7点量表上进行报告（1="完全不同意"，7="完全同意"）。原始量表共21个项目，6个项目描述日常生活中感受到的自主需要满足（1、8、11、17、20、14）、7个项目描述对胜任需要的满足（3、4、5、10、13、15、19）、8个项目描述对关系需要的满足（2、6、7、9、12、16、18、21），将自主、胜任和关系维度的平均得分作为潜变量"心理需要满足"的观测指标。

### （三）数据分析策略

本部分重点考察留守儿童生命意义的发展特征，拟从一般社会人口学特征和影响生命意义的前置因素两个方面进行考察。考虑到"留守"只是部分乡村儿童的暂时性生存状况或背景信息，并非儿童自身的心理特质，因此在分析策略上将留守儿童置于乡村普通儿童、城市普通儿童的比较视野中来考察，寻找与城乡普通儿童的共性和差异性，而不是仅仅分析留守儿童群体内部的个体差异，这样能够获得关于留守儿童发展特征的更全面的信息。

首先，进行城乡三类儿童生命意义发展的比较分析；其次，以城乡三类儿童作为组间变量，建立全模型考察留守状态与各项社会人口学特征的交互作用，从而揭示留守状态调节各项社会人口统计变量对生命意义的影响作用；最后，采用分层回归分析，考察学校、家庭和个体心理变量对于生命意义的预测作用和结构建模。

## 四 研究结果

### （一）总体状况

以往调查发现，留守儿童生命态度特别是价值生命态度更加消极。由于缺乏亲情温暖和情感陪伴，农村留守儿童较少体验生命过程的丰富性，容易产生一系列偏激甚至错误的生命态度观念，容易漠视自然生命和价值生命；在生活态度上，缺少积极的生活方式，缺少生活的激情（万增奎，2016：75～81）。

在快速城镇化的背景下，儿童的生存状态是处于变化中的。因此，本研究将"留守"作为城乡儿童生存状态连续体上的一种状态，将城乡儿童划分为城市普通儿童、农村普通儿童和农村留守儿童三种类型进行比较（见表5-7）。总体而言，城市儿童在生命意义问卷各维度得分高于农村儿童，农村普通儿童又高于留守儿童，但三类儿童的生命意义均显著大于理论中值（3分），说明整体上城乡儿童的生命意义是积极向上的。

采用One-way ANOVA分析，结果表明，无论在态度（$F = 10.1$，$p = 0.000$）、创造（$F = 14.3$，$p = 0.000$）、体验（$F = 7.1$，$p = 0.001$）还是总

体生命意义（$F = 14.6$，$p = 0.000$）得分上，城乡三类群体间均存在显著差异。

表 5 - 7　城乡三类小学生生命意义及各维度得分（$M \pm SD$）

|  | 城市儿童 | 农村儿童 | 农村普通儿童 | 农村留守儿童 |
|---|---|---|---|---|
| 态　度 | 4.12 ± 0.86 | 3.73 ± 0.83 | 3.8 ± 0.87 | 3.66 ± 0.77 |
| 创　造 | 3.86 ± 0.75 | 3.47 ± 0.76 | 3.55 ± 0.73 | 3.36 ± 0.77 |
| 体　验 | 4.31 ± 0.83 | 4.05 ± 0.73 | 4.16 ± 0.67 | 3.95 ± 0.74 |
| 生命意义 | 4.07 ± 0.71 | 3.72 ± 0.64 | 3.81 ± 0.63 | 3.62 ± 0.63 |

三组均值的事后 LSD 多重比较发现，在生命意义总分上，城乡三类儿童群体间均存在显著差异，城市儿童得分最高，农村留守儿童得分最低，农村普通儿童得分次之。

另外，在态度价值维度上，城市儿童均显著高于农村两类儿童；在创造价值维度上，城市儿童显著高于农村普通儿童，后者又显著高于农村留守儿童；在体验价值方面，农村留守儿童显著低于城乡普通儿童，后者之间均无显著差异。

### （二）性别特征

到目前为止，生命意义发展的性别差异还没有一致结论。Shoshani 和 Russo-Netzer（2017）对 9 ~ 12 岁以色列儿童的调查发现，小学阶段女生的生命意义高于男生。何浩等人（2017）、诸晓（2012）的调查发现，中学生在生命意义得分上无显著的性别差异。研究也表明，留守中学生的生命意义性别差异不显著（万增奎，2016）。在小学阶段，女生的生命意义高于男生，青春期以后男女生的生命意义无显著差异。

本研究对儿童生存状态和性别进行多因素全模型方差分析，结果 Multivariate Tests 发现，性别和生存状态的交互作用不显著，Wilks' Lambda = 0.97，$F = 1.7$，$p = 0.118 > 0.05$；性别主效应和生存状态主效应均显著。进一步进行组间比较发现，女生的总体生命意义及其各维度得分均显著高于男生（见表 5 - 8）。

表 5 – 8　不同性别小学生生命意义及各维度得分（$M \pm SD$）

|  | 男 | 女 | $t$ | $p$ |
|---|---|---|---|---|
| 态　　度 | 3.77 ± 0.91 | 3.94 ± 0.81 | 1.98 | 0.048 |
| 创　　造 | 3.5 ± 0.780 | 3.7 ± 0.780 | 2.65 | 0.008 |
| 体　　验 | 4.03 ± 0.82 | 4.23 ± 0.72 | 2.59 | 0.01 |
| 生命意义 | 3.74 ± 0.71 | 3.93 ± 0.66 | 2.84 | 0.005 |

## （三）年龄特征

年龄是影响生命意义的另一个变量。随着年龄的增长，青少年生命意义的水平和发展重点不断变化。青春期是生命意义发展的转折期，从初中到高中，个体拥有意义水平逐渐下降，追寻意义则迅速上升。有研究发现，初中（12～15岁）阶段学生的寻求意义和拥有意义水平相当，进入高中（15～18岁）以后，寻求意义迅速上升而高于拥有意义，拥有意义则随着年级的上升迅速下降（沈清清、蒋索，2013）。在对初中生、高中生和大学生的比较分析中发现，高中生生命意义显著低于初中生和大学生。这说明与初中生相比，高中生更积极地探索和寻求生命的意义，初中以前建立的生命意义迅速失去作用，迫切需要建立新的符合年龄特征的生命意义（覃丽、王鑫强、张大均，2013：165～170）。

对儿童生存状态和年级进行多因素全模型方差分析，结果 Multivariate Tests 发现，性别和生存状态的交互作用不显著，Wilks' Lambda = 0.95，$F = 1.46$，$p = 0.13 > 0.05$；年级主效应 Wilks' Lambda = 0.99，$F = 0.80$，$p = 0.57 > 0.05$，具体得分见表5 – 9。

表 5 – 9　不同年级小学生生命意义及各维度得分（$M \pm SD$）

|  | 四年级 | 五年级 | 六年级 |
|---|---|---|---|
| 态度价值 | 3.89 ± 0.83 | 3.92 ± 0.92 | 3.8 ± 0.84 |
| 创造价值 | 3.63 ± 0.74 | 3.61 ± 0.87 | 3.59 ± 0.74 |
| 体验价值 | 4.2 ± 0.75 | 4.14 ± 0.83 | 4.09 ± 0.75 |
| 生命意义 | 3.88 ± 0.66 | 3.86 ± 0.77 | 3.8 ± 0.63 |

### （四）家庭经济社会地位特征

家庭的社会经济地位是解释儿童心理发展的重要背景变量。作为个体发展的中间系统，儿童所处的家庭社会阶层影响其生命意义的获得。社会经济水平和阶层地位越高，其生命意义的体验就越强烈（商士杰、白宝玉、钟年，2016）。

儿童出生状况也间接反映了儿童在家庭内部物质、教育和情感资源的拥有情况。有研究表明，独生子女生命意义得分显著高于非独生子女（何浩、潘彦谷，2017；诸晓，2012）。原因可能与中学生基本需要满足有关。相对于非独生子女，独生子女能获得更多物质和精神上需要的满足，物质生活更加丰富，来自家庭成年人的情感温暖更多，由此产生更积极的人生体验。

本研究发现，家庭高收入、父母高受教育程度的小学生生命意义得分更高。这里将学生报告的家庭经济状况根据中位数划分为中低经济收入家庭和高收入家庭，将父亲或母亲接受的教育年限的中位数划分为完成九年义务教育和高中以上教育，分别采用多元方差分析饱和模型考察留守状态与家庭经济地位、父母受教育程度的交互作用及其主效应。结果均表明（见表5-10）：三组变量的交互作用并不显著，且家庭经济社会地位的三个变量主效应也不显著。这说明，不同家庭经济社会地位的儿童生命意义并不存在显著差异。

表 5-10　不同家庭社会经济地位小学生生命意义及各维度得分（$M \pm SD$）

|  | 家庭经济状况 | | 父亲受教育程度 | | 母亲受教育程度 | |
|---|---|---|---|---|---|---|
|  | 中低收入 | 高收入 | 初中以下 | 高中以上 | 初中以下 | 高中以上 |
| 态度价值 | 3.83 ± 0.86 | 4.07 ± 0.85 | 3.78 ± 0.86 | 4.01 ± 0.84 | 3.79 ± 0.85 | 4 ± 0.87 |
| 创造价值 | 3.58 ± 0.78 | 3.76 ± 0.78 | 3.50 ± 0.75 | 3.78 ± 0.80 | 3.50 ± 0.74 | 3.8 ± 0.81 |
| 体验价值 | 4.12 ± 0.77 | 4.25 ± 0.80 | 4.06 ± 0.75 | 4.29 ± 0.77 | 4.11 ± 0.74 | 4.22 ± 0.80 |
| 生命意义 | 3.82 ± 0.68 | 4 ± 0.7 | 3.75 ± 0.67 | 4 ± 0.69 | 3.77 ± 0.65 | 3.98 ± 0.72 |

另外，本研究还发现独生与非独生儿童在生命意义上不存在显著差异，与留守状态之间的交互作用也不显著（见表5-11）。

表5-11　生命意义问卷得分的独生与非独生子女比较（*M*±*SD*）

|  | 独　生 | 非独生 |
|---|---|---|
| 态度价值 | 3.99±0.78 | 3.83±0.88 |
| 创造价值 | 3.65±0.830 | 3.59±0.77 |
| 体验价值 | 4.2±0.830 | 4.12±0.76 |
| 生命意义 | 3.92±0.71 | 3.82±0.68 |

## （五）学校认知社会阶层特征

在中国文化背景下，学生在学校教育环境中是存在一定的认知和社交阶层的，其中，最重要的两个变量就是学业成绩与班级干部身份。

采用是不是班级干部以及语文和数学成绩作为学校认知社会阶层的指标。根据学生自我报告的语文和数学成绩的中位数将学生分为优秀生和普通生。从得分上看，班干部、主课学习优等生在生命意义态度、创造和体验得分以及总分上均显著高于非学生干部和学习中等偏下学生。分别建立生存状态与上述三组变量作为分组变量的全模型，结果均未发现交互作用效应。这表明，不同认知社会阶层的留守儿童群体在生命意义方面具有与非留守儿童群体相似的特征，见表5-12。

表5-12　不同学校认知与社会阶层的小学生生命意义及各维度得分（*M*±*SD*）

|  | 班干部 | | 语文成绩 | | 数学成绩 | |
|---|---|---|---|---|---|---|
|  | 是 | 否 | 中等偏下 | 优等生 | 中等偏下 | 优等生 |
| 态度价值 | 4.03±0.85 | 3.77±0.85 | 3.59±0.86 | 3.96±0.84 | 3.61±0.80 | 3.99±0.87 |
| 创造价值 | 3.77±0.74 | 3.51±0.79 | 3.25±0.75 | 3.73±0.76 | 3.36±0.74 | 3.72±0.78 |
| 体验价值 | 4.32±0.69 | 4.05±0.80 | 3.80±0.86 | 4.26±0.70 | 3.87±0.76 | 4.27±0.75 |
| 生命意义 | 4.01±0.63 | 3.75±0.70 | 3.52±0.67 | 3.96±0.66 | 3.59±0.63 | 3.97±0.68 |

比较分析发现，班干部学生的生命意义总体高于非班干部。担任班级干部，不仅是对儿童领导力的认可，也是班级社交地位的标志。担任班级干部有助于展示才能，拥有更多机会参与学校成人活动，与同学和老师有更多的接触，更容易建立更多的人际关系的联结，体验更丰富的校园人际关系，满足基本心理需要。方双燕、桑青松、顾雅婷（2012）以 546 名初二到高一年级学生为被试的研究发现，在基本心理需要及其各维度的满足水平上，班干部得分显著高于非班干部。本研究结果也证实了这一假设，担任班干部的学生具有更高水平的生命意义。

以往研究发现，中国学生的学业成绩与同伴关系密切相关（Chen et al.，1997）。具有较高学业成就的个体拥有更积极的社会评价和自我评价，有更多机会参与有意义的社会生活实践中。反过来，生命意义也有助于学生学业成绩的提高。调查也发现，生命意义通过学习动机对学习成绩有显著的正向预测作用（覃丽、王鑫强、张大均，2013）。本研究结果也表明，优等生的生命意义总体高于普通生。

### （六）生命意义发展的预测因素

由皮尔逊积差相关分析（见表 5 – 13）可见，家庭变量（亲子亲合）、学校变量（学校归属感）、个体变量（基本心理需要）与生命意义总分及各维度均存在显著正相关，均在 0.01 水平上显著。

在此基础上，以留守身份（1 = 留守，0 = 非留守）为控制变量，以亲子亲合和学校归属感为第二层变量，以个体变量为第三层变量，进行逐层回归分析。结果发现，当控制留守和干部身份后，家庭、学校和个体变量均显著预测生命意义，结果见表 5 – 14。

### （七）影响生命意义的中介模型

以学校归属感为前因变量，以基本心理需要为中介变量，以生命意义为结果变量，同时控制留守状态的影响，建立中介模型。结果显示，初始建构的假设模型适配度 RMR 值为 0.076，模型可以识别收敛。模型

表5-13 生命意义与其他变量的相关性

| | 1 | 2 | 3 | 4 | 5 | 6 | 7 | 8 | 9 | 10 | 11 | 12 | 13 | 14 | 15 |
|---|---|---|---|---|---|---|---|---|---|---|---|---|---|---|---|
| 1 学业专注 | 1 | | | | | | | | | | | | | | |
| 2 人文环境 | 0.377** | 1 | | | | | | | | | | | | | |
| 3 同伴关系 | 0.505** | 0.583** | 1 | | | | | | | | | | | | |
| 4 学校卷入 | 0.408** | 0.541** | 0.643** | 1 | | | | | | | | | | | |
| 5 学校归属感 | 0.624** | 0.832** | 0.854** | 0.842** | 1 | | | | | | | | | | |
| 6 自主需要 | 0.279** | 0.292** | 0.330** | 0.278** | 0.364** | 1 | | | | | | | | | |
| 7 胜任需要 | 0.010 | 0.103* | 0.169** | 0.176** | 0.157** | 0.473** | 1 | | | | | | | | |
| 8 关系需要 | 0.244** | 0.367** | 0.436** | 0.362** | 0.450** | 0.579** | 0.527** | 1 | | | | | | | |
| 9 基本心理需要 | 0.215** | 0.310** | 0.380** | 0.331** | 0.394** | 0.819** | 0.804** | 0.858** | 1 | | | | | | |
| 10 父子亲合 | 0.385** | 0.399** | 0.487** | 0.399** | 0.517** | 0.288** | 0.052 | 0.275** | 0.249** | 1 | | | | | |
| 11 母子亲合 | 0.383** | 0.409** | 0.462** | 0.385** | 0.507** | 0.250** | 0.084 | 0.254** | 0.238** | 0.613** | 1 | | | | |
| 12 亲子亲合 | 0.428** | 0.450** | 0.528** | 0.437** | 0.570** | 0.299** | 0.076 | 0.295** | 0.271** | 0.898** | 0.899** | 1 | | | |
| 13 态度 | 0.354** | 0.482** | 0.501** | 0.421** | 0.556** | 0.387** | 0.184** | 0.390** | 0.388** | 0.431** | 0.419** | 0.473** | 1 | | |
| 14 创造 | 0.458** | 0.429** | 0.611** | 0.512** | 0.619** | 0.350** | 0.230** | 0.371** | 0.384** | 0.422** | 0.388** | 0.451** | 0.581** | 1 | |
| 15 体验 | 0.352** | 0.402** | 0.495** | 0.448** | 0.532** | 0.300** | 0.177** | 0.382** | 0.348** | 0.385** | 0.433** | 0.455** | 0.635** | 0.574** | 1 |
| 16 生命意义感 | 0.461** | 0.513** | 0.634** | 0.543** | 0.671** | 0.406** | 0.234** | 0.445** | 0.439** | 0.484** | 0.481** | 0.537** | 0.855** | 0.868** | 0.838** |

注：*为p<0.05，**为p<0.01。

表 5 – 14　小学生生命意义的预测因素

| 结果变量<br>生命意义总分 | | B | Beta | $t$ | $p$ | $F$ | $p$ | $R^2$ | $\triangle R^2$ |
|---|---|---|---|---|---|---|---|---|---|
| 第一层 | （Constant） | 4.357 | | 43.878 | 0.000 | 12.572 | 0.000 | | |
| | 留守身份 | -0.201 | -0.232 | -4.656 | 0.000 | | | | |
| | 家庭收入 | 0.074 | 0.039 | 0.782 | 0.435 | | | | |
| | 班级干部 | -0.203 | -0.141 | -2.895 | 0.004 | | | 0.088 | 0.088 |
| 第二层 | （Constant） | 0.897 | | 3.938 | 0.000 | 69.714 | 0.000 | | |
| | 留守身份 | -0.008 | -0.010 | -0.239 | 0.811 | | | | |
| | 家庭收入 | 0.033 | 0.017 | 0.453 | 0.651 | | | | |
| | 班级干部 | -0.002 | -0.001 | -0.036 | 0.971 | | | | |
| | 亲子亲合 | 0.254 | 0.218 | 4.737 | 0.000 | | | | |
| | 学校归属感 | 0.028 | 0.536 | 11.764 | 0.000 | | | 0.474 | 0.385 |
| 第三层 | （Constant） | 0.356 | | 1.458 | 0.146 | 66.447 | 0.000 | | |
| | 留守身份 | 0.009 | 0.010 | 0.260 | 0.795 | | | | |
| | 家庭收入 | 0.034 | 0.018 | 0.478 | 0.633 | | | | |
| | 班级干部 | 0.027 | 0.019 | 0.507 | 0.613 | | | | |
| | 亲子亲合 | 0.245 | 0.211 | 4.727 | 0.000 | | | | |
| | 学校归属感 | 0.024 | 0.469 | 10.215 | 0.000 | | | | |
| | 基本心理需要 | 0.009 | 0.204 | 5.180 | 0.000 | | | 0.508 | 0.034 |

整体适配度卡方值为 137.6，自由度为 41（显著性水平 $p = 0.000$），卡方自由度比值为 3.14（略大于 3.00 理想标准），GFI 值等于 0.94（符合大于 0.900 适配标准），NFI 值等于 0.92（符合大于 0.900 适配标准），TLI 值等于 0.93（符合大于 0.900 适配标准），RMSEA 值等于 0.077（小于 0.080 适配标准），表明部分中介模型成立（见图 5 - 2）。其中，学校归属感既直接显著预测生命意义（标准化回归系数为 0.72，$p = 0.000$），又通过基本心理需要（标准化回归系数为 0.54，$p = 0.000$）间接影响生命意义（标准化回归系数为 0.54，$p = 0.003$）。

以父子亲合、母子亲合为前因变量，以基本心理需要为中介变量，以生命意义为结果变量，同时控制留守状态的影响，建立中介模型（见图 5 - 3）。结果表明：模型整体适配度卡方值为 74.99，自由度为 23，

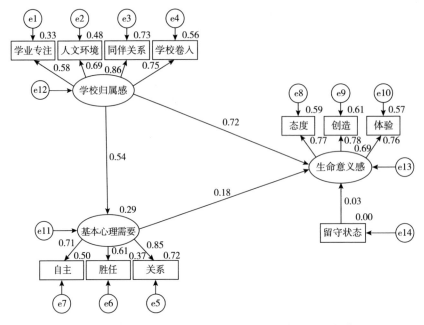

图 5-2　基本心理需要的学校归属感与生命意义的中介模型

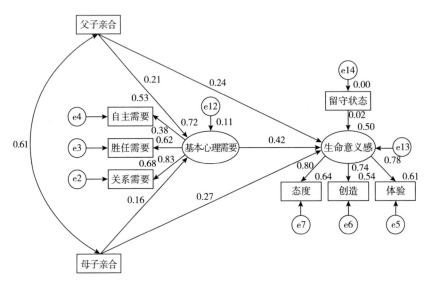

图 5-3　基本心理需要的亲子亲合与生命意义的中介模型

卡方自由度比值为 3.26（略大于 3.00 理想标准），GFI = 0.961，CFI = 0.956，NFI = 0.938，RMSEA = 0.076，模型处于可接受范围内。该模型说明，亲子亲合对城乡儿童生命意义的影响有两条路径：一是直接影响（父子标准化回归系数为 0.24，$p = 0.000$；母子标准化回归系数为 0.27，$p = 0.000$），二是通过满足儿童基本心理需要（父子标准化回归系数为 0.21，$p = 0.002$；母子标准化回归系数为 0.16，$p = 0.02$）影响生命意义（标准化回归系数为 0.42，$p = 0.002$）。

## 五 简要结论

本研究通过实证调查，从城乡三类儿童群体比较的视野中反映农村小学生生命意义的发展特点，重点对儿童留守状态与儿童性别、年龄、学习成绩、担任班干部、家庭经济状况、父母受教育程度影响生命意义的交互作用进行了分析，对家庭和学校心理变量对小学生生命意义的影响进行回归分析和模型建构，得出以下结论。

（1）整体上，城乡儿童的生命意义是积极向上的。相对而言，农村留守儿童的生命意义显著低于城乡普通儿童。留守类型对生命意义具有显著的主效应，而与性别、父母受教育程度、家庭经济状况、学生干部身份、学业等级等社会人口统计变量的交互作用均不显著。换言之，"留守"状态对留守儿童的发展是单独作用的，并没有改变城乡小学生在生命意义发展方面所具有的性别、家庭社会经济地位、学校认知社会地位的共性特征。

（2）学校和家庭因素对留守儿童生命意义的发展具有保护作用。采用分层回归分析发现，留守状态对生命意义具有显著的负向预测作用。当引入学校和家庭因素（第二层）或个人变量（第三层）以后，留守状态（第一层）不再对儿童生命意义具有显著预测作用。这说明，学校、家庭和个体层面的积极心理品质可以减轻留守状态所带来的消极影响。

（3）在控制留守状态的条件下，基本需求满足的中介效应模型表明，基本心理需要分别在学校归属感、父子/母子亲合与生命意义中发挥部分的中介作用。学校归属感或亲子亲合不仅可以直接预测生命意义，也可以通过基本心理需要的满足影响生命意义。

# 第四节　生命意义的功能

生命意义不仅能够为个体提供生活目标、判断行为标准、自我价值感，还可以增加个体生活事件控制感（张姝玥、许燕，2012）。生命意义可以预测中学生的学习成绩（覃丽、王鑫强、张大均，2013），对心理适应起调节作用（蒋海飞等，2015）。较高的生命意义有利于人保持积极的情绪，如幸福感、生活满意度和希望感等（King et al.，2006）。

## 一　研究目的

为了探索生命意义对农村留守儿童的心理适应作用，这里以积极/消极情感问卷（儿童版）、生活满意度问卷（儿童版）为测量工具进行分析。

## 二　研究对象

本研究样本来自生命意义测量工具研究部分的被试。对福建省某县城小学、山区乡镇小学和村办小学进行调查，采取整班抽样方法，在3所学校9个班级总共发放问卷350份，回收有效问卷320份，详细信息见本章第二部分"生命意义的测量"。由于该地区农村留守儿童比例偏少，且留守儿童与非留守儿童的群体差异并不是特别明显，故侧重城乡比较分析。

## 三　研究工具

### （一）积极/消极情绪

采用 Ebesutani 等人（2012）修订的 PANAS – C – P 问卷。该问卷包括10个项目，含5个积极情绪、5个消极情绪。要求被试采用李克特五级量表对最近几周的情绪状态进行评价，1 代表非常轻微或几乎没有，5 代表极其强烈或非常多。项目相加得分为积极情绪或消极情绪的相应得分。原问卷积极和消极情绪维度的 Cronbach's Alpha 分别为 0.84 和 0.81。采用 Mplus 7.4 软件，对双维结构进行验证性因素分析，结果表明，CFI = 0.938，TLI = 0.918，SRMR = 0.048，WRMR = 1.066，积极情绪与消极情绪的相关系数为 -0.297。积极和消极情绪维度的 Cronbach's Alpha 分别为 0.842 和 0.798，信效度良好。

### （二）生活满意度

采用 Gadermann、Schonert - Reichl 和 Zumbo 于 2010 编制的儿童生活满意度问卷（Satisfaction with Life Scale - Children，SWLS - C）。该问卷包括 5 个条目，采用 Likert 五级评分，从 1 "完全不符合" 到 5 "完全符合"。各项目得分相加作为总体生活满意度得分。原问卷内部一致性 Cronbach's Alpha 系数是 0.80，本研究中为 0.79。

### 四　研究假设

根据以往文献，本研究提出以下假设。

（1）生命意义与积极情绪、生活满意度显著正相关；与消极情绪显著负相关。

（2）生命意义对个体的心理适应性具有显著预测作用。

### 五　研究结果

首先，分别计算城市儿童与农村儿童在全部研究变量上的均值、标准差、偏态系数和峰态系数。数据显示（见表 5 - 15），各研究变量得分分布在两组样本上均无明显异常。

其次，计算各相关变量的积差相关。结果表明（见表 5 - 16），生命意义与城乡儿童积极情绪和生活满意度均显著正相关。生命意义与农村儿童消极情绪不存在显著相关，与城市儿童消极情绪显著负相关。

**表 5 – 15　儿童各项变量得分的描述性分析**

| | 城市儿童 | | | | 农村儿童 | | | |
|---|---|---|---|---|---|---|---|---|
| | 均值 | 标准差 | 偏态系数 | 峰态系数 | 均值 | 标准差 | 偏态系数 | 峰态系数 |
| 态度价值 | 4.21 | 0.77 | −1.35 | 1.52 | 3.80 | 0.84 | −0.59 | −0.33 |
| 创造价值 | 3.78 | 0.81 | −1.03 | 1.40 | 3.49 | 0.73 | −0.16 | −0.88 |
| 体验价值 | 4.38 | 0.63 | −2.13 | 7.15 | 4.11 | 0.66 | −1.22 | 2.47 |
| 生命意义总分 | 81.75 | 13.12 | −1.36 | 2.82 | 75.43 | 12.54 | −0.52 | −0.33 |
| 积极情绪 | 18.97 | 4.42 | −0.40 | −0.25 | 16.16 | 4.09 | −0.11 | −0.37 |
| 消极情绪 | 11.26 | 4.68 | 0.96 | 0.41 | 11.35 | 4.46 | 0.70 | 0.08 |
| 生活满意度 | 19.84 | 4.77 | −0.84 | −0.24 | 17.77 | 4.87 | −0.37 | −0.88 |

**表 5 – 16　各相关变量的积差相关系数**

| | 城　　市 | | | 农　　村 | | |
|---|---|---|---|---|---|---|
| | 积极情绪 | 消极情绪 | 生活满意度 | 积极情绪 | 消极情绪 | 生活满意度 |
| 态度价值 | 0.460** | −0.306** | 0.559** | 0.488** | −0.128 | 0.366** |
| 创造价值 | 0.481** | −0.282** | 0.417** | 0.490** | −0.035 | 0.371** |
| 体验价值 | 0.577** | −0.285** | 0.578** | 0.464** | −0.011 | 0.405** |
| 生命意义总分 | 0.566** | −0.329** | 0.570** | 0.569** | −0.071 | 0.446** |

注：** 为 $p < 0.01$。

　　这里分别以积极情绪、消极情绪和生活满意度为结果变量，采用分层回归分析方法，考察生命意义各维度的预测作用。表 5 – 17 表明，生命意义三个维度显著预测积极情绪，城乡来源（以城市为参照）也具有显著预测效应，说明提升生命意义三维度价值具有正向心理功能。

**表 5 – 17　生命意义各维度对积极情绪的预测作用**

| 积极情绪 | B | Beta | t | p | F | p | $R^2$ |
|---|---|---|---|---|---|---|---|
| （Constant） | 2.46 | | 1.68 | 0.09 | 47.10 | 0.00 | 0.40 |
| 城乡样本 | −1.60 | −0.18 | −3.78 | 0.00 | | | |
| 态度价值 | 0.95 | 0.18 | 2.74 | 0.01 | | | |
| 创造价值 | 1.06 | 0.18 | 2.83 | 0.00 | | | |
| 体验价值 | 1.95 | 0.29 | 4.54 | 0.00 | | | |

　　由表 5 – 18 可知，生命意义三维度中只有"态度价值"维度显著负向预测消极情绪，解释总变异的 5%。表 5 – 19 结果表明，"态度价值"和"体验

价值"均对生活满意度具有显著的正向预测作用，联合解释变异的32%。

表5－18　生命意义各维度对消极情绪的预测作用

| 消极情绪 | B | Beta | t | p | F | p | $R^2$ |
|---|---|---|---|---|---|---|---|
| （Constant） | 16.97 | | 9.07 | 0.00 | 3.59 | 0.07 | 0.05 |
| 城乡样本 | -0.42 | -0.05 | -0.77 | 0.44 | | | |
| 态度价值 | -1.00 | -0.18 | -2.25 | 0.03 | | | |
| 创造价值 | -0.30 | -0.05 | -0.63 | 0.53 | | | |
| 体验价值 | -0.09 | -0.01 | -0.16 | 0.87 | | | |

表5－19　生命意义各维度对生活满意度的预测作用

| 生活满意度 | B | Beta | t | p | F | p | $R^2$ |
|---|---|---|---|---|---|---|---|
| （Constant） | 2.30 | | 1.34 | 0.18 | 32.88 | 0.00 | 0.32 |
| 城乡样本 | -0.77 | -0.08 | -1.55 | 0.12 | | | |
| 态度价值 | 1.44 | 0.24 | 3.54 | 0.00 | | | |
| 创造价值 | 0.31 | 0.05 | 0.70 | 0.48 | | | |
| 体验价值 | 2.36 | 0.32 | 4.69 | 0.00 | | | |

由此可见，生命意义对个体心理适应具有重要的预测作用，尤其是"态度价值"维度对积极情绪、消极情绪及生活满意度均具有积极作用。相对而言，"创造价值"维度对小学生心理功能的影响较小。结合儿童心理发展水平，小学生生命意义教育应侧重于树立正确的生命态度和积极的生命体验。这一点与中学生有所不同。已有研究者认为，在留守学生的生命意义干预中，应该更多地帮助他们寻找自己生命的意义，而不是仅仅让他们去感受意义（陈维等，2017）。

# 第五节　生命意义的培育

生命意义的培育和发现是生命教育的重要组成部分，最早是从社会公众要求控制青少年自杀率、控制青少年参与吸毒贩毒等严峻现实开始的。早在2004年，《中共中央国务院关于进一步加强和改进未成年人思想道德建设的若干意见》就提出，"要在中小学生中广泛开展'珍惜生命、远离毒品'教育和崇尚科学文明、反对迷信邪教教育，坚决防止毒品、邪教进校园"。2016 年，上海市教育局印发了《上海市中小学生命教育指导纲要》，提出实施生命教育要遵循"认知、体验与实践相结合""发展、预防与干预相结合""自助、互助与援助相结合""学校、家庭与社会相结合"的四个相结合原则，要求注重科学性和人文性的统一，形成各学段有机衔接、循序渐进和全面系统的教育体系。

生命意义是生命意识的基本要素，构成生命教育的第一个层次（许世平，2002）。开展生命教育，可以帮助学生理解生命、珍爱生命、尊重生命，激发生命的潜能，提升生命的品质，实现生命的价值，为人生幸福奠定基础，它不仅是适应社会环境发展变化和整体提升国民素质的基本要求，也是促进儿童青少年身心健康成长的必要条件，更是家庭教育、学校教育和社会教育的重要内容。

关于生命教育培养研究主要集中在国外和我国台湾地区，大陆地区呈现出快速上升的趋势。总体而言，在生命教育的内容、层次、形式等方面缺乏整体规划和系统构架。学校现有课程教材中的生命教育内容比较单一，对学生身心发展的针对性、指导性尚不明确；对学生生存能力的培养，缺乏有效的操作性指导。部分教师受传统观念影响，对青少年性生理、性心理、性道德发展的理解和指导存在观念上的误区；对校内外丰富的生命教育资源缺乏系统有机整合。另外，从对象上看，大部分对特殊群体进行事后补救干预，包括毒品嫌犯、失足少女、自杀未遂青少年、少管所青少年等。针对普通人群生命意义的干预也已开始。比如，刘明娟（2013）针对高中生进行生命教育干预实验，取得较好的教育实验效果。杭州市电子信息职业学校积极开展"生命教育"课程，用生命滋养生命，引领学生树立正确的生命价值观（王丽英，2017）。

农村留守儿童是我国城镇化进程中最需要关注的弱势群体之一。留守儿童生命安全事件频发，引发社会公众强烈反响。尽管一些乡村学校开始尝试对留守儿童进行乡土特色的生命教育，但整体还处于无序状态。留守儿童生命教育工作仍任重道远。

本节结合前期理论和实证研究成果，研制开发适合农村小学生（含农村留守儿童）生命意义培育的课程方案。

## 一 理论依据

参考大陆及港澳台地区针对中小学学生生命教育的理论和实践模式，结合 Viktor Frankl 关于生命意义的三角理论，将生命意义培养分为三个部分：一是生命体验，感受人与人之间互相支持和彼此需要；二是理解创造意义的活动，懂得奉献他人、自我成长的道理；三是转变认识，学会看到生活挫折的积极面。

## 二 总体框架

留守儿童生命意义培育校本课程包括十个单元，涵盖态度、创造和体验三方面。其中，第一至第四单元为体验价值，主要内容为感受家人、朋友、学校等对自己的支持和需要；第六至第九单元为创造价值，主要内容为理解什么是创造意义、服务和奉献的好处；第五单元和第十单元为态度价值，主要内容为生命时间有限性，挫折的可转换性与暂时性。

根据生命意义培养课程设计的理论思路和具体实施情况，将课程目标设定为：增强农村留守儿童的生命意义，正确处理存在无意义感，学会体验人际之爱，乐于学习与创造，用积极的态度面对生活的困难。具体内容见表 5-20。

表 5-20 生命意义培育十单元三维目标

| 单元主题 | 知识与技能目标 | 过程与方法目标 | 情感态度与价值观目标 |
|---|---|---|---|
| 因爱而生 | 了解个体成长变化过程，认识自我一致性 | 阅读《小蝌蚪找妈妈》绘本故事，对比自己与青蛙成长变化的异同点，认识生命的蜕变 | 回顾自己的过去，接纳自己的过去，感受成长的美好 |

续表

| 单元主题 | 知识与技能目标 | 过程与方法目标 | 情感态度与价值观目标 |
|---|---|---|---|
| 珍爱集体 | 理解人类是集体性动物，"团结才是力量"的生存法则 | 观看《蚂蚁搬家》视频，观察动物和人类集体生活，领会集体力量大于个人力量，学习团结他人的方法 | 体验在集体中的幸福，反思自己的行为是否有助于集体团结，学会从集体的角度考虑利弊得失 |
| 家人支持 | 回顾父母陪伴自己的每一个阶段，认识父母无微不至的照顾是自己生存必需的 | 设计《小鬼当家》情景剧，在角色表演中领悟人物情感，学会换位思考，在适合的角色活动中强化助人的行为 | 为家人对自己的无私之爱感到高兴、满足，产生"有家真好"的感觉 |
| 闺蜜好友 | 了解友谊的特征和不同层次；懂得友谊关系的心理与社会功能；学会好朋友之间的分享和表露；掌握软化友谊关系的方法 | 通过"班级戏剧"测试，了解自己的友谊关系的数量和质量，分享自己与好朋友之间的交往过程，勾勒出自己独特的人际关系网络 | 重新体验好朋友之间的美好关系，学会在陪伴中相互成长、在感恩中增进友谊 |
| 呵护生命 | 理解时间的不可逆性，懂得珍惜生命时间的意义 | 设计"生命时钟"情景剧，通过亲身体验和表演，感受时间的有限性和生命的珍贵 | 意识到昙花一现与价值永流传的辩证性 |
| 生命律动 | 理解生命不是生物感官的简单组合，而是一个生物、思想和社会有机体 | 设计"生命你和我"课程，感受生命律动，学会尊重生命，了解生命残缺，感激健康生命 | 学会尊重生命，意识到任何生命都值得拥有高品质生活；每一个生命都是有价值的 |
| 服务他人 | 懂得"己所不欲，勿施于人"，明白把快乐带给别人自己也可得到满足的道理 | 设计"掰柚子"活动，在情景活动中体会他人陪伴的重要性，学习分享和支持的乐趣 | 学会爱惜他人，平等待人，将心比心，收获自己的存在意义 |
| 意义生成 | 不仅可以享受美好体验，也可以创造意义。理解不同职业和生活方式都是创造意义的过程 | 观看《工匠精神》系列节目，在理解工匠精神的过程中树立服务意识和科学精神，正视自己的潜能和价值 | 明白职业的最高境界是可以为他人和社会带来幸福，实现人生价值 |

续表

| 单元主题 | 知识与技能目标 | 过程与方法目标 | 情感态度与价值观目标 |
|---|---|---|---|
| 理想实现 | 懂得生命的自主性，明白美好生活奋斗出来的 | 观看《我的一个与狮子和平共处的发明》纪录片，学生在看别人实现自己的预言中相信自己也可以做到，在考虑自己理想实现的步骤时学会自己计划时间，学会解决困难的方法 | 让学生为拥有自己想要做的事情而感到自己的独特，增强对自己人生的责任感 |
| 破茧成蝶 | 认识生活中困难带来的负面作用，学会辩证地看到坏事背后的积极面 | 采用案例分析法，分析困难产生的原因，总结解决困难的有效方法和技巧 | 正视生活中出现的困难，增强应对勇气；遇到挫折也有办法克服 |

知识与技能目标：知道自己的生命是怎么开始的，知道自己会经历怎样的成长过程，明白生命有一天会结束，知道自己要团结他人，知道帮助他人等于帮助自己，明白生活中有美好也有困难，但是困难有可能会转化为机遇。

过程与方法目标：学生能够积极地发现家人为自己的幸福做出的努力，体会朋友等对自己的支持，体验自然界的美，在生活中乐意并主动去做一些能够帮助别人的事情，努力参与学校和家庭的各种活动，找到自己想做的事情，并为之努力，在遇到困难时能够调节自己的情绪，找到应对方法。

情感态度与价值观目标：改变学生对学习与生活的消极情绪，能够用积极的心态看待身边的人和事，经常体会到自己要做的事情的意义感，珍惜自己的生命和时间。

### 三　实施策略

生命教育是贯穿个体成长和教育始终的主题。从宏观层面上，国内不少学者对生命教育的体系、目标、原则、策略和途径展开了大量探讨，在实践层面开展了各具特色的教育活动，为宣传、普及生命教育营造了良好的氛围，一些活动也取得了很好的成效。

首先，乡村学校开展生命教育要紧扣乡村儿童真实的生存、生活状态，在儿童现实的生活中开展。生命教育可以有多种理论视角和取向，是一种自然的教育。换言之，生命教育是有生命的教育、有生活的教育，是一种走向生活的生命教育（高伟，2014）。因此，留守儿童生命意义教育就要紧密结合留守儿童产生的历史的、社会的、文化的和乡村社会的背景，使留守儿童对自身生存状态有一个正确的态度和价值观，鼓励留守儿童用恰当的方式应对生命中所遇到的压力和困难，从而体验到生命中所拥有的独特风景。

其次，生命教育是在地的教育。只要有生命存在的地方，就有生命教育的丰富资源。留守儿童生命教育，就是要挖掘乡村生命教育的在地资源，在农村留守儿童世代生存的乡村社会中开展，提升留守儿童的身份认同感。在本研究前期，我们针对福建省漳州市平和县大溪镇的乡村特点，创造性地挖掘大溪三宝——灵通山、灵通豆腐和世界上最大的圆形土楼，设计校本课程，将语文、英语、地理、历史、化学、物理、生物等学科融入其中，在幼儿园到初中开设相应主题的生命教育课程。

最后，生命教育过程是自我教育的过程。留守儿童生命教育离不开留守儿童的参与。从2009年起，闽南师范大学就开始探索实习支教＋留守儿童关爱教育活动，以一个生命陪伴另一个生命，一个学校牵手另一个学校，将留守儿童和实习师范生置于生命成长的中心，实现了童享阳光、相伴成长的实践目标，得到了社会和家庭的一致认可。

# 参考文献

## 一　中文文献

Alan Carr，2008，《积极心理学——关于人类幸福和力量的科学》，郑雪等译校，中国轻工业出版社。

阿达西，2012，《基于性格类型和学习方法的影响兼职 MBA 学生学业表现主要因素分析》，浙江大学博士学位论文。

柏拉图，1989，《理想国》，郭斌和、张竹明译，商务印书馆。

包克冰、徐琴美，2006，《学校归属感与学生发展的探索研究》，《心理学探新》第 2 期。

包蕾萍、刘俊升，2005，《心理一致感量表（SOC－13）中文版的修订》，《中国临床心理学杂志》第 4 期。

保罗·利科，2006，《宽容的销蚀和不宽容的抵制》，转引自张凤阳等《政治哲学关键词》，江苏人民出版社。

鲍振宙、张卫、李董平、李丹黎、王艳辉，2013，《校园氛围与青少年学业成就的关系：一个有调节的中介模型》，《心理发展与教育》第 1 期。

蔡连玉、姚尧，2017，《少子化社会学生坚毅品质及其培养研究》，《浙江师范大学学报》（社会科学版）第 5 期。

陈京军、范兴华、程晓荣、王水珍，2014，《农村留守儿童家庭功能与问题行为：自我控制的中介作用》，《中国临床心理学杂志》第 2 期。

陈维、何妃霞、黄蓉、赵守盈，2017，《生命意义问卷（修订版）在初中生群体中的信效度：留守与非留守学生的比较分析》，《心理学探新》第 3 期。

陈武、李董平、鲍振宙、闫昱文、周宗奎，2015，《亲子依恋与青少年的问题性网络使用：一个有调节的中介模型》，《心理学报》第 5 期。

陈武英、卢家楣、刘连启等，2014，《共情的性别差异》，《心理科学进展》第 9 期。

成子娟、侯杰泰、钟财文，1997，《小学生的智力因素、非智力因素与学业成绩》，《心理科学》第 6 期。

程翠萍、黄希庭，2014，《勇气：理论、测量及影响因素》，《心理科学进展》第 7 期。

程翠萍、黄希庭，2016，《中国人勇气量表的建构》，《西南大学学报》（社会科学版）第 1 期。

程明明、樊富珉，2010，《生命意义心理学理论取向与测量》，《心理发展与教育》第 4 期。

褚安敏，2015，《父母工作家庭冲突与青少年学业成就的关系：亲子沟通的中介作用》，江西师范大学硕士学位论文。

戴海崎，2011，《心理与教育测量》，暨南大学出版社。

戴家芳、朱平，2017，《让勤奋学习成为大学生青春飞扬的动力——学习习近平在全国高校思想政治工作会议上的讲话精神》，《思想理论教育导刊》第 7 期。

戴忠恒，1987，《心理与教育测量》，华东师范大学出版社。

董奇、周勇，1996，《中小学生自我监控学习策略的作用、发展与影响因素》，《教育科学研究》第 5 期。

董妍、俞国良，2010，《青少年学业情绪对学业成就的影响》，《心理科学》第 4 期。

段文杰、白羽、张永红等，2011，《优势行动价值问卷（VIA - IS）在中国大学生中的适用性研究》，《中国临床心理学杂志》第 4 期。

段玉裁，1988，《说文解字注》，上海古籍出版社。

范兴华、何苗、陈锋菊，2016，《父母关爱与留守儿童孤独感：希望的作用》，《中国临床心理学杂志》第 4 期。

方平、张咏梅、郭春彦，1997，《成就目标理论的研究进展》，《心理科学进展》第 1 期。

方双燕、桑青松、顾雅婷，2012，《中学生同伴支持、基本心理需要和社会适应的关系研究》，《社会心理科学》第 12 期。

房龙，2013，《宽容》，中国友谊出版社。

高伟，2014，《从生命理解到生命教育——一种走向生活的生命教育》，《北京师范大学学报》（社会科学版）第 5 期。

葛岩，2008，《初中生学习压力与考试焦虑、自我效能及学习策略的关系研究》，东北师范大学博士学位论文。

官群、孟万金、John Keller，2009，《中国中小学生积极心理品质量表编制报告》，《中国特殊教育》第 4 期。

官群、薛琳、吕婷婷，2015，《坚毅和刻意训练与中国大学生英语成就的关系》，《中国特殊教育》第 12 期。

郭光胜，2009，《小学生家庭人际关系与学校归属感关系的研究》，四川师范大学硕士学位论文。

何安明、刘华山，2012，《感恩的内涵、价值及其教育艺术探析》，《黑龙江高教研究》第 4 期。

何浩、潘彦谷，2017，《生命意义感、宽恕对中学生社会自我效能感的影响》，《教学与管理》第 12 期。

洪淼，2015，《共情训练对改善初中生同伴关系的研究》，湖南师范大学硕士学位论文。

胡文彬、高健、康铁君、吴冰、石扩、王雪艳、温子栋，2009，《大学生共情与父母教养方式的关系及影响因素研究》，《中国健康心理学杂志》第 9 期。

胡月琴、甘怡群，2008，《青少年心理韧性量表的编制和效度验证》，《心理学报》第 8 期。

黄翯青、苏彦捷，2012，《共情的毕生发展：一个双过程的视角》，《心理发展与教育》第4期。

黄希庭、杨雄，1998，《青少年学生自我价值感量表的编制》，《心理科学》第4期。

黄希庭、余华，2002，《青少年自我价值感量表构念效度的验证性因素分析》，《心理学报》第5期。

计雯，2014，《如何帮孩子塑造"坚毅"性格》，《文汇日报》7月24日。

季浏、倪刚、孙晓英、汪晓赞，1998，《短期目标和长期目标设置对投篮成绩、努力程度和状态焦虑的影响》，《心理科学》第2期。

贾林祥，2016，《社会控制视野下的青少年生命意义教育》，《心理学探新》第5期。

蒋海飞、刘海骅、苗淼、甘怡群，2015，《生命意义感对大学新生日常烦心事和心理适应的影响》，《心理科学》第1期。

蒋京川、刘华山，2005，《成就目标定向与学习策略、学业成绩的关系研究综述》，《心理发展与教育》第2期。

金杨华，2005，《目标取向和工作经验对绩效的效应》，《心理学报》第1期。

晋琳琳、陆昭怡、奚菁，2014，《创业者的人格开放性对创业绩效的影响：毅力的调节作用》，《科学学与科学技术管理》第8期。

孔明、卞冉、张厚粲，2007，《平行分析在探索性因素分析中的应用》，《心理科学》第4期。

孔艳赟、王英春、后玉良，2015，《流动儿童人际交往能力、体育锻炼对城市适应的影响：学校归属感的中介作用》，《中国特殊教育》第3期。

寇彧、霞玲、徐华女、马会萍，2006，《小学中高年级儿童情绪理解力的特点研究》，《心理科学》第4期。

蓝雪丹、庞从妃、阳秀英、朱碧仪、杨海荣，2015，《家庭教养方式、自律性与大学生厌学行为的关系研究》，《大学教育》第12期。

雷浩、刘衍玲、田澜,2012,《家庭环境、班级环境与高中生学业成绩的关系:学业勤奋度的中介作用》,《上海教育科研》第 4 期。

雷浩、刘衍玲、魏锦、田澜、王鑫强,2012,《基于时间投入——专注度双维核心模型的高中生学业勤奋度研究》,《心理发展与教育》第 4 期。

雷浩、田澜、李顺雨、黄金斌,2011,《高中生学业勤奋度的现状调查——以两所中学为例》,《教育测量与评价》第 11 期。

雷雳、汪玲、Tanja CULJAK,2011,《目标定向在自我调节学习中的作用》,《心理学报》第 4 期。

李晨枫、吕锐、刘洁等,2011,《基本共情量表在中国青少年群体中的初步修订》,《中国临床心理学杂志》第 2 期。

李飞、苏林雁、金宇等,2006,《儿童社交焦虑量表的中国城市常模》,《中国儿童保健杂志》第 4 期。

李林兰,2009,《中国人的勇——心理结构及测量》,华中师范大学硕士学位论文。

李明、叶浩生,2009,《责任心的多元内涵与结构及其理论整合》,《心理发展与教育》第 3 期。

李跃平、黄子杰,2007,《典型相关分析在量表效标效度考核中的作用》,《福建师范大学学报》(自然科学版)第 4 期。

李贞珍,2013,《特质感恩对初中生亲社会行为的影响研究》,西南大学硕士学位论文。

凌宇、贺郁舒、黎志华、刘文俐、朱翠英,2015,《中国农村留守儿童群体的类别特征研究——基于希望感视角及湖南省 2013 份问卷数据》,《湖南农业大学学报》(社会科学版)第 3 期。

刘海燕、邓淑红、郭德俊,2003,《成就目标的一种新分类——四分法》,《心理科学进展》第 3 期。

刘惠军、郭德俊,2003,《考前焦虑、成就目标和考试成绩关系的研究》,《心理发展与教育》第 2 期。

刘惠军、郭德俊、李宏利、高培霞，2006，《成就目标定向、测验焦虑与工作记忆的关系》，《心理学报》第2期。

刘明娟，2013，《心理干预对高中生生命意义感的影响》，《山西大同大学学报》（自然科学版）第5期。

刘平、毛晋平，2012，《高中生性格优点及与主观幸福感、学习成绩的关系研究》，《中国健康心理学杂志》第10期。

刘巧荣，2017，《初中生坚毅与自我调节学习、学业成绩的关系研究》，南昌大学硕士学位论文。

刘思斯、甘怡群，2013，《生命意义感量表中文版在大学生群体中的信效度》，《中国临床心理学杂志》第5期。

刘加霞、辛涛、黄高庆、申继亮，2008，《中学生学习动机、学习策略与学业成绩的关系研究》，《教育理论与实践》第9期。

刘亚楠，2016，《感恩与生命意义：领悟到的社会支持与归属感的多重中介模型》，《中国特殊教育》第4期。

陆娟芝、凌宇、黄磊、赵娜，2017，《生活应激事件与希望感对农村留守儿童抑郁的影响》，《中国健康心理学杂志》第2期。

罗杰、谭闯、戴晓阳，2012，《农村留守儿童自我价值感与应对方式的相关分析》，《中国临床心理学杂志》第1期。

罗静、王薇、高文斌，2009，《中国留守儿童研究述评》，《心理科学进展》第5期。

罗晓路、李天然，2015，《家庭社会经济地位对留守儿童同伴关系的影响》，《中国特殊教育》第2期。

罗云、赵鸣、王振宏，2014，《初中生感知教师自主支持对学业倦怠的影响：基本心理需要、自主动机的中介作用》，《心理发展与教育》第3期。

马斯洛，1987，《动机与人格》，许金声等译，华夏出版社。

明恩溥，1998，《中国人的性格》，学苑出版社。

缪素芬、张璐、陶欧、颜素容、王耘，2015，《学生学业勤奋度的SIMPP

分析》，《中华医学教育探索杂志》第 7 期。

欧文·亚隆，2005，《团体心理治疗：理论与实践》，李敏、李鸣译，中国轻工业出版社。

庞维国，2001，《论学生的自主学习》，《华东师范大学学报》（教育科学版）第 2 期。

彭凯平，2017，《坚毅：人类全身心发展的一个重要因素》，转引自安杰拉·达克沃斯《坚毅》，安妮译，中信出版社。

钱锦昕、余嘉元，2014，《中国传统文化视角下的宽容心理》，《江苏师范大学学报》（哲学社会科学版）第 2 期。

任春荣，2010，《学生家庭社会经济地位（SES）的测量技术》，《教育学报》第 5 期。

任俊、叶浩生，2005，《积极人格：人格心理学研究的新取向》，《华中师范大学学报》（人文社会科学版）第 4 期。

商士杰、白宝玉、钟年，2016，《家庭社会阶层对生命意义感的影响：基本心理需要满足的中介作用》，《中国临床心理学杂志》第 6 期。

上海市教育委员会，2005，《上海市中小学生命教育指导纲要》。

沈清清、蒋索，2013，《青少年的生命意义感与幸福感》，《中国心理卫生杂志》第 8 期。

石世祥，2009，《大学生自我监控、责任感和学习坚持性的相关性研究》，西南大学硕士学位论文。

世界卫生组织，2014，《预防自杀：一项全球要务》，北京心理危机研究与干预中心译。

苏志强、张大均、邵景进，2015，《社会经济地位与留守儿童社会适应的关系：歧视知觉的中介作用》，《心理发展与教育》第 2 期。

孙炳海、黄小忠、李伟健、叶玲珠、陈海德，2010，《观点采择对高中教师共情反应的影响：共情倾向的中介作用》，《心理发展与教育》第 3 期。

孙晨哲、武培博，2011，《初中生学校归属感、自我价值感与心理弹性的相关研究》，《中国健康心理学杂志》第 11 期。

孙晓军、周宗奎，2005，《探索性因子分析及其在应用中存在的主要问题》，《心理科学》第 6 期。

覃丽、王鑫强、张大均，2013，《中学生生命意义感发展特点及与学习动机、学习成绩的关系》，《西南大学学报》（自然科学版）第 10 期。

唐琳，2012，《勤奋比天分更重要——访 2011 年诺贝尔物理学奖获得者布莱恩·施密特》，《科学新闻》第 9 期。

唐铭、刘儒德、高钦、庄鸿娟、魏军、邱妙词，2016，《调节聚焦对高中生毅力水平的影响：学业情绪的中介作用》，《心理与行为研究》第 4 期。

唐卫海、张红霞、刘珊珊、刘希平，2014，《中学生性别角色观的性别差异》，《基础教育》第 4 期。

田澜、熊猛、李顺雨，2011，《大学生学业勤奋度问卷的编制》，《黄石理工学院学报》（人文社会科学版）第 1 期。

万增奎，2016，《留守儿童的生命态度及其对策研究》，《心理研究》第 4 期。

王英春、邹泓、屈智勇，2006，《人际关系能力问卷（ICQ）在初中生中的初步修订》，《中国心理卫生杂志》第 5 期。

王丽英，2017，《大数据与生命教育的交相辉映——杭州市电子信息职业学校教育教学成果巡礼》，《中国教育报》5 月 25 日，第 8 版。

王孟成、戴晓阳、姚树桥，2011，《中国大五人格问卷的初步编制Ⅲ：简式版的制定及信效度检验》，《中国临床心理学杂志》第 4 期。

王孟成、戴晓阳，2008，《中文人生意义问卷（C - MLQ）在大学生中的适用性》，《中国临床心理学杂志》第 5 期。

王孟成，2014，《潜变量建模与 Mplus 应用·基础篇》，重庆大学出版社。

王明忠、周宗奎、陈武，2013，《父母情感温暖与青少年人际能力：情绪表达能力和社交性的间接效应》，《中国临床心理学杂志》第 2 期。

王赛东，2012，《初中生共情能力的培养》，浙江师范大学硕士学位论文。

王巍、石国兴，2005，《高中生人际容纳和心理健康、主观幸福感的相关研究》，《河北师范大学学报》（教育科学版）第6期。

王文忠，1996，《学生成就动机的目标系统》，《心理科学》第4期。

王鑫强，2013，《生命意义感量表中文修订版在中学生群体中的信效度》，《中国临床心理学杂志》第5期。

王雁飞、凌文辁、朱瑜，2004，《成就目标定向、自我效能与反馈寻求行为的关系》，《心理科学》第1期。

维克多·弗兰克尔，2010，《活出生命的意义》，吕娜译，华夏出版社。

魏昶、喻承甫、洪小祝、郑圆皓、周莎莎、孙国健，2015，《留守儿童感恩、焦虑抑郁与生活满意度的关系研究》，《中国儿童保健杂志》第3期。

魏华林、朱安安，2012，《美国社会情绪学习课程选介——"第二步"课程》，《中小学心理健康教育》第12期。

魏军锋，2015，《留守儿童的社会支持与生活满意度——希望与应对方式的多重中介效应》，《中国心理卫生杂志》第5期。

魏军锋，2015，《留守儿童希望特质及其与学业成绩的关系》，《中国儿童保健杂志》第9期。

魏军、刘儒德、何伊丽、唐铭、邱妙词、庄鸿娟，2014，《小学生学习坚持性和学习投入在效能感、内在价值与学业成就关系中的中介作用》，《心理与行为研究》第3期。

魏怡、胡军生，2017，《坚毅性人格：概念结构、影响因素及作用结果》，《心理技术与应用》第1期。

温元凯，1983，《理想·勤奋·方法——学习成功的三要素》，《高等教育研究》第2期。

温忠麟、侯杰泰、马什赫伯特，2004，《结构方程模型检验：拟合指数与卡方准则》，《心理学报》第2期。

温忠麟、叶宝娟，2014，《中介效应分析：方法和模型发展》，《心理科学进展》第5期。

文超、张卫、李董平、喻承甫、代维祝，2010，《初中生感恩与学业成就的关系：学习投入的中介作用》，《心理发展与教育》第6期。

吴丽芸、张兴利、施建农等，2016，《母亲对儿童消极情绪的回应在母亲对儿童的接纳和流动儿童共情关系中的中介作用》，《中国全科医学》第9期。

吴艳、温忠麟，2011，《结构方程建模中的题目打包策略》，《心理科学进展》第12期。

习近平，2016a，《把思想政治工作贯穿教育教学全过程开创我国高等教育事业发展新局面》，《人民日报》12月9日。

习近平，2016b，《在庆祝中国共产党成立95周年大会上的讲话》，新华社北京7月1日电。

夏丹，2011，《基于移情量表（BES）中文版的信效度及初步应用研究》，郑州大学博士学位论文。

项明强，2014，《体育自主性支持与青少年课外锻炼之间关系——基本心理需要的中介作用》，《体育与科学》第2期。

肖凤秋、郑志伟、陈英和，2014，《共情对亲社会行为的影响及神经基础》，《心理发展与教育》第2期。

肖虹霞，2017，《家庭教育，最好的举措是家长陪伴》，《课程教育研究：学法教法研究》第20期。

肖蓉、张小远、赵久波、李建明，2009，《生活目的测验（PIL）在大学生中的应用及其信效度研究》，《中国临床心理学杂志》第3期。

谢玲平、王洪礼、邹维兴、张翔、何壮，2014，《留守初中生自我效能感与社会适应的关系：心理韧性的中介作用》，《中国特殊教育》第7期。

谢梦怡，2014，《大学生基本心理需要、自我概念与社会适应的关系研究》，河北师范大学硕士学位论文。

谢娜、王臻、赵金龙，2017，《12项坚毅量表（12 - Item Grit Scale）的中文修订》，《中国健康心理学杂志》第6期。

熊猛、叶一舵，2011，《大学生学业勤奋度的影响因素分析》，《长春工业大学学报》（高教研究版）第 2 期。

徐光国、张庆林，1996，《习得性勤奋的实验研究和理论假设》，《心理科学》第 3 期。

徐中南，2013，《勤奋，自信在数学学习态度的体现》，《科学大众：科学教育》第 12 期。

许世平，2002，《生命教育及层次分析》，《中国教育学刊》第 4 期。

亚里士多德，2003，《尼各马可伦理学》，廖申白译，商务印书馆。

颜玉平，2013，《共情训练对中学生人际交往能力的影》，湖南师范大学硕士学位论文。

颜志强、苏金龙、苏彦捷，2018，《共情的时代变迁：一项横断历史元分析》，《心理技术与应用》第 10 期。

颜志强、苏彦捷，2018，《共情的性别差异：来自元分析的证据》，《心理发展与教育》第 2 期。

杨安博、王登峰、滕飞、宗火，2008，《高中生对父母的依恋与学业成就和自尊的关系》，《中国临床心理学杂志》第 1 期。

杨刘敏，2008，《处境不利儿童人格与学习策略、学业成绩的相互关系》，陕西师范大学硕士学位论文。

杨慊、程巍、贺文洁、韩布新、杨昭宁，2016，《追求意义能带来幸福吗?》，《心理科学进展》第 9 期。

杨强、叶宝娟，2014，《感恩对汉区高校少数民族大学生幸福感的影响：基本心理需要的中介作用》，《中国临床心理学杂志》第 2 期。

杨小青、许燕，2011，《有留守经历高职生主观幸福感与自我价值感关系研究》，《中国特殊教育》第 7 期。

杨新华、朱翠英、杨青松、黎志华、谢光荣，2013，《农村留守儿童希望感特点及其与心理行为问题的关系》，《中国临床心理学杂志》第 3 期。

杨业、汤艺、彭微微、吕雪靖、胡理、陈军，2017，《共情：遗传－环境－

内分泌－大脑机制》,《科学通报》第 32 期。

叶宝娟、杨强、胡竹菁,2013,《感恩对青少年学业成就的影响:有调节的中介效应》,《心理发展与教育》第 2 期。

尹美琪,1998,《大学生宗教信仰与人生意义感、心理需求及心理健康关系之研究》,台湾师范大学硕士学位论文。

于国庆,2005,《大学生自我控制研究》,《心理科学》第 6 期。

于哲、金铃、周奕欣、周明洁,2016,《志愿者公正敏感性在共情与抑郁情绪中调节作用》,《中国公共卫生》第 12 期。

余益兵、葛明贵,2010,《初中生感知的学校气氛的特点及其与学校适应的关系:学校态度的中介作用》,《中国临床心理学杂志》第 2 期。

余益兵,2015,《社会适应问卷(简式版)在农村中小学生样本中的应用》,《西南大学学报》(自然科学版)第 12 期。

余益兵、汪义贵,2011,《大学生志愿者动机问卷的初步编制及信效度检验》,《皖西学院学报》第 5 期。

俞大维、李旭,2000,《儿童抑郁量表(CDI)在中国儿童中的初步运用》,《中国心理卫生杂志》第 4 期。

喻承甫、张卫、曾毅茵、叶婷、李月明、王姝君,2011,《青少年感恩与问题行为的关系:学校联结的中介作用》,《心理发展与教育》第 4 期。

喻承甫、张卫、曾毅茵、叶婷、胡谏萍、李丹黎,2012,《青少年感恩、基本心理需要与病理性网络使用的关系》,《心理发展与教育》第 1 期。

袁玉明,1997,《勇敢与创造力及其培养》,《湘潭师范学院学报》(社会科学版)第 1 期。

张慧、苏彦捷,2008,《自我和他人的协调与心理理论的神经机制》,《心理科学进展》第 3 期。

张锦坤、佟欣、杨丽娴,2008,《中学生自我调节学习量表的编制》,《心理与行为研究》第 3 期。

张静，2010，《从学习者个体差异看人格特质语言学习策略和英语语言能力的关系》，上海外国语大学硕士学位论文。

张莉、王乾宇、赵景欣，2014，《养育者支持、逆境信念与农村留守儿童孤独感的关系》，《中国临床心理学杂志》第 2 期。

张丽华、刘晟楠、王宇，2005，《大学生自主学习的心理结构及发展特点研究》，《大连理工大学学报》（社会科学版）第 1 期。

张利燕、谢佳、郭芳姣，2010，《生命意义量表在中国大学生中的适用性研究》，《中国临床心理学杂志》第 6 期。

张林、张向葵，2003，《中学生学习策略运用、学习效能感、学习坚持性与学业成就关系的研究》，《心理科学》第 4 期。

张林、周国韬，2003，《自我调节学习理论的研究综述》，《心理科学》第 5 期。

张陆、游志麒，2014，《农村初中生公正世界信念、感恩和时间管理对学业成绩的影响——调节与中介作用分析》，《中国特殊教育》第 11 期。

张乾一、文萍，2013，《中职学生学习策略现状调查研究》，《北京教育学院学报》（自然科学版）第 2 期。

张群，2017，《留守儿童：我，不想一个人》，中国青年网，http：//news. youth. cn/gn/201708/t20170803_ 10434962. htm。

张姝玥、许燕，2011，《生命意义问卷在不同受灾情况高中生中的应用》，《中国临床心理学杂志》第 2 期。

张姝玥、许燕，2012，《高中生生命意义寻求与生命意义体验的关系》，《中国临床心理学杂志》第 6 期。

张爽，2006，《高一学生数学学习兴趣、成就目标定向、学习策略与学业成绩的关系研究》，东北师范大学硕士学位论文。

张琰、王紫微、黄鹏、朱霞，2017，《坚毅量表修订及其在军校大学生中的信效度检验》，《第二军医大学学报》第 12 期。

张燕贞、张卫、伍秋林、喻承甫、陈茂怀、林树滨，2016，《医科大学生手机网络游戏成瘾与共情：抑郁的中介作用》，《中国健康心理学杂志》第 4 期。

张野、卢笳，2012，《初中生人际交往能力、学业成绩及其发展背景系统间的关系》，《心理科学》第 2 期。

赵必华、孙彦，2011，《儿童希望量表中文版的信效度检验》，《中国心理卫生杂志》第 6 期。

赵海平、王健，2000，《血液透析患者的社会支持和希望》，《中华护理杂志》第 5 期。

赵景欣、刘霞、张文新，2013，《同伴拒绝、同伴接纳与农村留守儿童的心理适应：亲子亲合与逆境信念的作用》，《心理学报》第 7 期。

赵景欣，2017，《行为自主决策、亲子亲合与个体主观幸福感的关系：留守与非留守青少年的比较》，《心理发展与教育》第 3 期。

赵景欣、杨萍、马金玲、黄翠翠，2016，《歧视知觉与农村留守儿童积极/消极情绪的关系：亲子亲合的保护作用》，《心理发展与教育》第 3 期。

赵娜、凌宇、陈乔丹、滕雄程，2017，《社会支持对农村留守儿童问题行为的影响：希望感的中介作用》，《中国健康心理学杂志》第 8 期。

赵文力、谭新春，2016，《神经质人格对农村留守儿童焦虑抑郁情绪的影响：希望的中介效应》，《湖南社会科学》第 6 期。

郑艳，2009，《大学生学习勤奋度自评问卷的初步编制》，《沙洋师范高等专科学校学报》第 2 期。

中华人民共和国教育部，1999，《中共中央国务院关于深化教育改革全面推进素质教育的决定》。

中华人民共和国教育部，2002，《中小学心理健康教育指导纲要》，《中小学心理健康教育》第 9 期。

中华人民共和国教育部，2012，《中小学心理健康教育指导纲要》（2012 年修订）。

周春燕、黄海、刘陈陵、吴和鸣，2014，《留守经历对大学生主观幸福感的影响：父母情感温暖的作用》，《中国临床心理学杂志》第 5 期。

周浩、龙立荣，2004，《共同方法偏差的统计检验与控制方法》，《心理科学进展》第 6 期。

周炎根，2007，《大学生自主学习、成就目标定向与学业成就关系的研究》，安徽师范大学硕士学位论文。

周元明，2007，《刍议高等学校的感恩教育》，《江苏高教》第 1 期。

朱丽芳，2005，《大学生学业自我概念、成就目标定向与学习坚持性的关系研究》，湖南师范大学硕士学位论文。

朱贻庭，2011，《伦理学大辞典》，上海辞书出版社。

朱祖德、王静琼、张卫、叶青青，2005，《大学生自主学习量表的编制》，《心理发展与教育》第 3 期。

诸晓，2012，《中学生生命意义感的特点及其与生活事件、社会支持的关系研究》，南京师范大学硕士学位论文。

左高山、唐俊，2015，《当代英美学界“勇敢”美德研究进展及问题》，《道德与文明》第 4 期。

## 二 英文文献

Ablard, K. E. & Lipschultz, R. E. 1998. "Self-regulated Learning in High-achieving Students: Relations to Advanced Reasoning, Achievement Goals, and Gender." *Journal of Educational Psychology* 90 (1): 94.

Akin, A. & Arslan, S. 2014. "The Relationships between Achievement Goal Orientations and Grit." *Education and Science* 39 (175): 267 – 274.

Allemand, M., Steiger, A. E. & Fend, H. A. 2015. "Empathy Development in Adolescence Predicts Social Competencies in Adulthood." *Journal of Personality* 83 (2): 229 – 241.

Allport, G. W. 1954. *Nature of Prejudice*. Doubleday.

Ames, C. 1992. "Classrooms: Goals, Structures, and Student Motivation." *Journal of Educational Psychology* 84 (3): 261 – 271.

Antonovsky, A. 1993. "The Structure and Properties of the Sense of Coherence

Scale. " *Social Science & Medicine* 36 (6): 725 – 733.

Ardany, A. S. , Khayyer, M. , Hayati, D. , Ardani, A. S. et al. 2013. "Predicting Academic Achievement Based on Grit as a Personality Trait with Mediating Role of Goal Orientation among MA Students of Shiraz University. " *Educational Development of Jundishapur* 4 (1): 53 – 63.

Arthur, C. G. 2000. "The Relationships between Student Diligence, Student Support Systems, other Related Variables and Student Academic Outcomes in High Schools in Grenada. " Thesis (Ph. D. ), Andrews University.

Arthur, C. G. 2002. "Student Diligence and Student Diligence Support: Predictors of Academic Success. " In Paper Presented at the Annual Meeting of the Mid-South Educational Research Association, Chattanooga, TN.

Ashford, S. J. & Tsui, A. S. 1991. "Self-regulation for Managerial Effectiveness: The Role of Active Feedback Seeking. " *Academy of Management Journal* 34 (2): 251 – 280.

Battista, J. & Almond, R. 1973. "The Development of Meaning in Life. " *Psychiatry-interpersonal & Biological Processes* 36 (4): 409 – 427.

Baumeister, R. F. , Vohs, K. D. & Tice, D. M. 2007. "The Strength Model of Self – control. " *Current Directions in Psychological Science* 16 (6): 351 – 355.

Baumgarten-Tramer, Franziska. 1938. " 'Gratefulness' in Children and Young People. " *The Pedagogical Seminary and Journal of Genetic Psychology* 53 (1): 53 – 66.

Bernard, Hinsdale. 1992. "Development and Application of a Diligence-ability Regression Model for Explaining and Predicting Competence among Juniors and Seniors in Selected Michigan High Schools. " Thesis (Ph. D. ), Andrews University.

Bernard, H. , Drake, D. D. , Paces, J. J. et al. 1996. "Student-centered Educational Reform: The Impact of Parental and Educator Support of Student Diligence. " *School Community Journal* (6): 9 – 25.

Bernard, H. , Thayer, J. D. & Streeter, E. A. 1993. "Diligence and Academic Performance. " *Journal of Research on Christian Education* 2 （2）: 213 –234.

Biggs, J. B. 1978. "Individual and Group Differences in Study Processes. " *British Journal of Educational Psychology* 48 （3）: 266 –279.

Biggs, J. B. & Tang, S. K. 2011. *Teaching for Quality Learning at University: What the Student Does.* Society for Research into Higher Education & Open University Press.

Biswas-Diener, R. 2012. *The Courage Quotient: How Science can Make You Braver.* John Wiley.

Blalock, D. V. , Young, K. C. & Kleiman, E. M. 2015. "Stability Amidst Turmoil: Grit Buffers the Effects of Negative Life Events on Suicidal Ideation. " *Psychiatry Research* 228 （3）: 781 –784.

Bowman, N. A, Hill, P. L. , Denson, N. et al. 2015. "Keep on Truckin' or Stay the Course? Exploring Grit Dimensions as Differential Predictors of Educational Achievement, Satisfaction, and Intentions. " *Social Psychological & Personality Science* 6 （6）: 1994.

Briganti, G. , Kempenaers, C. , Braun, S. et al. 2018. "Network Analysis of Empathy Items from the Interpersonal Reactivity Index in 1973 Young Adults. " *Psychiatry Research* 265: 87 –92.

Brody, G. H. , Yu, T. , Chen, E. et al. 2013. "Is Resilience only Skin Deep? Rural African Americans' Socioeconomic Status-related Risk and Competence in Preadolescence and Psychological Adjustment and Allostatic Load at Age 19. " *Psychological Science* 24 （7）: 1285 –1293.

Brownstein, M. 2018. "Self-control and Overcontrol: Conceptual, Ethical, and Ideological Issues in Positive Psychology. " *Review of Philosophy & Psychology* 2 –3: 1 –22.

Bryant, B. K. 1982. "An Index of Empathy for Children and Adolescents. " *Child Development* 53 （2）: 413 –425.

Buhrmester D. , Furman W. , Wittenberg M. T. et al. 1988. "Five Domains of

Interpersonal Competence in Peer Relationships. " *Journal of Personality and Social Psychology* (6): 991 – 1008.

Burnette, J. L. , Davis, D. E. , Green, J. D. et al. 2009. Insecure Attachment and Depressive Symptoms: The Mediating Role of Rumination, Empathy, and Forgiveness. *Personality & Individual Differences* 46 (3): 276 – 280.

Caprara, G. V. , Vecchione, M. , Alessandri, G. et al. 2011. "The Contribution of Personality Traits and Self-efficacy Beliefs to Academic Achievement: A Longitudinal Study. " *British Journal of Educational Psychology* 81 (1): 78 – 96.

Carr, A. & Mendez, M. 2018. "Affective Empathy in Behavioral Variant Frontotemporal Dementia: A meta-analysis. " *Frontiers in Neurology* 9 (7): 1 – 8.

Carr, D. , Morgan, B. & Gulliford, L. 2015. "Learning and Teaching Virtuous Gratitude. " *Oxford Review of Education* 41 (6): 766 – 781.

Carr, D. 2015. "The Paradox of Gratitude. " *British Journal of Educational Studies* 63 (4): 429 – 446.

Cassidy, J. 1994. "Emotion Regulation: Influences of Attachment Relationships. " *Monographs of the Society for Research in Child Development* 59 (2 – 3): 228.

Chang, W. 2014. "Grit and Academic Performance: Is Being Grittier Better?" Open Access Dissertations. https: //scholarlyrepository. miami. edu/oa _ dissertations/1306.

Chen, X. , Rubin, K. H. & Li, D. 1997. "Relation between Academic Achievement and Social Adjustment: Evidence from Chinese Children. " *Developmental Psychology* 33 (3): 518 – 525.

Chlopan, B. E. , Mccain, M. L. , Carbonell, J. L. et al. 1985. "Empathy: Review of Available Measures. " *Journal of Personality & Social Psychology* 48 (3): 635 – 653.

Christensen, R. & Knezek, G. 2014. "Comparative Measures of Grit, Tenacity and Perseverance. " *International Journal of Learning, Teaching and Educational Research* 8 (1): 16 – 30.

Corno, L. & Mandinach, E. B. 1983. "The Role of Cognitive Engagement in Classroom Learning and Motivation." *Educational Psychologist* 18 (2): 88 – 108.

Credé, M., Tynan, M. C. & Harms, P. D. 2017. "Much Ado about Grit: A Meta – analytic Synthesis of the Grit Literature." *Journal of Personality and Social Psychology* 113 (3): 492 – 511.

Crockett, L. J., Schulenberg, J. E. & Petersen, A. C. 1987. Congruence between Objective And Self-Report Data in a Sample of Young Adolescents. *Journal of Adolescent Research* 2 (4): 383 – 392.

Crockett, L. J., Schulenberg, J. E. & Petersen, A. C. 1987. "Congruence between Objective and Self – report Data in a Sample of Young Adolescents." *Journal of Adolescent Research* 2 (4): 383 – 392.

Cross, T. M. 2014. "The Gritty: Grit and Non-traditional Doctoral Student Success." *Journal of Educators Online* 11 (3): 30.

Crumbaugh, J. C. 1968. "Cross-validation of Purpose-in-Life Test Based on Frankl's Concepts." *Journal Individual Psychology* 24 (1): 74 – 81.

Dansereau, D. F. 1985. "Learning Strategy Research ." In J. Segal, S. Chipman & R. Glaser (eds.), *Thinking and Learning Skills: Relating Instruction to Basic Research*. Erlbaum, pp. 209 – 240.

Darlington, R. B. 1990. *Regression and Linear Models*. McGraw-Hill.

Datu, J. A. D. 2017. "Sense of Relatedness is Linked to Higher Grit in a Collectivist Setting." *Personality & Individual Differences* 105: 135 – 138.

Datu, J. A. D., Valdez, M. & King, R. B. 2016. "The Successful Life of Gritty Students: Grit Leads to Optimal Educational and Well-being Outcomes in a Collectivist Context." In King, R. B. & Bernardo, A. B. I. (eds.), *The Psychology of Asian Learners*. Springer Singapore.

Datu, J. A. D, Yuen, M. & Chen, G. 2017. "Development and Validation of the Triarchic Model of Grit Scale (TMGS): Evidence from Filipino Undergraduate Students." *Personality & Individual Differences* 114: 198 – 205.

Datu, J. A. D. , Yuen, M. & Chen, G. 2018. "Exploring Determination for Long-term Goals in a Collectivist Context: A Qualitative Study. " *Current Psychology* 37 (1): 263 – 271.

Davis, L. L. 1992. "Instrument Review: Getting the Most from a Panel of Experts. " *Applied Nursing Research* 5 (4): 194 – 197.

Davis, M. H. 1983. "Interpersonal Reactivity Index: A Multidimensional Approach to Individual Differences in Empathy. " *Journal of Personality and Social Psychology* 44: 113 – 126.

Dearing, E. & Hamilton, L. C. 2006. "Contemporary Advances and Classic Advice for Analyzing Mediating and Moderating Variables. " *Monographs of the Society for Research in Child Development* 71 (3): 88 – 104.

Decety, J. & Jackson, P. L. 2006. "A Social-neuroscience Perspective on Empathy. " *Current Directions in Psychological Science* 15 (2): 54 – 58.

Decety, J. , Meidenbauer, K. L. & Cowell, J. M. 2017. "The Development of Cognitive Empathy and Concern in Preschool Children: A Behavioral Neuroscience Iinvestigation. " *Developmental Science* 21: 3.

Deci, E. L. & Ryan, R. M. 1980. "Self-determination Theory: When Mind Mediates Behavior. " *Journal of Mind & Behavior* 1 (1): 33 – 43.

Deci, E. L. & Ryan, R. M. 2000. "The 'What' and 'Why' of Goal Pursuits: Human Needs and the Self-determination of Behavior. " *Psychological Inquiry* 11 (4): 227 – 268.

De Cooman, R. , De Gieter, S. , Pepermans, R. et al. 2009. "Development and Validation of the Work Effort Scale. " *European Journal of Psychological Assessment* 25 (7): 266 – 273.

De Volger, K. L. & Ebersole, P. 1983. "Young Adolescents' Meaning in Life. " *Psychological Reports* 52: 427 – 431.

Diamond, A. & Lee, K. 2011. "Interventions Shown to Aid Executive Function Development in Children 4 to 12 Years Old. " *Science* 333 (6045): 959 – 964.

Duan, W. , Ho SMY, Bai, Y. et al. 2013. " Psychometric Evaluation of the Chinese Virtues Questionnaire. " *Research on Social Work Practice* 23 （3）: 336 – 345.

Duckworth, A. & Gross, J. J. 2014. "Self-control and Grit: Related but Separable Determinants of Success. " *Current Directions in Psychological Science* 23 （5）: 319.

Duckworth, A. L. , Kirby, T. A. , Tsukayama, E. et al. 2011. " Deliberate Practice Spells Success: Grittier Competitors Triumph at the National Spelling Bee. " *Social Psychological & Personality Science* 2 （2）: 174 – 181.

Duckworth, A. L. , Peterson, C. , Matthews, M. D. et al. 2007. "Grit: Perseverance and Passion for Long-term Goals. " *Journal of Personality and Social Psychology* 92 （6）: 1087 – 1101.

Duckworth, A. L. & Quinn, P. D. 2009. "Development and Validation of the Short Grit Scale （Grit-s）. " *Journal of Personality Assessment* 91 （2）: 166 – 174.

Duckworth, A. L. & Seligman, M. E. P. 2005. "Self-discipline Outdoes IQ in Predicting Academic Performance of Adolescents. " *Psychology Science* 16 （12）: 939 – 944.

Duckworth, A. L. 2011. " The Significance of Self-control. " *Proceedings of the National Academy of Sciences of the United States of America* 108 （7）: 2639.

Dweck, C. S. & Leggett, E. L. 1988. "A Social-cognitive Approach to Motivation and Personality. " *Psychological Review* 95 （2）: 256 – 273.

Ebesutani, C. , Regan, J. , Smith, A. et al. 2012. "The 10-tem Positive and Negative Affect Schedule for Children, Child and Parent Shortened Versions: Application of Item Response Theory for More Efficient Assessment. " *Journal of Psychopathology & Behavioral Assessment* 34 （2）: 191 – 203.

Eisenberger, R. & Armeli, S. 1997. " Can Salient Reward Increase Creative Performance without Reducing Intrinsic Creative Interest?" *Journal of Personality & Social Psychology* 72 （3）: 652 – 663.

Eisenberger, R., Weier, F., Masterson, F. A. et al. 1989. "Fixed-ratio Schedules Increase Generalized Self-control: Preference for Large Rewards Despite High Effort or Punishment. " *Journal of Experimental Psychology Animal Behavior Processes* 15 (4): 383 – 392.

Elliott, E. S. & Dweck, C. S. 1988. "Goals: An Approach to Motivation and Achievement. " *Journal of Personality & Social Psychology* 54 (1): 5 – 12.

Ellis, P. L. 1982. "Empathy: A Factor in Antisocial Behavior. " *Journal of Abnormal Child Psychology* 10 (1): 123 – 133.

Emmons, R. A. & Mccullough, M. E. 2003. "Counting Blessings Versus Burdens: An Experimental Investigation of Gratitude and Subjective Well-being in Daily Life. " *Journal of Personality and Social Psychology* 84 (2): 377 – 389.

Emmons, R. A. & Shelton, M. 2005. "Gratitude and the Science of Positive Psychology. " In Synder, C. R. & Lopez, S. J. (eds.), *Handbook of Positive Psychology.* Oxford University Press.

Erera, P. I. 1997. "Empathy Training for Helping Professionals: Model and Evaluation. " *Journal of Social Work Education* 33 (2): 245 – 260.

Eskreiswinkler, L., Shulman, E. P. & Duckworth, A. L. 2014. "Survivor Mission: Do Those Who Survive Have a Drive to Thrive at Work?" *Journal of Positive Psychology* 9 (3): 209 – 218.

Farrow, T. & Woodruff, P. 2007. Empathy in Mental Illness. *Journal of Nervous & Mental Disease* 197 (5): 581 – 581.

Fekih, L. 2017. "Bullying Among High School Students and Their Relationship with Diligence at School. " *International Journal of Education, Culture and Society* 2 (4): 114 – 119.

Feshbach, N. D. 1983. "Learning to Care: A Positive Approach to Child Training and Discipline. " *Journal of Clinical Child & Adolescent Psychology* 12 (3): 266 – 271.

Finney, S. J. & DiStefano, C. 2006. "Non-normal and Categorical Data in

Structural Equation Modeling BT-Structural Equation Modeling: A Second Course." In Hancock, G. R. & Mueller, R. O. (eds.), *Quantitative Methods in Education and the Behavioral Sciences: Issues, Research, and Teaching. A Second Course in Structural Equation Modeling* ($2^{nd}$ Edition). IAP Information Age Publishing.

Fite, R. E., Lindeman, M. I. H., Rogers, A. P. et al. 2017. "Knowing Oneself and Long-term Goal Pursuit: Relations among Self-concept Clarity, Conscientiousness, and Grit." *Personality & Individual Differences* 108: 191 – 194.

Form, S. & Kaernbach, C. 2018. "More is not Always Better: The Differentiated Influence of Empathy on Different Magnitudes of Creativity." *Europe's Journal of Psychology* 14 (1): 54 – 65.

Frankl, V. E. 1959. *Man's Search for Meaning: An Introduction Tologotherapy.* Beacon Press.

Frey, K. S., Nolen, S. B., Edstrom, L. V. S. et al. 2005. "Effects of a School-based Social-emotional Competence Program: Linking Children's Goals, Attributions, and Behavior." *Journal of Applied Developmental Psychology* 26 (2): 171 – 200.

Froh, J. J. & Kashdan, T. B. 2009. "Who Benefits the Most from a Gratitude Intervention in Children and Adolescents? Examining Positive Affect as a Moderator." *The Journal of Positive Psychology* 4 (5): 408 – 422.

Froh, J. J., Yurkewicz, C. & Kashdan, T. B. 2009. "Gratitude and Subjective Well-being in Early Adolescence: Examining Gender Differences." *Journal of Adolescence* 32 (3): 633 – 650.

Fwu, B. J., Chen, S. W. Wei, C. F. et al. 2016. "The Mediating Role of Self-exertion on the Effects of Effort on Learning Virtues and Emotional Distress in Academic Failure in a Confucian Context." *Frontiers in Psychology* 7: 1 – 8.

Galla, B. M., Plummer, B. D., White, R. E. et al. 2014. "The Academic Diligence Task (ADT): Assessing Individual Differences in Effort on Tedious but Important School Work. " *Contemporary Educational Psychology* 39 (4): 314 – 325.

Gaufberg, E. 2010. *On Courage.* Routledge Press.

Greenberg, M. T. , Kusche, C. A. , Cook, E. T. et al. 1995. "Promoting Emotional Competence in School-aged Children: The Effects of the Paths Curriculum. " *Development & Psychopathology* 7 (1): 117 – 136.

Grühn, D. , Rebucal, K. , Diehl, M. et al. 2008. "Empathy Across the Adult Lifespan: Longitudinal and Experience-sampling Findings. " *Emotion* 8 (6): 753 – 765.

Gruber, C. 2011. "The Psychology of Courage: Modern Research on an Ancient Virtue. " *Integrative Psychological & Behavioral Science* 45 (2): 272 – 279.

Guerrero, L. R. , Dudovitz, R. , Chung, P. J. et al. 2016. "Grit: A Potential Protective Factor AgainstSubstance Use and Other Risk Behaviors among Latino Adolescents. " *Academic Pediatrics* 16 (3): 275 – 281.

Guest, G. , Bunce, A. & Johnson, L. 2006. "How Many Interviews are Enough? " *Field Methods* 18 (1): 59 – 82.

Hagger, M. S. et al. 2010. "Ego Depletion and the Strength Model of Self-control: A Meta-analysis. " *Psychological Bulletin* 136 (4): 495 – 525.

Hare, T. A. , Camerer, C. F. & Rangel, A. 2009. "Self-control in Decision-making Involves Modulation of the vmPFC Valuation System. " *Science* 324 (5927): 646 – 648.

Harlow, H. F. 1958. "The Nature of Love. " *American Psychologist* 13 (12): 673 – 685.

Hayes, A. F. 2013. "Introduction to Mediation, Moderation, and Conditional Process Analysis: A Regression-based Approach. " *Journal of Educational Measurement* 51 (3): 335 – 337.

Hein, G. , Silani, G. , Preuschoff, K. et al. 2010. "Neural Responses to in

Group and out Group Members' Suffering Predict Individual Differences in Costly Helping. " *Neuron* 68 （1）: 149 – 160.

Henrich, J. , Heine, S. J. & Norenzayan, A. 2010. "Most People are not Weird. " *Nature* 466 （7302）: 29.

Hogan, R. 1969. "Development of an Empathy Scale. " *Journal of Consulting & Clinical Psychology* 33 （3）: 307.

Hokanson, B. & Karlson, R. W. 2013. "Borderlands: Developing Character Strengths for a Know Madic World. " *On the Horizon* 21 （21）: 14.

Holroyd, J. & Kelly, D. 2016. "Implicit Bias, Character, and Control. " In Masala, A. & Webber, J. ( eds. ) , *From Personality to Virtue.* Oxford University Press.

Honea, J. W. 2007. "The Effect of Student Diligence, Diligence Support Systems, Self-efficacy, and Locus of Control on Academic Achievement. " Theses ( D. E. ) , Tennessee State University.

Hope, T. L. , Grasmick, H. G. & Pointon, L. J. 2003. "The Family in Gottfredson and Hirschi's General Theory of Crime: Structure, Parenting, and Self-control. " *Sociological Focus* 36 （4）: 291 – 311.

Hughes, J. N. , Luo, W. , Kwok, O. M. et al. 2008. "Teacher-student Support, Effortful Engagement, and Achievement: A 3-year Longitudinal Study. " *Journal of Educational Psychology* 100 （1）: 1 – 14.

Ivanhoe, P. J. 2006. "Mengzi's Conception of Courage. " *Dao* 5 （2）: 221 – 234.

Ivcevic, Z. & Brackett, M. 2014. "Predicting School Success: Comparing Conscientiousness, Grit, and Emotion Regulation Ability. " *Journal of Research in Personality* 52 （5）: 29 – 36.

James, W. 1907. "The Energies of Men. " *Science* 25 （635）: 321 – 332.

Jasinevicius, T. R. , Bernard, H. & Schuttenberg, E. M. 1998. "Application of the Diligence Inventory in Dental Education. " *Journal of Dental Education* 62 （4）: 294 – 301.

Jedrychowski, J. & Lindemann, R. 2005. "Comparing Standardized Measures of Diligence and Achievement with Dental Student Academic Performance. " *Journal of Dental Education* 69 (4): 434 – 439.

Johnson, S. A. , Filliter, J. H. & Murphy, R. R. 2009. " Discrepancies between Self – and Parent-Perceptions of Autistic Traits and Empathy in High Functioning Children and Adolescents on the Autism Spectrum. " *Journal of Autism & Developmental Disorders* 39 (12): 1706 – 1714.

Jolliffe, D. & Farrington, D. P. 2006. "Development and Validation of the Basic Empathy Scale. " *Journal of Adolescence* 29 (4): 589 – 611.

Kateb, G. 2004. "Courage as a Virtue. " *Social Research* 71 (1): 39 – 72.

Kelly, D. R. , Matthews, M. D. & Bartone, P. T. 2014. " Grit and Hardiness as Predictors of Performance among West Point Cadets. " *Military Psychology* 26 (4): 327 – 342.

Kilmann, R. H. , O ' Hara, L. A. & Strauss, J. P. 2010. " Developing and Validating a Quantitative Measure of Organizational Courage. " *Journal of Business & Psychology* 25 (1): 15 – 23.

Kim, Y. J. 2015. "The International Comparison on the Grit and Achievement Goal Orientation of College Students: Focusing on the College Students in Korea, China, and Japan. " *Advanced Science and Technology Letters* 119: 10 – 13.

King, K. M. & Fleming, C. B. 2011. "Changes in Self-control Problems and Attention Problems During Middle School Predict Alcohol, Tobacco, and Marijuana Use During High School. " *Psychology of Addictive Behaviors Journal of the Society of Psychologists in Addictive Behaviors* 25 (1): 69 – 79.

King, L. A, Hicks, J. A. , Krull, J. L. et al. 2006. " Positive Affect and the Experience of Meaning in Life. " *Journal of Personality & Social Psychology* 90 (1): 179 – 96.

Kleiman, E. M. & Beaver, J. K. 2013. " A Meaningful Life is Worth Living: Meaning in Life as a Suicide Resiliency Factor. " *Psychiatry Research* 210

（3）：934 – 939.

Koestner, R. , C. Franz & Weinberger, J. 1990. " The Family Origins of Em-
pathic Concern: A 26-year Longitudinal Study. " *Journal of Personality & So-
cial Psychology* 58 （4）: 709 – 17.

Kremen, A. M. & Block, J. 1998. " The Roots of Ego-control in Young Adult-
hood: Links with Parenting in Early Childhood. " *Journal of Personality &
Social Psychology* 75 （4）: 1062 – 1075.

Linoa, M. , Hashim, H. M. et al. 2017. " The Conceptualization and Op-
erationalization of Cultural Tolerance: Adopting Positive Psychology
Perspective. " In Social Sciences Postgraduate International Seminar
（SSPIS）. School of Social Sciences, USM, Pulau Pinang, Malaysia.

Livingstone, L. P. , Nelson, D. L. & Barr, S. H. 1997. " Person-environment
Fit and Creativity: An Examination of Supply-value and Demand-ability
Versions of Fit. " *Journal of Management* 23 （2）: 119 – 146.

Lopez, S. J. & Snyder, C. R. 2003. *Positive Psychological Assessment: A Handbook
of Models and Measures.* American Psychological Association.

Lopez, S. J. & Snyder, C. R. 2013. *Oxford Handbook of Positive Psychology* （2$^{nd}$
ed. ）. Oxford University Press.

Lovat, T. , Clement, N. , Dally, K. et al. 2011. " The Impact of Values Edu-
cation on School Ambience and Academic Diligence. " *International Journal of
Educational Research* 50 （3）: 166 – 170.

Lucas, G. M. , Gratch, J. , Cheng, L. et al. 2015. " When the Going Gets
Tough: Grit Predicts Costly Perseverance. " *Journal of Research in Personality*
59: 15 – 22.

Lumanisa, A. 2015. " The Influence of Personality Traits and Motivational Factors in
Predicting Students' Academic Achievement. " Thesis （B. A. ）, National
College of Ireland.

Lynn, M. R. 1986. " Determination and Quantification of Content Validity. "

*Nursing Research* 35 (6): 382 – 385.

Mackinnon, A. , Jorm, A. F. , Christensen, H. et al. 1999. "A Short form of the Positive and Negative Affect Schedule: Evaluation of Factorial Validity and Invariance AcrossDemographic Variables in a Community Sample. " *Personality & Individual Differences* 27 (3): 405 – 416.

Mackinnon, D. P, Fritz, M. S. , Williams, J. et al. 2007. "Distribution of the Product Confidence Limits for the Indirect Effect: Program Prodclin. " *Behavior Research Methods* 39 (3): 384 – 389.

Maddi, S. R. , Matthews, M. D. , Kelly, D. R. et al. 2012. "The Role of Hardiness and Grit in Predicting Performance and Retention of USMA Cadets. " *Military Psychology* 24 (1): 19 – 28.

Maddux, J. E. 2002. "Self-efficacy: The Power of Believing You Can. " In Snyder, C. R. & Lopez, S. J. (eds. ), *Handbook of Positive Psychology.* Oxford University Press.

Marlene, D. & Matthews, D. B. 1993. "The Effects of a Program to Build the Self-Esteem of At-Risk Students. " *Journal of Humanistic Counseling* 31 (4): 181 – 188.

Martin, G. B. & Clark, R. D. 1982. "Distress Crying in Neonates: Species and Peer Specificity. " *Developmental Psychology* 18 (1): 3 – 9.

Masten, A. S. & Coatsworth, J. D. 1998. "The Development of Competence in Favorable and Unfavorable Environments: Lessons from Research on Successful Children. " *American Psychologist* 53 (2): 205 – 220.

Mayer, R. E. 1987. *Educational Psychology: A Cognitive Approach.* Harper Collins.

McAllister, G. & Irvine, J. J. 2002. "The Role of Empathy in Teaching Culturally Diverse Students: A Qualitative Study of Teachers' Beliefs. " *Journal of Teacher Education* 53 (5): 433 – 443.

McCrae, R. R. , Jr, C. P. , Pedrosod, L. M. et al. 1999. "Age Differences in Personality Across the Adult Life Span: Parallels in Five Cultures. " *Develop-*

*mental Psychology* 35 (2): 466 – 477.

McCullough, M. E, Emmons, R. A. & Tsang, J. A. 2002. "The Grateful Disposition: A Conceptual and Empirical Topography. " *Journal of Personality & Social Psychology* 82 (1): 112.

Mehrabian, A. & Epstein, N. 1972. "A Measure of Emotional Empathy. " *Journal of Personality* 40 (4): 525 – 543.

MügeAkbağ, Durmuş Ümmet. 2017. "Predictive Role of Grit and Basic Psychological Needs Satisfaction on Subjective Well-being for Young Adults. " *Journal of Education and Practice* 26 (8): 127 – 135.

Middleton, M. J. & Midgley, C. 1997. "Avoiding the Demonstration of Lack of Ability: An Under Explored Aspect of Goal Theory. " *Journal of Educational Psychology* 89 (4): 710 – 718.

Miklikowska, M. , Duriez, B. & Soenens, B. 2011. "Family Roots of Empathy-related Characteristics: The Role of Perceived Maternal and Paternal Need Support in Adolescence. " *Developmental Psychology* 47 (5): 1342 – 1352.

Miller, G. E. , Yu, T. , Chen, E. et al. 2015. "Self-control Forecasts Better Psychosocial Outcomes but Faster Epigenetic Aging in Low-SES Youth. " *Proceedings of the National Academy of Sciences of the United States of America* 112 (33): 10325 – 10330.

Moffitt, T. E. , Arseneault, L. , Belsky, D. et al. 2011. "A Gradient of Childhood Self-control Predicts Health, Wealth, and Public Safety. " *Proceedings of the National Academy of Sciences of the United States of America* 108 (7): 2693 – 2698.

Morgan, J. & Farsides, T. 2009. "Measuring Meaning in Life. " *Journal of Happiness Studies* 10 (2): 197 – 214.

Muller, D. , Judd, C. M. & Yzerbyt, V. Y. 2005. "When Moderation is Mediated and Mediation is Moderated. " *Journal of Personality & Social Psychology*

89 (6): 852.

Nadine, M. L. , Carolyn, S. H. & Irla, L. Z. 1976. "The Comparative Predictive Efficiency of Intellectual and Nonintellectual Components of High School Functioning. " *American Journal of Orthopsychiatry* 46 (1): 109 – 122.

Neumann, D. L. , Chan, R. C. K. , Boyle, G. J. et al. 2015. "Measures of Empathy: Self-report, Behavioral, and Neuroscientific Approaches. " In Boyle, G. J. , Saklofske, D. H. & Matthews, G. (eds. ), *Measures of Personality and Social Psychological Constructs.* Academic Press, pp. 257 – 289.

Nicholls, J. G. 1984. "Achievement Motivation: Conceptions of Ability, Subjective Experience, Task Choice, and Performance. " *Psychological Review* 91 (3): 328 – 346.

Oliver, L. D. 2017. Function and Dysfunction in Distinct Facets of Empathy. Electronic Thesis and Dissertation Repository, https: //ir. lib. uwo. ca/ etd/4502.

Oliver, P. H. , Wright, G. D. & Gottfried, A. W. 2007. "Temperamental Task Orientation: Relation to High School and College Educational Accomplishments. " *Learning & Individual Differences* 17 (3): 220 – 230.

Park, N. & Peterson, C. 2006. "Methodological Issues in Positive Psychology and the Assessment of Character Strengths. " In *Handbook of Methods in Positive Psychology.* Oxford University Press, pp. 292 – 305.

Park, N. & Peterson, C. 2006. "Moral Competence and Character Strengths among Adolescents: The Development and Validation of the Values in Action Inventory of Strengths for Youth. " *Journal of Adolescence* 29 (6): 891.

Park, N. , Peterson, C. & Seligman, M. E. P. 2004. "Strengths of Character and Well-being. " *Journal of Social & Clinical Psychology* 23 (5): 603 – 619.

Pecukonis, E. V. 1990. "A Cognitive/Affective Empathy Training Program as a Function of Ego Development in Aggressive Adolescent Females. " *Adolescence* 25 (97): 59 – 76.

Pennisi, E. 2005, "How did Cooperative Behavior Evolve?" *Science* 309 (5731): 93 –93.

Peterson, C., Park, N. & Seligman, M. E. P. 2005. *Assessment of Character Strengths. Psychologists ' Desk Reference* ( 2nd ed. ) . Oxford University Press.

Peterson, C. & Seligman, M. E. 2004. *Character Strengths and Virtues: A Handbook and Classification.* Oxford University Press.

Pidano, A. E. & Allen, A. R. 2014. "The Incredible Years Series: A Review of the Independent Research Base. " *Journal of Child & Family Studies* 24 (7): 1 – 19.

Pintrich, P. R. 2000. "Multiple Goals, Multiple Pathways: The Role of Goal Orientation in Learning and Achievement. " *Journal of Educational Psychology* 92 (3): 544 – 555.

Pintrich, P. R., Smith, D. A. F., Garcia, T. & Mckeachie, W. J. 1993. "Reliability and Predictive Validity of the Motivated Strategies for Learning Questionnaire (MSLQ) . " *Educational & Psychological Measurement* 53 (3): 801 – 813.

Polit, D. F., Beck, C. T. & Owen, S. V. 2007. "Is the CVI an Acceptable Indicator of Content Validity? Appraisal and Recommendations. " *Research in Nursing & Health* 30 (4): 459 – 467.

Poropat, A. E. 2009. "A Meta-analysis of the Five-factor Model of Personality and Academic Performance. " *Psychological Bulletin* 135 (2): 322 – 338.

Rao, N. & Sachs, J. 1999. "Confirmatory Factor Analysis of the Chinese Version of the Motivated Strategies for Learning Questionnaire. " *Educational & Psychological Measurement*, 59 (6): 1016 – 1029.

Rash, J. A., Matsuba, M. K. & Prkachin, K. M. 2011. "Gratitude and Well-being: Who Benefits the Most from a Gratitude Intervention?" *Applied Psychology: Health and Well-Being* 3 (3): 350 – 369.

Reker, G. T. 2000. "Theoretical Perspective, Dimensions, and Measurement of Existential Meaning. " In Reker, G. T. & Chamberlain, K. ( eds. ) , *Exploring Existential Meaning: Optimizing Human Development across the Life Span.* Canadian Psychological Association, pp. 39 – 55.

Rest, S. , Nierenberg, R. , Weiner, B. et al. 1973. "Further Evidence Concerning the Effects of Perceptions of Effort and Ability on Achievement Evaluation. " *Journal of Personality & Social Psychology* 28 ( 28 ): 187 – 191.

Richardson, M. , Abraham, C. & Bond, R. 2012. "Psychological Correlates of University Students' Academic Performance: A Systematic Review and Meta-analysis. " *Psychological Bulletin* 138 ( 2 ): 353 – 387.

Rimfeld, K. , Kovas, Y. , Dale, P. S. et al. 2016. "True Grit and Genetics: Predicting Academic Achievement from Personality. " *Journal of Personality and Social Psychology* 111 ( 5 ): 780 – 789.

Robertson Kraft, C. & Duckworth, A. L. 2014. "True Grit: Trait-level Perseverance and Passion for Long-term Goals Predicts Effectiveness and Retention among Novice Teachers. " *Teachers College Record* 116 ( 3 ): N/A.

Rohner, R. P. 2010. "Father Love and Child Development: History and Current Evidence. " *Current Directions in Psychological Science* 7 ( 5 ): 157 – 161.

Rowe, C. A. , Walker, K. L. , Britton, P. C. et al. 2013. "The Relationship between Negative Life Events and Suicidal Behavior: Moderating Role of Basic Psychological Needs. " *Crisis the Journal of Crisis Intervention & Suicide Prevention* 34 ( 4 ): 233 – 241.

Sakai, T. & Aikawa, A. 2018. "The Intervention Effect of Gratitude Skills Training on the Reduction of Loneliness. " *World Academy of Science, Engineering and Technology, International Science Index, Psychological and Behavioral Sciences* 12 ( 6 ): 1371.

Savage, T. V. & Savage, M. K. 2009. "Successful Classroom Management and Discipline: Teaching Self-control and Responsibility. " Sage Publications, Inc.

Schultze-Krumbholz, A. , Schultze, M. , Zagorscak, P. et al. 2016. "Feeling Cyber Victims' Pain—The Effect of Empathy Training on Cyberbullying. " *Aggress Behav* 42 （2）：147 – 156.

Seligman, M. E. P. & Csikzentmihalyi, M. 2000. "Positive Psychology: An Introduction. " *American Psychologist* 55 （1）：5 – 14.

Shechtman, N. , DeBarger, A. , Dornsife, C. et al. 2013. "Promoting Grit, Tenacity, and Perseverance: Critical Factors for Success in the 21$^{st}$ Century. " US Department of Education, Department of Educational Technology.

Shek, D. T. L. 2004, " Chinese Cultural Beliefs about Adversity: Its Relationship to Psychological Well-being, School Adjustment and Problem Behavior in Hong Kong Adolescents with and without Economic Disadvantage. " *Childhood A Global Journal of Child Research* 11 （1）：63 – 80.

Shek, D. T. L. 2005. "A Longitudinal Study of Chinese Cultural Beliefs about Adversity, Psychological Well-being, Delinquency and Substance Abuse in Chinese Adolescents with Economic Disadvantage. " *Social Indicators Research* 71 （1 – 3）：385 – 409.

Shoshani, A. & Russo-Netzer, P. 2017. "Exploring and Assessing Meaning in Life in Elementary School Children: Development and Validation of the Meaning in Life in Children Questionnaire （MIL-Q）. " *Personality & Individual Differences* 104：460 – 465.

Singh, K. & Jha, S. D. 2008. "Positive and Negative Affect, and Grit as Predictors of Happiness and Life Satisfaction. " *Journal of the Indian Academy of Applied Psychology* 34：40 – 45.

Siu, A. M. H. & Shek, D. T. L. 2005. "Validation of the Interpersonal Reactivity Index in a Chinese Context. " *Research on Social Work Practice* 15 （2）：118 – 126.

Snyder, C. R. 2005. " Hope Theory: A Member of the Positive Psychology Family. " In C. R. Snyder & S. Lopez, *Handbook of Positive Psychology*. Oxford University Press, pp. 257 – 276.

Somuncuoglu, Y. & Yildirim, A. 1999. " Relationship between Achievement

Goal Orientations and Use of Learning Strategies. " *Journal of Educational Research* 92 (5): 267 – 277.

Steger, M. F. , Bundick, M. J. & Yeager, D. 2011. "Meaning in Life. " In Levesque R. J. R. (ed. ), *Encyclopedia of Adolescence*. Springer, pp. 1666 – 1667.

Steger, M. F. , Frazier, P. , Oishi, S. et al. 2006. "The Meaning in Life Questionnaire: Assessing the Presence of and Search for Meaning in Life. " *Journal of Counseling Psychology* 3 (1): 80 – 93.

Sternberg, R. J. 1986. "A Triangular Theory of Love. " *Psychological Review* 93 (2): 119 – 135.

Stone, S. A. 2015. "A Path to Empathy: Child and Family Communication. " Theses (Ph. D. ), Brigham Young University.

Strayhorn, T. L. 2014. "What Role does Grit Play in the Academic Success of Black Male Collegians at Predominantly White Institutions?" *Journal of African American Studies* 18 (1): 1 – 10.

Sumpter, A. L. 2017. "Grit and Self-control: Independent Contributors to Achievement Goal Orientation and Implicit Theories of Intelligence. " Retrieved from https: //etd. ohiolink. edu/.

Tangney, J. P. , Baumeister, R. F. & Boone, A. L. 2004. "High Self-control Predicts Good Adjustment, Less Pathology, Better Grades, and Interpersonal Success. " *Journal of Personality* 72 (2): 271 – 324.

Taylor, S. J. & Ebersole, P. 1993. "Young Children's Meaning in Life. " *Psychological Reports* 73: 1099 – 1104.

Thomae, M. , Birtel, M. D. & Wittemann, J. 2016. "The Interpersonal Tolerance Scale (IPTS): Scale Development and Validation. " Paper presented at the 2016 Annual Meeting of the International Society for Political Psychology, Warsaw, Poland, 13th – 16th July.

Timmons, L. & Ekas, N. V. 2018. "Giving Thanks: Findings from a Gratitude Intervention with Mothers of Children with Autism Spectrum Disorder. "

*Research in Autism Spectrum Disorders* 49: 13 – 24.

Tough, P. 2013. "How Children Succeed: Grit, Curiosity, and the Hidden Power of Character. " *Journal of Family & Consumer Sciences* 106 (1): 100 – 102.

Tucker, C. M. et al. 2002. "Teacher and Child Variables as Predictors of Academic Engagement among Low-income African American Children. " *Psychology in the Schools* 39 (4): 477 – 488.

Van Yperen, N. W. 2003. "Task Interest and Actual Performance: The Moderating Effects of Assigned and Adopted Purpose Goals. " *Journal of Personality and Social Psychology* 85 (6): 1006 – 1015.

Vazsonyi, A. T. & Huang, L. 2010. "Where Self-control Comes from: On the Development of Self-control and Its Relationship to Deviance Overtime. " *Developmental Psychology* 46 (1): 245 – 57.

Wang, S. , Zhou, M. , Chen, T. et al. 2016. "Grit and the Brain: Spontaneous Activity of the Dorsomedial Prefrontal Cortex Mediates the Relationship between the Trait Grit and Academic Performance. " *Social Cognition Affect Neuroscience* 12 (3): 452 – 460.

Watkins, P. C. , Woodward, K. , Stone, T. et al. 2003. "Gratitude and Happiness: Development of a Measure of Gratitude, and Relationships with Subjective Well-being. " *Social Behavior and Personality: An International Journal* 31 (5): 431 – 451.

Webster-Stratton, C. & Reid, M. J. 2003. "Treating Conduct Problems and Strengthening Social and Emotional Competence in Young Children: The Dina Dinosaur Treatment Program. " *Journal of Emotional & Behavioral Disorders* 11 (3): 130 – 143.

Weinstein, Claire E. , Goetz, Ernest T. & Alexander, Patricia A. 1988. *Learning and Study Strategies: Issues in Assessment, Instruction, and Evaluation.* Academic Press.

West, M. R. , Kraft, M. A. , Finn, A. S. et al. 2016. "Promise and Paradox:

Measuring Students' Non-cognitive Skills and the Impact of Schooling. " *Educational Evaluation & Policy Analysis* 38 (1): 148 – 170.

West, S. G. , Finch, J. F. & Curran, P. J. 1995. "Structural Equation Models with Nonnormal Variables: Problems and Remedies. " In Hoyle, H. R. (ed. ), *Structural Equation Modeling: Concepts, Issues, and Applications.* Sage Publications, Inc. , pp. 56 – 75.

Witenberg, R. T. & Butrus, N. 2013. " Some Personality Predictors of Tolerance to Human Diversity: The Role of Openness, Agreeableness and Empathy. " *Australian Psychologist* 48 (4): 290 – 298.

Wolters, C. A. & Hussain, M. 2015. "Investigating Grit and Its Relations with College Students' Self-regulated Learning and Academic Achievement. " *Metacognition & Learning* 10 (3): 293 – 311.

Wood, A. M. , Froh, J. J. & Geraghty, A. W. 2010. "Gratitude and Well-being: A Review and Theoretical Integration. " *Clinical Psychology Review* 30 (7): 890 – 905.

Woodard, C. R. 2004. " Hardiness and the Concept of Courage. " *Consulting Psychology Journal Practice & Research* 56 (56): 173 – 185.

Woodard, C. R. & Pury, C. L. S. 2007. " The Construct of Courage Categorization and Measurement. " *Consulting Psychology Journal Practice & Research* 59 (2): 135 – 147.

Zenasni, F. , Besançon, M. & Lubart, T. 2008. "Creativity and Tolerance of Ambiguity: An Empirical Study. " *Journal of Creative Behavior* 42 (1): 61 – 73.

Zhang, W. & Fuligni, A. J. 2006. " Authority, Autonomy, and Family Relationships among Adolescents in Urban and Rural China. " *Journal of Research on Adolescence* 16 (4): 527 – 537.

Zimmerman, B. J. 1989. "A Social Cognitive View of Self-regulated Academic Learning. " *Journal of Educational Psychology* 81 (3): 329 – 339.

# 附　录
## 农村学生发展状况调查问卷<sup>*</sup>

亲爱的同学：

　　您好！欢迎您参加本次农村学生发展状况年度（2016）调查，本次调查仅为调查农村学生发展状况而使用，不会提供给任何一位老师和家长，也不会让其他人看到，我们将替您严格保密。此外，它可以帮助您加深对自己的了解。您所选的答案没有对错之分，请根据自己的情况真实地回答下列问题，不要遗漏，您真实的回答对我们的科学研究非常重要，每道题没有对错之分，无须过多考虑，请放心填写。

　　在开始填写问卷前，请仔细阅读以下说明。

　　1. 请认真阅读题目前面的说明，按要求答题。

　　2. 请按照问卷题目的顺序回答，不要遗漏任何一道题。

　　3. 答案无对错之分，不用在一道题上过多思考，请根据自己的第一感觉回答。

　　4. 答卷过程请保持安静，读题或作答时不要出声，以免影响其他人。

　　5. 请独立完成问卷，不要与其他人商量。

　　6. 在填写过程中，若有问题请举手向在场的老师提问。

　　7. 在回答完毕后请仔细检查，若有误答或漏答的情况，请及时更正。

---

　　* 本书采用了大量国内外同行研制或修订的心理测量工具和调查问卷，出于知识产权保护的考虑，这里仅提供本课题组编制或授权修订使用的问卷全文，具体的计分方法和使用手册等相关资料可与课题组联系。电子邮箱：yibing. yu@ hotmail. com。

谢谢您的合作与支持！

闽南师范大学

区域农村教师发展协同创新中心

二〇一六年十月

学校：_____

班级：_____

姓名：_____

# 代表性调查题项

下面是一些有关你基本信息的题目，请在符合你实际情况的选项上画"〇"。

1. 性别：□男　□女

2. 出生年月：　年　月

3. 生源地：□农村　□乡镇　□县城　□市区

4. 现在，你的家庭成员包括哪些人？（可多选，注意：现在的家庭成员，不包括去世的人）

□亲生父亲　□亲生母亲　□继父　□继母　□养父　□养母　□爷爷　□奶奶　□外公　□外婆　□亲生哥哥　□亲生姐姐　□亲生弟弟□亲生妹妹　□其他

5. 你是：□独生子女　□非独生子女

6. 在亲生兄弟姐妹中，你排行第几？（如果没有亲生兄弟姐妹就选老大）

□老大　□老二　□老三　□老四　□老五及以上

7. 你的父母负责抚养的孩子有几个？

□一个　□两个　□三个　□四个　□五个　□五个以上

8. 父亲的受教育程度是？

□没有上过学　□小学　□初中　□高中或中专/职高/技校　□大学（专科或本科）　□硕士研究生及以上

9. 母亲的受教育程度是？

□没有上过学　□小学　□初中　□高中或中专/职高/技校　□大学（专科或本科）　□硕士研究生及以上

10. 你的父母之间的关系怎样？

□和睦　□一般　□关系不好而分开生活　□离婚　□父亲或母亲再婚　□其中一方去世

11. 现在你家有什么电器？（可多选）

□冰箱　□彩电　□洗衣机　□空调　□家用电脑

12. 你的家庭经济条件在当地属于？

□贫困　□不太富裕　□一般　□比较富裕　□富裕

13. 你的爸爸或妈妈过去是否去外地工作过？（外地指离你家很远，一个月或更长时间回家一次）

□曾有过，爸爸去外地工作　□曾有过，妈妈去外地工作　□曾有过，爸妈都去外地工作　□曾有过，爸妈和我都在外地　□爸妈都没有去外地工作过

14. 你几岁的时候，爸爸或妈妈第一次离开你去外地工作？

□太久了，不记得了　□记得——请写下你当时的年龄：_____（岁）

15. 你的爸爸或妈妈现在是否在外地工作？（外地指离你家很远，一个月或更长时间回家一次）

□现在爸爸在外地　□现在妈妈在外地　□现在爸妈都在外地　□现在爸妈都在家里

16. 你外出工作的爸爸或妈妈，大概多久回家 1 次？

□至少一个月回家 1 次　□至少三个月回家 1 次　□至少六个月回家

1 次　□至少一年回家 1 次　□几年回家 1 次　□不定时

17. 爸爸或妈妈外出工作后，你们一般多久联系一次？（联系指打电话、发短信、QQ 聊天）

□每天都联系　□至少每周联系 1 次　□至少每半个月联系 1 次　□至少每月联系 1 次　□至少半年联系 1 次　□一年联系 1 次　□从不联系

18. 你和父母经常交流的内容包括？（可多选）

□学习情况　□吃穿住行等日常生活情况　□安全问题　□身体健康状况　□为人处事的道理　□异性交往　□花钱　□违纪行为　□其他_____（若选"其他"，请将具体的内容写下来）

19. 你对自己和爸爸之间的沟通，满意程度是？

□1 最不满意　□2 比较不满意　□3 有点不满意　□4 不确定　□5 有点满意　□6 比较满意　□7 最满意

20. 你对自己和妈妈之间的沟通，满意程度是？

□1 最不满意　□2 比较不满意　□3 有点不满意　□4 不确定　□5 有点满意　□6 比较满意　□7 最满意

21. 最近一次的传统节日（中秋节、端午节），你是否与在外地工作的爸爸或妈妈见面了？

21.1 中秋节：□见面了　□没有见面

21.2 端午节：□见面了　□没有见面

21.3 春节：□见面了　□没有见面

22. 最近一次的暑假，你是否与在外地工作的爸爸或妈妈见面了？

□见面了　□没有见面

23. 你上一次见到在外工作的爸爸或妈妈，是在什么时候？（请单选出最接近日期；"见"是指真实的，面对面的见面，不包括通过 QQ 视频等方式的见面）

□最近一两周　□最近一个月　□一个月以前　□三个月以前　□半年以前　□一年以前

24. 你从小到大经常和谁住在一起？（可多选）

□兄弟姐妹　□爸爸　□妈妈　□爷爷　□奶奶　□外公　□外婆
□亲戚　□老师　□同学或者室友　□其他人_____

25. 爸爸或妈妈不在身边时，你的学习和生活通常由谁负责照顾？（可
多选）

□自己　□哥哥姐姐　□爸爸　□妈妈　□爷爷奶奶　□外公外婆
□亲戚　□爸妈的朋友　□老师　□邻居　□其他人_____

26. 你上学的时候一般和谁住在一起？（可多选）

□兄弟姐妹　□爸爸　□妈妈　□爷爷　□奶奶　□外公　□外婆
□亲戚　□老师　□同学或者室友　□自己住　□其他人_____

27. 上学期间你通常住在哪里？

□学校宿舍　□托管老师那里　□自己租房子住　□住在家里或亲
戚家

28. 你是班级干部吗？　□是　□不是

29. 总体上，你的学习成绩怎么样？

29.1 语文（　　）：□优秀　□良好　□及格　□待及格
29.2 数学（　　）：□优秀　□良好　□及格　□待及格
29.3 英语（　　）：□优秀　□良好　□及格　□待及格

30. 跟班里其他同学相比，你的学习成绩处于以下 1～9 九个等级中的
哪个等级？

30.1 语文（　　） 1——2——3——4——5——6——7——8——9
30.2 数学（　　） 1——2——3——4——5——6——7——8——9
30.3 英语（　　） 1——2——3——4——5——6——7——8——9

31. 如果让你的班主任用 1～9 共九个等级数字对你这个学期的各科成
绩进行评分，请认真考虑一下，你觉得你的课程成绩的等级分数会是
多少？

31.1 语文（　　） 1——2——3——4——5——6——7——8——9
31.2 数学（　　） 1——2——3——4——5——6——7——8——9
31.3 英语（　　） 1——2——3——4——5——6——7——8——9

# 修订或编制的心理测验

## （一）生命意义问卷（儿童版）

工具简介：该问卷（Meaning in life for Child Questionnaire，MIL－CQ）由以色列荷兹利亚大学积极心理学研究与实践中心的 Anat Shoshan 教授编制并授权课题组翻译形成中文修订版。原问卷从弗兰克存在主义的意义三角理论出发，结合小学生认知能力发展特点和生活经验，将小学生生命意义划分为态度、体验、创造三个来源。其中，态度反映了儿童对外部世界的感知，尤其是儿童对于是否接受不可改变的事物或对于可以改变的事物持积极态度等；体验表达了另一个完全不同的意义来源——这个世界赋予儿童什么使他得以认为自己与众不同和重要；创造反映了儿童从自身一致的动作、表现、日常行为习惯中获得的意义感。该量表分为三个维度，共21 个题目。采用五点计分，1＝完全不符合，2＝有些不符合，3＝不确定，4＝有些符合，5＝完全符合，各分量表的项目均分为每个子量表的得分和问卷总均分。该量表的 Cronbach's Alpha 系数是 0.82，创造意义分量表为 0.73，体验意义分量为 0.74，态度价值分量表为 0.80。在我国城乡样本中初步检验具有良好的信效度，适合 7～13 岁小学生群体使用。

指导语：请仔细阅读下面每一个句子，按照你的真实想法和感受，而不是你觉得应该采取的方式作答。答案没有对错之分，无须过多考虑，我们会对你的回答保密，请放心填写。其中：

1 代表完全不符合；2 代表不符合；3 代表不一定；4 代表符合；5 代表完全符合

1. 在和同龄人的相处中，我感觉很开心。

2. 和关系很好的人在一起时，我感到幸福和快乐。

3. 和家人在一起可以给我鼓励和勇气。

4. 生活中一些美好的事物让我很快乐。

5. 我喜欢并想去旅行，欣赏世界各地的美景。

6. 在大自然中，我感到快乐和平静。

7. 我经常做一些事情来帮助和贡献别人。

8. 我会思考并制作一些对别人有益的作品，比如编歌曲、编故事、游戏等等。

9. 我会做一些对别人很重要的事情。

10. 我的一些做法可以改善我学习和生活的环境。

11. 我常常把时间用在重要和有意义的事情上面。

12. 我觉得我做的一些事情对别人有帮助。

13. 在我的空余时间，我努力做有意义的事情。

14. 我采取行动去实现我的重要目标。

15. 当面临困难时，我相信我能够克服。

16. 虽然有时我会遇到不好的事情，我还是认为生活是美好的。

17. 发生过的事情就算是不好的，我还是可以从中学习并获益。

18. 虽然生活中会发生各种伤心的事情，但我还是会珍惜生活。

19. 我会接受那些不能改变的事情。

20. 就算发生的是坏事，我也能发现它有好的一面。

### （二）青少年坚毅量表

工具简介：青少年坚毅量表（Grit Scale for Adolescent，GSA）由本课题组编制，在参考宾夕法尼亚大学 Angela Lee Duckworth 教授、香港大学 Jesus Alfonso D. Datu 教授等相关研究基础上结合农村青少年学生访谈情况编制而成。该量表包括"努力持久性""情境适应性""兴趣稳定性"三个维度，共 23 个题项，采用五级评分方法，得分越高表明坚毅水平越好。其中：努力持久性指的是在达到目标的过程中坚持不懈地努力，即使遇到挫折和失败，依然坚持不放弃；情境适应性指的是个体在达到目标的过程中，根据实际情况调整目标或达到目标的策略；兴趣稳定性指的是保持对一件事情的长期兴趣不变，即使面临很多干扰或诱惑，依然毫不动摇。该量表各维度与总分之间的相关在 0.640~0.901，与尽责性、自我控制、心理韧性三个区分效标之间的相关系数均大于 0.65；总量表的内部一致性系数为 0.875，努力持久性为 0.857，兴趣稳定性为 0.692，情境适应性为 0.773，具有较好的心理测量学指标，可以供农村初中生群体使用。

指导语：请仔细阅读下列句子，根据这句话符合你实际情况的程度，在句子后适当的数字上画"○"。答案没有对错之分，无须过多考虑，我们会对你的回答保密，请放心填写。其中：

1 代表完全不符合；2 代表不符合；3 代表不一定；4 代表符合；5 代表完全符合

1. 我有坚定的毅力。

2. 我给自己设定了目标。

3. 考试失败了我会继续努力。

4. 为了达到目标，我会适时地调整我的计划。

5. 我总是三心二意。

6. 我是一个努力的人。

7. 我是一个意志坚定的人。

8. 遇到困难我会坚持不放弃。

9. 我经常鼓励自己要坚持下去。

10. 我会朝着目标一直努力。

11. 我做事经常三天打鱼两天晒网。

12. 我从不轻言放弃。

13. 我有坚定的信心。

14. 我是一个有毅力的人。

15. 我做事总是三分钟热度。

16. 我的内心有坚定的信念。

17. 我是一个坚持不懈的人。

18. 我会适时改变达到目标的方法。

19. 我是一个持之以恒的人。

20. 我相信我是一个坚强的人。

21. 每次我决定做某件事，过一段时间就坚持不下去了。

22. 为了实现长远目标，我认为适当改变计划是非常重要的。

23. 我的兴趣经常变化。

## （三）农村学生勤奋问卷

工具简介：该问卷（Diligence Inventory for Rural Students，DIRS）由本课题组编制，以 Bernard（1992）的勤奋 - 能力模型及其勤奋问卷（Diligence Inventory，DI）为基础，结合农村初中生访谈资料整理修订而成。该问卷包括努力、坚持、专注、责任、自制五个维度，共 25 个题项。采用五级评分，得分越高表明勤奋水平越高。内部一致性信度为 0.88，分半信度为 0.80，重测信度为 0.64；各维度的内部一致性信度为 0.81、0.82、0.68、0.62、0.69。勤奋总分与学业成就评定之间的相关系数为 0.45。结构等同性验证模型表明，该量表在留守学生和非留守学生中均具有良好的结构效度。这表明，该问卷具有良好的信度和效度，可以供农村学生群体使用。

指导语：请仔细阅读下列句子，根据这句话符合你实际情况的程度，在句子后适当的数字上画"○"。答案没有对错之分，无须过多考虑，我们会对你的回答保密，请放心填写。其中：

1 代表完全不符合；2 代表不符合；3 代表不一定；4 代表符合；5 代表完全符合

1. 我会听从老师在课上说的一切。

2. 我务必做完我的作业。

3. 我能够在没有督促的情况下做作业。

4. 当我学习时，我会定期停下来复习这些知识。

5. 在上交作业之前，我会先进行检查和校对。

6. 在下一节课之前，我会复习我的笔记。

7. 当我正在学习一个主题时，我试图让所有的想法在逻辑上都是合理的。

8. 在与朋友们玩之前，我会先做作业。

9. 准备考试时，我会找出一些我认为会考的问题，并加以学习。

10. 我的朋友们认为我在学习上很有计划。

11. 我会寻求我的老师对我在学校所取得的进步的反馈。

12. 我兴致勃勃地开始我的学习任务，但我很难坚持做完它们。

13. 我一有作业就马上做。

14. 我会按时上交作业。

15. 即使我累了，我也会做完作业。

16. 对我来说，做作业时一直保持专注很难。

17. 当我学习时，我会抑制不住自己想睡觉。

18. 在家的时候，我很难定下心来学习。

19. 在学习上一旦决定了做什么，我就能坚持到底。

20. 当我开始一项学习任务时，即使有些辛苦，我也能坚持到底。

21. 学习遇到困难的问题，我会耐心而努力地坚持到底。

22. 在共同学习活动中，当不顺利时，我不会抱怨而不参加活动。

23. 我不会认为自己不论做什么都是徒劳无用的。

24. 我能锲而不舍地把一项学习工作耐心地坚持下去。

25. 我不会因小病不上课。

## （四）青少年社会适应问卷（简式版）

工具简介：该问卷（Social Adjustment Scale-Youth Brief, SAS – YB）在邹泓等人编制的中学生社会适应状况评估问卷基础上简缩修订而成，包括自我适应（自我肯定、自我烦扰）、人际适应（亲社会倾向、人际疏离）、行为适应（行事效率、违规行为）、环境适应（积极应对、消极退缩）四个领域八个维度，共 38 个项目，采用五级评分方法。根据社会适应的双功能模型，可单独计算积极适应和消极适应得分。得分越高，表示适应品质越高或消极适应症状越多，据此可以建立社会适应分类模型。已有研究表明，该问卷在农村中小学生群体中均表现出较好的信效度指标。

指导语：请仔细阅读下列句子，根据这句话符合你实际情况的程度，在句子后适当的数字上画"〇"。答案没有对错之分，无须过多考虑，我们会对你的回答保密，请放心填写。其中：

1 代表完全不符合；2 代表不符合；3 代表不一定；4 代表符合；5 代表完全符合

1. 我感到闷闷不乐。

2. 我做事能坚持到底。

3. 我觉得自己是有用的人。

4. 我曾违反校规。

5. 我喜欢帮助别人。

6. 我觉得失败并不是一件可怕的事情。

7. 面对选择，我往往很难做出决定。

8. 我不太愿意参加集体活动。

9. 我感到内心空虚。

10. 我能安排好我的时间。

11. 我感觉自己并不比别人差。

12. 我曾经与同学打架。

13. 我能设身处地地为别人着想。

14. 遇到不好的事情，我总是从好的一面去看待。

15. 遇到困难时，我总希望别人帮我拿主意。

16. 除了特别熟悉的人，我尽量避免与人讲话。

17. 我感到紧张不安。

18. 一旦决定去做某事，我就会把它做好。

19. 我对自己的身型相貌感到满意。

20. 我曾经在上课期间与同学出去玩。

21. 我愿意和其他同学分享我的物品。

22. 我觉得我能处理好所遇到的大多数问题。

23. 遇到挫折我就一蹶不振。

24. 我对别人的事没有兴趣，也不想关心别人。

25. 我一点儿也不开心。

26. 我学习很努力。

27. 我相信自己能做得跟别人一样好。

28. 我曾与老师发生顶撞。

29. 当朋友悲伤或不开心的时候，我常安慰和鼓励他们。

30. 即使事情变得很糟糕，我仍然能做出正确的决定。

31. 面对困难我总是不知道如何是好。

32. 我觉得自己难以融入班集体。

33. 我感到孤立无助。

34. 我做事效率高，而且做得好。

35. 我发现自己身上有许多好的品质。

36. 我曾经故意捉弄或嘲笑同学。

37. 我真心喜欢我周围的大多数人。

38. 遇到困难时，我总是把它当作对自己的考验。

## （五）学校投入问卷

工具简介：该问卷（School Involvement Questionnaire，SIQ）由本课题组编制，以 Appleton 等人的学校投入三维划分为基础，借鉴国内外相关单维测量项目，结合小学生学习经验修订而成，共 19 个题项，分为行为投入、情感投入和认知投入三个维度。采用五级评分方法，分数越高，表明学校投入水平越高。该问卷的 Cronbach's α 系数为 $0.82 \sim 0.89$，验证性因子分析的结果为 $\chi^2/df = 3.03$，$RMSEA = 0.05$，$NFI = 0.928$，$CFI = 0.95$，$TLI = 0.935$，表明该量表具有较好的信效度指标，可以供小学生群体使用。

指导语：请仔细阅读下列句子，根据这句话符合你实际情况的程度，在句子后适当的数字上画"○"。答案没有对错之分，无须过多考虑，我们会对你的回答保密，请放心填写。其中：

1 代表完全不符合；2 代表不符合；3 代表不一定；4 代表符合；5 代表完全符合

1. 我很喜欢上学。

2. 我在学校里感到很快乐。

3. 我喜欢待在学校。

4. 我喜欢学校里教过我的大部分老师。

5. 我认为自己是班级中不可缺少的一员。

6. 学校真让人感到有趣。

7. 好好学习对我将来找到好工作很重要。

8. 学校能让我更好地适应未来的生活。

9. 认真学习有助于我将来考上好学校。

10. 无论如何，我将来一定要考上大学。

11. 考上大学是我人生的唯一出路。

12. 我认为在学校里好好表现对我未来的成功很重要。

13. 努力学习可以让父母和家人过上好日子。

14. 我努力学习每一门课。

15. 即使没有老师要求，我也能主动学习。

16. 我能遵守学校的纪律。

17. 我上课时能专心听讲。

18. 我能及时完成老师布置的作业。

19. 我积极参加班级的集体活动。

## （六）大学生志愿动机问卷

工具简介：大学生志愿动机问卷（Volunteering Motivation Inventory for College Students，VMI）由本课题组编制，以 Clary 等人关于志愿行为的功能分析框架为基础，在参考大学生的访谈结果、参考相关问卷原始条目的基础上，初步确定问卷的六个维度——理想奉献、社交归属、成就提升、兴趣能力、功利以及压力，编写形成由46个条目组成的初始问卷。经过探索性因素分析提取三个因子，分别为亲社会性动机、自我服务动机和体验寻求动机三个维度，共 25 个项目。各维度 Cronbach's α 系数在 0.72 ~ 0.83；志愿行为与亲社会性动机、自我服务动机显著正相关，与体验寻求动机相关不显著。表明大学生志愿者动机问卷具有较好的心理测量学特征，适合大学生群体使用。

指导语：请仔细阅读下列句子，根据这句话符合你实际情况的程度，在句子后适当的数字上画"○"。答案没有对错之分，无须过多考虑，我们会对你的回答保密，请放心填写。其中：

1 代表完全不符合；2 代表不符合；3 代表不一定；4 代表符合；5 代表完全符合

1. 为社会贡献自己的一份力量。

2. 以前得到他人帮助，也想用自己的方式帮助他人。

3. 更好地理解志愿精神。

4. 实现自我价值，让人生更精彩。

5. 为社会机构提供服务，使活动顺利进行。

6. 做一件有意义的事情。

7. 帮助真正需要帮助的人。

8. 做志愿者使自己更加快乐和幸福。

9. 希望帮助我所关注的群体。

10. 让我发现自己能够为别人做什么。

11. 考验自己适应社会的能力。

12. 积累宝贵的人生经历。

13. 增强人际交往能力和自信心。

14. 为自己提供更多锻炼的机会。

15. 为未来职业发展寻找方向。

16. 通过参与志愿服务活动来挑战自己。

17. 进一步开阔自己的视野。

18. 在志愿活动中获得成就感。

19. 结识志愿者朋友，扩大交际圈。

20. 在志愿活动中获得归属感。

21. 参与志愿活动，以便打发闲暇时间。

22. 家人或朋友希望我成为志愿者。

23. 自己的朋友或家人也是志愿者。

24. 周围的人对志愿活动也很感兴趣。

25. 志愿活动有吸引力。

# 后 记

记得有位名人说过，要理解一个人的学术思想，最好的办法是了解他的人生故事，就像要完成一项伟大工程，有时难免要追根溯源一番，以凸显这项工作的重要性和严肃性。就即将出版的《农村留守儿童积极心理研究》这本书而论，从研究思想的萌芽到现在，不知不觉已过去了 20 年。

我是一个地地道道的农民子弟，身上随处可见农村人的淳朴美德，但也有一些农村人所特有的"本性难移"的执拗，这让不少关心我的领导、老师和朋友在信任我、支持我的同时有些无可奈何。从小在长江南岸、皖南山区长大，我虽然绝非留守儿童，但也经历过披星戴月、翻山越岭、蹚水过河的岁月，至今虽无大成，但也小有进步。幸福都是奋斗出来的。在长达 24 年的求学路上，不知何时，在我的内心形成了一种理想和信念，那就是在像我一样的农村学子的心中埋下勇气、希望和信心的种子，帮助他们在奋斗的人生历程中不断挖掘自身潜能，促进自身发展，为自己争取更好的教育机会、拥有更闪亮的人生。

这本书的种子早在 20 年前就已种下。1997 年暑假，在安徽师范大学教育学专业读大三的我，带着对中国农村教育未来的无限憧憬，怀揣安徽师范大学党委宣传部出具的大学生暑期社会实践介绍函和一份《半月谈》杂志，第一次坐火车只身前往浙江省温州市苍南县龙港镇进行乡村教育调查。多年之后，我才真正意识到，正是那一次的实地调研让我真实地感受到中国农村教育改革的前沿动态和未来趋势，对中国农村、农业和农民的关注和情感，也是从那时起在我懵懂的内心种下一颗坚毅的种子。在未来的岁月中，它不断变换着形态，发挥着看似偶然实则必然的关键性作用。

　　在此，我要由衷地感谢安徽师范大学的路丙辉老师，正是因为有他的启蒙和引导，我那贫困潦倒的大学四年才充满归属和意义，也在那时建立了对农村教育的深厚情感。大学毕业四年后，我再次回到母校跟随教育科学学院葛明贵教授学习学校心理素质教育。葛老师身体力行的"做中学"科研理念、严谨规范的实验科学、无条件的学术信任和大量宝贵的科研训练，都为我日后走上学术道路奠定了坚实的基础。时常想起研究生期间，与葛老师在办公室彻夜研讨而茅塞顿开的情境，至今仍觉弥足珍贵。

　　对于积极发展取向的兴趣，则始于 2006 年。我有缘、有幸进入北京师范大学发展心理研究所，跟随博士生导师邹泓教授开展青少年社会适应状况评估研究，并试图从积极心理学的角度理解个体的社会适应，酝酿提出社会适应的领域－功能模型，将个体积极的适应功能纳入评估范畴。2008 年 4 月，我在《中国特殊教育》上发表的《流动儿童积极心理品质的发展特点研究》成为国内较早从积极心理角度思考社会处境不利儿童的实证研究报告。在北京攻读博士的三年，是我因家庭变故生活最艰难但学术收获最大的三年。课题汇报会上，邹老师那期许、信任、接纳和赞赏的眼神，令我终生难忘。遇到困难时，邹老师那种润物细无声的帮助，正如她所推崇的"上善若水"的人生格言，一切都是那么细腻而温馨，令人备感温暖和亲切。也许，这就是邹老师身为人师的伟大力量和高尚的人格魅力。在此，我要向我的博士生导师邹泓教授致以最高的敬意，跟随她我不仅学会了独立做研究，更学会了如何做一个有温度的人。这也许正是从事农村留守儿童问题的心理学研究者所需要的学术品格之一。

　　2009 年，博士毕业后我回到安徽，执教于安徽农业大学，希望在此开展"三农"问题的心理学研究。毫无疑问，农村留守儿童是以积极心理学视角关注"三农"问题的一个重要而有力的切入口。为此，我首先对陪伴留守儿童成长的母亲——农村留守妇女进行了系统的研究，在对农村留守妇女作为母亲的内在力量和勇气具有充分认识和了解的基础上，我在《中国农村留守妇女研究述评》［发表于《安徽农业大学学报》（社会科学版）2011 年第 1 期］一文中写道：

……由于上述问题的存在，加上作为一门学科的"农村心理学"尚未建立，现有研究既没有形成对与留守妇女生活某一方面有关的事实与规律进行系统性解释，也没有对与留守妇女相关的某一方面的社会现象或某一类型的社会行为提供一种相对具体的分析框架……随着城市化进程和新农村建设的加速，农村留守妇女将以更加矫健的身姿、更加积极的精神面貌参与到社会生活中来。

2011年，我有幸获得教育部人文社会科学研究青年基金项目资助，项目名称是"留守儿童亲子分离适应过程的理论与实证研究"。在结项书中，我写道：

本项目的学术价值在于，它开启了农村留守儿童研究领域一个值得持续关注的视角，关注父母外出以后，留守儿童究竟如何调整内外部环境、应对亲情缺失的危机，从而选择一条属于自己的人生发展道路和生存轨迹，从而在实践上为当前我国民众普遍关注的农村留守儿童关爱教育问题提供理论指导，在理论上为探讨全球范围内由于战争、贫困、婚姻、饥饿、收押等非正常家庭子女的积极发展提供实证支持。

正是基于对留守儿童及其家庭积极发展的坚定信念，系统探讨农村留守儿童积极心理品质的培养与促进遂成为我的主要研究方向和领域，也正是这种积极的心理暗示，不断地激励我不忘初心，怀揣梦想，坚守责任，继续前行，它让我始终秉持"坚毅""勤奋""共情"三种学术品格，不断追求丰满而淳朴的人生意义。

2013年，承蒙漳州师范学院（2013年底更名为闽南师范大学）教育科学与技术系主任张灵聪教授的接纳和抬爱，我告别家乡，来到福建，开启了农村留守儿童研究与实践的新篇章。2015年暑假，在共青团福建省平和县委书记赖志慧的大力协助下，我开展了来闽之后的第一次实地调查研究。我带领研究生和本科生前往福建省扶贫重点开发地区平和县三乡四镇开展为期 7 天的进村入户调研。在与留守老人、留守母亲、留守儿童、村干部、退休教师和回乡家长的深度访谈和日常接触中，我既为东部发达省份山区留守儿童生存处境和教育机会感到担忧，也不止一次地被农村留守儿童身上所表现出的逆境中坚韧成长的力量和勇气所深深感动。随后，我有幸得到闽南师范大学前后两任校长的信任、支持和一对一指导，参与福建省"2011 协同创新中心"区域农村教师发展协同创新中心以及福建省本科高校重大教育教学改革研究攻关项目"基于'协同支教＋留守儿童关爱教育'的乡村教师培养模式"这两项协同创新研究工作。对于我这样一个客居福建的"外乡人"而言，能够为学校服务和奉献的机会是可遇不可求的，它不仅给我提供了难得的研究和锻炼平台，也让我获得了洞察留守儿童发展与教育的独特视角。令人欣慰的是，就在本书即将完成之际，由我参与申报的"实习支教促进留守儿童阳光成长的实践与研究"教学改革在历经 10 年（2009～2018）实践摸索和理论研究后，获评 2018 年度国家级基础教育教学成果二等奖，这是学校建校 60 周年以来获得的第一个国家级教学改革奖项。这一幸事恰巧与我从事留守儿童问题研究 10 周年不期而遇，着实令人惊叹人生历程中有太多妙不可言。

此时此刻，我内心涌现的最大感慨就是：这本书其实并不属于我个人，而是属于因留守儿童研究产生联结、共同创造意义的所有人。或许，只有写一本书才能真正知道一项科研工作需要许多人的努力和无私帮助才可以完成，这让我的谦卑和感激之情油然而生。

在此，我要特别感谢教育科学学院张灵聪教授、黄清教授两任院长的关心和宽容，感谢闽南师范大学李进金、李顺兴两任校长的悉心指导。感谢沐守宽教授的引领鼓励、曾天德教授的提携推动、陈顺森教授兄弟般的精神支持、黄耀明教授的热情参与，以及陈志英老师、暴侠老师、黄亮博士等心理学、教育学、社会学同人的协助，这些积极关系及其营造的积极组织氛围，都使我从中获得更大的精神动力，使得整个研究得以顺利推进。

在这里，要特别感谢陪我一起看文献、蹲点、做调研甚至默默忍受我的严格要求而担惊受怕的研究生们。他们在实地调研、资料整理、数据分析以及文字录入等环节都为这项研究做出了大量、细致而不可替代的贡献。特别是，本项目组成员乔俊雅、王露、刘莹、黄欢欢分别为本书第二章、第三章、第四章、第五章的撰写做出了不少贡献，他们根据书稿大纲进行了最初的文字整理工作，这本书也充分体现了他们的智慧和努力。

在研究过程中，还有幸得到了福建省平和县大溪中学、店前小学、庄上小学、云霄县三中、诏安县官陂中学、南靖县靖城中学、泉州洛江区罗溪中心小学、三明市永安市罗坊学校等一大批实验基地学校的老师、同学的配合及学校所属的教育局领导的帮助，他们也是这项研究的真正参与者，而不仅仅是被试。我校协同创新中心、实习支教指导中心、教务处等部门领导为本研究提供了不可或缺的调研指导和协助。

这么多年，我一直坚持在自己热衷的学术领域做自己认为值得做的事情，不为外力所惑，不为内心所困，十年如一日，初心不改。这份坚持与坚守，离不开家人的支持和理解，他们是我从事留守儿童研究的最根本的意义来源。感谢太太一路相伴，宽容体谅，不仅二十年如一日坚定不移地忍受我的那些顽劣不改的臭毛病，还替我分担了大量的家庭照料工作，并以她女性和母亲所独有的方式，一再提醒我使用单一的问卷法可能带来的结论失真以及深入留守儿童内心、还原留守儿童生存原貌的重要性，这些都促使我不断反思留守儿童心理学研究的方法论问题。最重要的是，我们协同培育了一个可爱机灵懂事的儿子，五岁的他就很自豪地向他的好朋友介绍"我爸爸是做留守儿童研究的"，也懂得了坚毅、勤奋、共情和意义，这让我惊讶于儿童大脑与教育的可塑性和积极发展的重要性，也让我对儿童积极心理品质的早期培养充满了信心。

谨以此书献给所有我爱的和爱我的人。

余益兵

2018 年秋于闽南师范大学 8 号楼 303 室

图书在版编目（CIP）数据

农村留守儿童积极心理研究／余益兵著. -- 北京：
社会科学文献出版社，2018.11
（童享阳光书系）
ISBN 978 - 7 - 5201 - 3354 - 8

Ⅰ.①农…　Ⅱ.①余…　Ⅲ.①农村 - 少年儿童 - 心理
健康 - 健康教育 - 研究 - 中国　Ⅳ.①B844.1

中国版本图书馆 CIP 数据核字（2018）第 200863 号

·童享阳光书系·
农村留守儿童积极心理研究

著　　者／余益兵

出 版 人／谢寿光
项目统筹／刘　荣
责任编辑／单远举　刘　翠

出　　版／社会科学文献出版社·独立编辑工作室（010）59367011
　　　　　地址：北京市北三环中路甲 29 号院华龙大厦　邮编：100029
　　　　　网址：www. ssap. com. cn
发　　行／市场营销中心（010）59367081　59367083
印　　装／三河市尚艺印装有限公司

规　　格／开　本：787mm × 1092mm　1/16
　　　　　印　张：18.25　字　数：271 千字
版　　次／2018 年 11 月第 1 版　2018 年 11 月第 1 次印刷
书　　号／ISBN 978 - 7 - 5201 - 3354 - 8
定　　价／89.00 元

本书如有印装质量问题，请与读者服务中心（010 - 59367028）联系